SUJEITOS ILUMINADOS

A reconstituição das experiências vividas
no estúdio de Christiano Jr.

SUJEITOS ILUMINADOS

A reconstituição das experiências vividas
no estúdio de Christiano Jr.

Fabiana Beltramim

Copyright © 2013 Fabiana Beltramim

Grafia atualizada segundo o Acordo Ortográfico da Língua Portuguesa de 1990, que entrou em vigor no Brasil em 2009.

Publishers: Joana Monteleone/Haroldo Ceravolo Sereza/Roberto Cosso
Edição: Joana Monteleone
Editor assistente: Vitor Rodrigo Donofrio Arruda
Projeto gráfico, capa e diagramação: Gabriela Cavallari/Vitor Rodrigo Donofrio Arruda
Revisão: João Paulo Puttini
Imagem de capa: *Mãe e filha em trajes africanos*, de Christiano Jr. IPHAN, Rio de Janeiro

Este livro foi publicado com o apoio da Fapesp

CIP-BRASIL. CATALOGAÇÃO-NA-FONTE
SINDICATO NACIONAL DOS EDITORES DE LIVROS, RJ

B97es

Beltramim, Fabiana
SUJEITOS ILUMINADOS — A RECONSTITUIÇÃO DAS EXPERIÊNCIAS VIVIDAS NO ESTÚDIO DE CHRISTIANO JR.
Fabiana Beltramim.
São Paulo: Alameda, 2013.
380p.

Inclui bibliografia
ISBN 978-85-7939-178-1

1. Christiano Jr. 2. História da Fotografia. 3. Cultura e sociedade. I. Título.

12-5463.   CDD: 541.38
                  CDU: 54-7
                             037824

ALAMEDA CASA EDITORIAL
Rua Conselheiro Ramalho, 694 – Bela Vista
CEP: 01325-000 – São Paulo, SP
Tel.: (11) 3012 2400
www.alamedaeditorial.com.br

Para Raíssa, Isabella, Henrique, Joana, Heloísa
e Mariana, amores da tia.

SUMÁRIO

Prefácio — 9
Maria Odila Leite da Silva Dias

Introdução — 15

Capítulo 1 — 31
Parte I – A fotografia como um "museu imaginário" de um mundo distante — 33

Parte II – Os fotógrafos em terra estrangeira. Christiano Jr. e seus contemporâneos — 44

Parte III – O corpo como pano da cultura: corpo revelado, corpo ornamentado — 130

Capítulo 2 — 157
A "montagem do mundo" negro sob as lentes de Christiano Jr., Desiré Charnay e Louiz Agassiz

Capítulo 3 — 221
Corpo visível e inteligível: as diferenças sentidas como falha

Capítulo 4 — 299
A mulher negra e as múltiplas representações do feminino

Parte I – *Carte de Visite*: Suporte para a Alquimia Oitocentista — 301

Parte II – Mulheres imaginadas: do erótico ao etnográfico — 323

CONSIDERAÇÕES FINAIS	339
LISTA DE IMAGENS	347
ARQUIVOS CONSULTADOS	359
BIBLIOGRAFIA	363
AGRADECIMENTOS	375

PREFÁCIO

Este livro, fruto de pesquisa sutil e abrangente do meio urbano em que surgiram no Rio de Janeiro os primeiros studios fotográficos, é também uma elaboração sofisticada da teia de relações sociais contidas em cada fotografia de escravos e possíveis libertos. Neste sentido, abre uma trilha muito atual, pois dificilmente podemos nos ater aos estudos seriados de fotografias ditadas pelos limites de suas técnicas, quando vivemos num mundo em que o visual e o escrito dialogam intensamente na mídia, na internet, nas universidades. Códigos de diferentes linguagens simultâneas estão em contínua relação dialógica, de modo que tradução e interpretação aparecem como desafios da nossa contemporaneidade, ambas tendendo a reinvenção de sentidos novos. Interpretar é compreender o não dito de um texto, o que nele ficou implícito a sugerir múltiplos diálogos com outros textos, que dão temporalidade aos movimentos da escrita. A fotografia, enquanto uma tecnica do desaparecimento, deve e pode ser interpretada pelo historiador através do seu não dito e da busca das teias de relações sociais que se insinuam nos cenários, frequentemente preconceituosos, nas poses que entremeiam um modo burgues de se ver e de querer ser visto, na própria cultura material do studio, nas demandas da clientela, na procura de uma escrava por um documento de seu status novo de forra, no modo como a atenção do fotógrafo revela aspectos da vida social da cidade em que vive, nos ofícios realizados por escravos nas ruas, assim como na cultura colonizadora incorporada à fotografia através do contato de clientes e fotógrafos com Metrópoles europeias e escolas de medicina do Rio de Janeiro.

    Através de sua sensibilidade pelos focos de luz, o fotógrafo maneja o instante como meta de desejos e de preconceitos culturais, iluminando o recôndito da sociedade escravista, seus ímpetos cientificisantes, a violência da missão civilizadora e do silêncio em que se pretende conter os corpos e expectativas de escravos inquietos. A fotografia, no preciso instante em que denota a presença de uma ausência, está também impregnada de temporalidades e relações sociais. É sempre possível passar alem das intenções primordiais da fotografia que apareceu é certo, como mais um meio de dominação e controle social.

Nas fotografias de Christiano Jr insinuam-se e sobrepõem-se à técnica da fotografia de studio, as nuanças da presença instantânea dos fotografados, de modo que a pesquisadora com muita sensibilidade aponta, entre outras singularidades, para o aspecto simbólico das vestimentas africanas das escravas de ganho e das forras, em contraste com a aparência necessariamente europeia das roupas das amas de leite e das mucamas domésticas. A autora trabalha as fotografias como se fosse impossível restringir as carte de visite aos desejos dos proprietários e da clientela de elite. As escravas se faziam fotografar em seus ofícios, ou junto com os filhos que carregavam nas costas a instigar os olhos das elites consumidoras para aspectos de sua vida, que os senhores não conheciam nem gostariam de perceber.

Ao tomar a fotografia também como vestígio, alem de instrumento tecnológico para construção das representações sociais de seu tempo, Fabiana Beltramim abre um campo de possibilidades de leitura das imagens através da trama da vida quotidiana dos studios, dos fotógrafos e dos fotografados, principalmente, dos homens e mulheres, escravos e libertos.

A pesquisadora não imprime a suas interpretações a fixidez de documentos de época. Apreende sutilezas das fotografias como indícios ou traços de processos sociais e culturais presentes no olhar do fotógrafo, na pose dos fotografados, no seu modo de captar tanto o movimento de corpos moldados pelos ofícios de que se ocupavam, como a tensão dos sofrimentos nas marcas dos rostos, muitas vezes escarificadas, a indicar a travessia atlântica do tráfico ou as marcas de castigos impostos. Não deixa de revelar, ao se referir ao álbum de fotografias de Richard Burton, a presença simultânea da foto de uma escrava lavadeira, a indicar a expectativa erótica dos compradores, lado a lado com uma fotografia da guerra do Paraguai, mostrando cadáveres expostos ao sol. Sugere o quanto o universo da fotografia da segunda metade do século XIX era um universo masculino, pontuando o desejo sexual e a prontidão para a guerra.

Não quis se restringir às classificações seriais da fotografia, no que tinham de normativo e de pré-definido pelas novas técnicas fotográficas; para cada fotografia desenvolveu perspectivas diversas de olhar da historiadora social e da cultura, ao ver as fotografias como possibilidades de interação social e como um aspecto da trama da vida quotidiana de todos os envolvidos no evento momentâneo da foto.

No segundo e terceiro capítulos deste livro, a autora estuda a fotografia etnográfica, destinadas a um público ávido por exotismos e raças estranhas, que pretendiam civilizar, dominar e higienizar. Das fotos de homens e mulheres doentes, resvala para as teorias evolucionistas e racistas próprias do momento político de construção do estado no Brasil e para a importância da fotografia na discriminação de traços fisionômicos a sugerir o controle policial de criminosos e degenerados. Assinala as técnicas policiais e o estudo das fisionomias desenvolvidas como instrumento do aparato policial, estuda o acervo de fotos de presos e condenados a morte e resvala sutilmente para as narrativas de vida de Symphronio e de Isabel Jacintha, ambos condenados a galés perpétuas por crimes contra os seus senhores. A narrativa de suas vidas desafia o anonimato de suas fotos no acervo da cadeia.

É no primeiro e último capítulo que a historiadora interpreta as personagens presentes nas cartes de visite. Ao analisar as fotos de negras de ganho na sua luta pela sobrevivência, a historiadora documenta a visualidade material da sociedade escravista e ao mesmo tempo, as expectativas e possibilidades dos escravos ou escravas, ao tomar posse da própria fotografia.

Entretanto, a autora está consciente de que os studios não puderam fugir ao domínio das fantasias imperialistas. No último capítulo do livro, Fabiana Beltramim estuda o fenômeno das fotos de mulheres nuas. O mercado das fotos pornográficas substituíram as mulheres enquanto sujeitos históricos por meros estereótipos de sexualidade simultaneamente atraente e perigosa. As escravas e forras passaram ao mundo das representações e das fantasias, em vez de serem descritas ou contadas enquanto pessoas de carne e osso. Ao explorar as fotos eróticas, a historiadora se volta para o processo de idealização da sensualidade das mulatas, através do qual foram estigmatizadas e relegadas a simples figuras da imaginação e da fantasia masculina. A seu modo, a autora apreende o imponderável das fotografias, as quais, enquanto apresentadas sob a forma de séries genéricas, impediam as fotografadas de se integrarem a vida urbana, ao passo que, ao focar suas singularidades ou suas ocupações, mesmo nos studios, os fotógrafos pareciam devolver-lhes o status de sujeitos históricos.

Fabiana contrapõe a análise da fotografia da lavadeira nua fotografada por Christiano Jr a duas outras tiradas na África por um fotógrafo anônimo. A parte inferior do corpo feminino passava a compor a imagem diferentemente do anterior: Até o século xix, lembram Georges Vigarello e Michelle Perrot, perscruta-se a parte superior, o rosto, depois o busto; há pouco interesse pelas pernas. Ao exaltar o corpo feminino, as produções do século xix refletem uma valoração estética do seio exposto. A autora aprofunda o estudo do poder das imagens de criarem sentidos na fotografia, na literatura ou na pintura, ao aparecerem sempre recorrentes num complexo de práticas culturais compartilhadas, p. 322

Esta é justamente a contribuição inovadora e pioneira deste estudo de Fabiana Beltramim sobre os retratos de homens e mulheres, escravos e forros. Trata-se do modo como a autora constrói um campo de interpretação das fotografias como práticas culturais compartilhadas. O seu modo de interpretar é muito diferente do modo de analisar fotografias por séries, enquanto fenômeno meramente técnico. A autora neste livro busca o alcance expressivo e as possibilidades de construir sentidos dos retratos feitos por Christiano Junior. Trata-se de uma hermenêutica sutil da vida do studio, das ruas, da mentalidade da época, das ambiguidades de olhares e modos de ser em diálogos multifacetados, dentro, ao redor, em torno da fotografia, que vê, menos como documento, do que como expressão das possibilidades de ser do evento fotográfico e da historicidade dos fotografados nas décadas de sessenta e setenta do século xix, na corte do Rio de Janeiro. Este livro oferece leitura eminentemente interpretativa, instigante e densa, capaz de envolver leitores de todos os públicos interessados na história da fotografia impregnada de temporalidades e de durações, enquanto fenômeno social, cultural e artístico.

São Paulo, 18 de setembro de 2012

Maria Odila Leite da Silva Dias,
historiadora usp e puc-sp.

INTRODUÇÃO

O foco analítico da pesquisa tem como perspectiva refletir sobre a inserção social da fotografia como representação de pessoas negras no Rio de Janeiro, palco de tensões consequentes da pauperização que se edificava ao lado da crescente urbanização de uma cidade que se fez sob os mantos da exclusão.

O recorte escolhido, 1864 a 1888, permite uma reflexão de uma produção maior de imagens que retratam percepções em continuidade no desenrolar da segunda metade do século XIX. Têm-se um entrecruzar de tempos que expressam o processo de constituição do sujeito social marcado pelo estigma da escravidão e, por que não, da própria elaboração da história social da visualidade negra da corte carioca. A fotografia é, então, parte da cultura de uma época inserida numa dinâmica social ampla, em movimento, onde se davam "mudanças, rupturas, dissolução de culturas, possibilidades de novos modos de ser",[1] especificações que trazem à tona a pulsação do próprio cotidiano, como explica Dias. Dessa dinâmica alcança-se "nuanças de verdade, uma tradução aproximativa, em lugar de descrições ou explicações definitivas".[2]

A narrativa fotográfica, elaborada por Christiano Jr., é a principal fonte iconográfica contemplada pela pesquisa.[3] Os vários aspectos sociais que circundam essa produção iconográfica serão problematizados numa tentativa de alcançar uma compreensão das

---

[1] DIAS, 1998, p. 226.

[2] DIAS, 1998, p. 233.

[3] Na maioria das cidades pelas quais Christiano Jr. viajou no Brasil, Argentina e Uruguai, o fotógrafo abria um estúdio, associando-se a um fotógrafo da região. Nesta dissertação, trataremos apenas da produção fotográfica realizada na cidade do Rio de Janeiro. Ver ALEXANDER; BROGONI; MARTINA; PRIAMO, 2007, p. 28.

especificidades dessa visualidade em suas implicações históricas, articuladas como representações que se revelam como pormenores de uma época. O horizonte de análise é, portanto, compreender, reconhecer e explorar as tramas sociais que envolvem essa cultura visual: as concepções de escravidão no momento dessa produção no Brasil, os valores, ideias sobre o negro e reafirmações de posições que essas imagens ajudaram a engendrar. A fotografia firma-se, portanto, como a base documental estruturante dessa investigação porque acredita-se, como ressalta John Collier Jr., que:

> (...) Esse suporte mecânico do campo de observação amplia as possibilidades de análise, já que o registro da câmera contribui com um fator de controle à observação visual. Não somente supõe um controle da memória visual, como também permite um rigoroso exame da posição e da identificação em um evento cultural pluriforme e cambiante.[4]

A imagem do negro foi muitas vezes forjada, ora como exibição da posição social dos senhores, ora como um gênero de representação escrava. A fotografia de Christiano Jr. constitui-se, entretanto, como uma notável documentação sobre a presença africana na história do Brasil e daqueles que ajudaram a compor a sua gente, imbuída de múltiplos usos e sentidos, numa narrativa dada pela representação fotográfica que apresenta, como temática principal, negros e seus ofícios, com evidente valorização do mundo do trabalho. Os sujeitos aqui roubam a cena, iluminados ou pelo sonho de liberdade, ou apenas por um dia seguinte melhor.

Apesar de ser comum, no Rio de Janeiro, a presença de negros de ganho que ocupavam as ruas da cidade – afinal "ter escravos é o investimento mais comum e o meio de vida habitual" –, seria um erro consider estas imagens tão somente como fotos de pessoas escravizadas. A historiografia aponta que, a partir de 1850, cresceu o número de alforrias na cidade do Rio de Janeiro. Foram registradas, entre 1860 e 1869, 12.814,5 mil novas cartas de alforrias. Em 1860, "a saída de escravos ficava aparente no branqueamento da cidade".[5] Escravos foram vendidos para constituírem a força de trabalho nas plantações de café no Rio de

---

4   COLLIER JR, 2006.

5   KARASCH, 2000.

Janeiro e São Paulo, configurando-se, portanto, um forte movimento de migração interna de escravos. Alguns aspectos nos mostram a forte possibilidade de que muitos fotografados por Christiano Jr. tratavam-se de homens livres, pobres, ex-escravos, que dedicavam-se às atividades de ganho na cidade, contradizendo afirmações como a de Lissovsky e Azevedo sobre as fotografias de Christiano Jr. como sendo a "maior coleção de fotografias de escravos anteriores a 1870, até agora conhecida".[6]

As fotografias não trazem em sua identificação a real condição das pessoas fotografadas. Imagens de homens, mulheres e crianças negras foram produzidas retratando um dos maiores estigmas da escravidão: todos de pés no chão. Caso alguns não fossem mais escravizados, já que a historiografia mostra que a partir da década de 1850 intensificaram-se as emancipações, certificou-se, quando analisadas sob a perspectiva de Barthes, que a escravatura ali existiu.[7] Christiano Jr. estava, portanto, atento aos códigos sociais dados numa prática social ampla, normatizada, de controle e diferenciação, pertinente ao Brasil escravista e não apenas a um sistema simbólico compartilhado por uma cultura visual. A representação imagética criada por ele, ao caracterizar a população negra, privilegiada em seus retratos, desvela aspectos sociais vivenciados na experiência cotidiana submetida às imposições do sistema escravista. Pés descalços denunciam distinções[8] e Christiano bem soube explorar códigos e costumes específicos, dados numa contingência, que opunha senhores e pessoas escravizadas. E se as relações sociais são politicamente conduzidas, cabe ao pesquisador apontar tais domínios nos sistemas simbólicos socialmente compartilhados.

---

6   AZEVEDO & LISSOVSKY, 1988, p. 11.

7   Em *A Câmara Clara*, o autor Roland Barthes afirma a potencialidade da imagem em contar, falar de um tempo passado. A imagem assume, portanto, uma "dupla posição conjunta: de realidade e de passado", expressão material onde se visualiza o "isto foi", o noema da fotografia para Barthes (1980, p. 109).

8   Segundo Roger Bastide, a população escravizada em São Paulo andava sempre descalça, marcas da alforria e do cativeiro. Quando libertos compravam sapatos, mas "com os pés acostumados a andar descalços, não podiam suportá-los, passeavam pelo menos levando-os na mão; em casa colocavam-nos no lugar de honra, sobre a cômoda". BASTIDE, 1944, p. 93. Vê-se assim que o pesquisador que trata da iconografia do período deve observar os códigos e condutas inscritas antes nas práticas sociais.

Tais imagens foram classificadas, quando o fotógrafo as anunciava, como "variada collecção de costumes e typos de pretos, cousa muito própria para quem se retira para a Europa",[9] indicando dois aspectos importantes: declara que tratam-se de fotos de *typos de pretos* e não de escravos, compradas pelos viajantes em visita ao Brasil, uso bastante dirigido, revelando antes um desejo estrangeiro.

Verifica-se uma forte tendência, daqueles que escreveram sobre as fotos de afirmar, quase de modo unânime, a condição escrava dos negros retratados. "O fato de todos os tipos da coleção de Christiano Jr. estarem sem sapatos comprova que os fotografados, pretos ou brancos, eram escravos", posiciona-se Gorender:

> Mas o que é, no Brasil de meados do século XIX, o pitoresco e o genérico? Já se observou que a imagem que os brasileiros dão do país e a que os viajantes estrangeiros descrevem sempre foram radicalmente diversas. Ao excesso de exotismo procurado pelos estrangeiros, e que os faz insistir no aspecto africano da cidade baixa de Salvador ou na nudez das lavadeiras do Rio de Janeiro, se opõe nos brasileiros essa cegueira seletiva que passa, sob discreto silêncio, a onipresença dos escravos. Nesse sentido as fotos de Christiano Jr. são tipicamente fotos de estrangeiros para estrangeiros: não mostram paisagens nem estradas de ferro, mostram escravos.[10]

Gorender afirma também que "os pretos libertos faziam todo o possível para usar sapatos e evitar que os confundissem com escravos",[11] sugerindo que os retratados por Christiano Jr. não se colocariam descalços, caso fossem livres. É preciso, no entanto, pensar o ateliê fotográfico como espaço de representação de um mundo que estava fora, encenado em seu interior. A fotografia assume, assim, uma dupla função: ser "registro/criação, documento/

---

9   KOSSOY, 2002b, p. 194.

10 AZEVEDO & LISSOVSKY, 1988, p. 24

11 GORENDER, 1988, p. 32.

representação".[12] Tal ambiguidade exige uma análise da vida do estúdio, das ruas, da mentalidade da época e da própria vida cotidiana dos sujeitos retratados.

Para uma interpretação que busca fugir das tradicionais concepções de representação é preciso não enredar-se nas generalizações sobre a vida escrava. Alguns eram escravos domésticos, outros assumiam atividades de ganho ou funções especializadas, ou então trabalhando alguns dias da semana em suas roças, outros dias nas dos senhores e, muitos deles, desejosos de maior respeito ou admiração, custeavam indumentárias comprando até mesmo botinas e alpargatas, que os ajudavam inclusive em seus disfarces, diante da tentativa de uma vida livre, espelhando uma vida escravizada marcada por intensos deslocamentos: "Vicente fugira com uma patroninha de couro de veado que era canno de botinas brancas (...) José usava botinhas de pelica e Manoel costumava a andar de alpargatas (...)".[13]

O que de fato deve ser reconhecido é a cidade como espaço de coexistência entre homens e mulheres, negros, livres ou escravizados; homens e mulheres, brancos, ricos e pobres; homens estrangeiros em busca de uma imagem dos trópicos, que pudesse chocar, seduzir ou apenas acalmar a curiosidade incessante de ver o outro distante, o outro exótico. Nesse espaço de inter-relações, marcado por tensões e disputas, a intenção de expor as diferenças reinou absoluta.

Cada indivíduo representado nos cartões de visita realizados por Christiano Jr. traz um singular aspecto também do corpo social. Revela-se nessas representações uma realidade concreta, marcada, mesmo que com liberdade, pela pobreza e precariedade. Representações que tentaram sintetizar uma dinâmica de trabalho onde cativos e livres faziam da Corte uma cidade negra.[14]

Pode-se observar o forte desejo do fotógrafo em retratar o exótico, o pitoresco, aqueles que provocavam curiosidade, uma multiplicidade de sentidos, porque revela toda uma época preocupada com o outro. Exotismo e alteridade confluem intensificando não somente a complexidade das imagens produzidas por Christiano Jr, mas a própria cultura visual do período.

---

12   KOSSOY, 2007, p. 54.
13   LAPA, 2008, p. 232.
14   Ver SCHWARCZ, 1998, p. 13.

As pessoas retratadas ficaram em absoluto anonimato – já que não existem referências quanto a nomes, idades, nem dedicatória, tão comum no verso de cartões de visita, apresentados em série,[15] carregando o estigma da escravidão, da miséria, como uma generalização de retratos considerados como representações de tipos sociais. Fotos genéricas e anônimas, compondo uma ampla retórica interessada em hierarquizar povos e raças.

Será abordado no primeiro capítulo o universo fotográfico de Christiano Jr., numa perspectiva relacional com outras produções fotográficas concomitantes e também posteriores a 1866, data da partida de Christiano Jr. do Brasil. Essa documentação constituiu-se como um *corpus* documental rico e generalizante, criador de uma concepção do ser negro no Brasil. Para Barthes, as imagens, quando generalizadas, *desrealizam por completo o mundo humano dos conflitos e dos desejos, sob os pretextos de os ilustrar*.[16] E, a partir dessas generalizações, encontradas também no universo das artes, formas de ver e pensar o negro foram cristalizadas. Intenta-se observá-las e confrontá-las com fontes complementares, como as imagens de Augusto Stahl, Henschel, Marc Ferrez, Désiré Charnay, nomes de alguns que realizaram

---

15 O *carte de visite* apresenta doze imagens iguais da pessoa, de 9,3 por 5,7 cm (uma média de 6 por 9 cm) fixadas de forma plana ou destacada (em relevo) em papel-cartão ligeiramente maiores, facilitando sua manipulação. É como se pegássemos uma foto 10x15 cm, usadas antes do avanço das pequenas e portáteis digitais ou ainda dos indiscretos celulares, e colássemos num papel de maior espessura. O papel-cartão podia variar de qualidade e desenho; eram importados, de formato retangular, gramaturas distintas, podendo o cliente optar entre bordas coloridas, com frisos, com relógios cucos ou molduras desenhadas, e eram assim denominados: imperial, fantasia, vitória e bijou. As imagens eram fixadas num mesmo negativo, ou seja, placas de vidro sensíveis usadas como negativo por todos os fotógrafos da época. Nessa placa de vidro preparava-se o colódio úmido de forma homogênea, mergulhado num banho de nitrato de prata, formando-se assim o iodo de prata, material sensível à luz, colocado ainda úmido na câmara para a exposição da foto, que deveria ser rapidamente revelada. Esta técnica foi desenvolvida em 1851 e substituída após 1880. Esses negativos davam origem a essas 12 imagens, fato que explica os menores preços da produção e sua consequente popularização. Grangeiro, em *As Artes de um Negócio*, oferece uma boa definição desta técnica desenvolvida por Disdéri: uma câmera fotográfica com várias objetivas que possibilitava a fixação da mesma imagem diversas vezes, em um único negativo (2000, p. 24). Ao cliente cabia optar ainda se queria receber a dúzia de cartões envolta em papel seda e capa ou em estojo. Foi esse um produto comercializado em quantidade nas oficinas fotográficas e era o cliente, depois de possuí-las, quem decidiria como melhor distribui-las, reafirmando laços sociais e afetivos (p. 118).

16 BARTHES, 1980, p. 163.

fotografias consideradas etnográficas e, também, com a produção de outros fotógrafos que produziram importantes imagens no período como George Leuzinger, Klumb e Manuel de Paula Ramos, imagens vistas e produzidas no momento de popularização dos *cartes de visite*, acessíveis tanto para famílias no Brasil quanto para turistas europeus. Esse entrecruzamento de produções iconográficas já revela, por exemplo, uma existência de uma circulação de homens negros retratados nos estúdios e ateliês fotográficos.

Essa perspectiva relacional se faz importante também porque percebe-se como foram muitos os fotógrafos que superaram os desafios e dificuldades de se fazer fotografia no período e legaram parte significativa da constituição da memória da cidade do Rio de Janeiro, carregando no lombo de mulas equipamentos pesados, percorrendo montanhas que cercavam a baía do Rio ou pelos caminhos que levavam a Petrópolis, em busca de novas e ainda longas exposições, mesmo que de paisagens já conhecidas.

Ainda neste capítulo, há uma preocupação em analisar a estrutura do mercado fotográfico, reconhecer quem eram os profissionais em evidência no período, como suas produções se aproximavam ou se distanciavam do olhar de Christiano Jr. e, ainda, como nos anúncios de jornais percebe-se a concorrência e estratégias do mercado de vendas de imagens e a forte disputa desses profissionais na conquista de uma variada clientela.

No capítulo dois, tomamos as representações como fios que conduzem a um passado distante, de uma específica temporalidade e dinâmica social onde se vê uma Europa obcecada por pinturas e fotografias de escravos, de negros, organizando inúmeras expedições, envolvida fortemente com as questões do darwinismo social, da hierarquia das raças e dos sexos. Uma vasta produção em formato de cartão de visita, destinada ao mercado europeu, ajudando a "confirmar a identidade do homem branco europeu, ao mesmo tempo, fazendo da fotografia um veículo de difusão da imagem do outro".[17] Se a Europa rejeitava o outro, o diferente, pertencente a um lugar exótico, não europeu e, portanto, tido como inferior, tinha também um fascínio, um desejo por esse outro tão distante. Observar a natureza e o homem, coletar dados e divulgá-los como a conquista de um conhecimento, caracteriza bem os séculos XVIII e XIX – este último, com pesquisadores voltados para as "ciências biológicas

---

17   KOSSOY & CARNEIRO, 2002.

e as novas teorias raciais, contínuas questionadoras do múltiplo e fortalecedoras do imperialismo e da postura etnocentrista".[18] Um conhecimento orgulhoso de seu estatuto de ciência, mas profundamente ambíguo em seus fundamentos epistemológicos.

Analisa-se nesse capítulo o empenho de inúmeros teóricos em pensar o Brasil e propor uma saída para seus males: o branqueamento. Os conflitos raciais não foram apagados no Brasil, apesar de todos os esforços de "teorias" que começaram defendendo Gobineau e, infelizmente, triunfaram com a falsa ideia de democracia racial.[19]

Na análise de fontes iconográficas produzidas na África, pelo fotógrafo Desiré Charnay, verifica-se que em muito se assemelham àquelas que retratam o Brasil. Uma cultura visual que denuncia percepções conectadas em uma vasta investigação do rosto em suas expressões faciais, em fotografias encomendadas por Louis Agassiz ou nas fotos de usos policiais, um verdadeiro fenômeno de expressão que denota intenções de reconhecimento e classificações do corpo humano e social. Na construção das novas hierarquias sociais a raça tornou-se um elemento central. Conceito este, por sinal, socialmente construído para identificar e classificar os indivíduos, cristalizando-se socialmente, apesar de sua imaterialidade, apesar de ser impreciso e ideologicamente manipulado, apesar de ser fundamentado apenas na aparência, que "pode ser apagado em um ato de miscigenação".[20] No entanto, concepções racialistas

---

18   *Ibidem*, p. 19.

19   A teoria da democracia racial foi proposta por Gilberto Freyre. Segundo Laura Moutinho, Freyre afastou-se das propostas racialistas precedentes de tendências monogenistas e poligenistas, inaugurando uma terceira posição. Introduzindo uma abordagem via cultura fez um elogio à mestiçagem, recuperando, de forma positiva, a contribuição dos negros escravizados nos aspectos mais variados da cultura brasileira em formação. Na abordagem freyriana, contemplada em *Casa Grande e senzala*, se nega a degeneração da ordem social, que teria, por sua vez, promovido um "equilíbrio de antagonismos", resultando no pressuposto da conformação de uma suposta democracia racial, definida também pelo caráter do próprio colonizador português, proveniente de um "local de intensos encontros", de uma cultura híbrida, sincrética. As relações inter-raciais teriam contribuído na constituição da própria nacionalidade brasileira e chega ainda a defender a existência de um ambiente de "intoxicação sexual". Abordagem, portanto, fundamentada no clima, na passividade, de forma a escamotear uma realidade de violência de todos os sujeitos escravizados, uma postura historiográfica profundamente criticada. Ver Moutinho, 2003, p. 86-94.

20   FIELDS, 1982, p. 151. Fields defende que "race is a purely ideological notion. Once ideology is stripped away, nothing remains except an abstraction wich, while meaningful to a statistician, could scarcely have inspired

constituem os argumentos centrais nos discursos da suposta ciência da época, nos discursos higienistas, sanitaristas e médicos, reflexões que nos remetem ao capítulo três.

Nesse capítulo será visto como se deu a apropriação da técnica fotográfica como método de observação e classificação, que não mais abandonariam a prática médica. Fotografias de homens com elefantíase, realizadas por Christiano Jr., e imagens de homens com deformidades nos membros inferiores feitas pelo fotógrafo J. Menezes, no estúdio que pertencia anteriormente a Christiano Jr., entrecruzam-se num exercício reflexivo que privilegia fontes escritas e visuais no sentido de melhor apreender particularidades capazes de nuançar sentidos mais totalizantes.

Temos essa documentação como parte de uma dinâmica política e discursiva, que visava o controle das doenças pelo controle do espaço social, ao mesmo tempo em que carregava o peso do desejo de conhecer, desvendar e apreender pela dita ciência o corpo humano, suas doenças, seus desenvolvimentos e tratamentos. Era um pensamento aplicado ao referencial fotográfico, sob o prisma do conhecimento científico, que buscava evidências pautadas numa identidade da diferença, que denuncia, por sua vez, tamanhas fragilidades deste saber sisudo de si. Ao desqualificar o paciente negro, deixa entrever as incertezas e aflições da sala cirúrgica, o medo e resistência diante da dor que levou o escravo Joaquim a recorrer primeiro ao saber médico não oficializado, ao saber popular expresso numa prática de curanderismo duramente perseguida pela ciência médica oficial, sendo esta última ridicularizada em marchinhas de carnaval, dando mostras da repercussão social alcançada após as intrigas entre o médico Henrique Monat e o doutor "fura-uretras". Este esqueceu uma sonda na bexiga de um paciente. Erro que ganhou as páginas de jornais.

Segue-se sempre presente a inquietação de que o "entendimento da sociedade" se dá também nas suas "dimensões visuais".[21] A imagem, em sua inserção social, revela o homem, a mulher,

---

all the mischief that race has caused during its malevolent historical career". O conceito de raça é, para ela, resultante dos desdobramentos de relações sociais burguesas, racionalizado pela ciência, onde se refletiam. É parte daquilo que ela chama de um "edifício inteiro" de formas de segregação institucionalizada e afirma que "race is a product of history, not of nature", um elemento da ideologia em conexão com outros, "and not as a phenomenon sui generis". Ver p. 152.

21 MENESES, 1993, p. 44.

os sujeitos, expõe domínios sobre os corpos, sobre as almas. Pensa-se nas imagens de Christiano Jr. como fragmentos, como parte de uma cultura que denuncia relações sociais, redes de sociabilidades, resistências e poder numa sociedade hierarquizada fortemente pela raça. Fotografias que tomam lugar no espaço social, não apenas o representando, mas ali interferindo.

Nessa dimensão analítica tenta-se compreender a fotografia como parte de toda uma dinâmica que explicitava as relações sociais em suas contradições e disputas, introduzindo nessa abordagem aquilo que Ulpiano Bezerra de Meneses define como "a dimensão do poder", atribuída em todo o processo de produção das imagens, no *armazenamento*, na *circulação*, no *consumo*, nos agentes sociais que viabilizaram sua produção. Evita-se, assim, a "perda do referente" definida como "uma espécie de alienação de segunda potência, em que as relações são deslocadas não só dos sujeitos sociais para os objetos, mas destes para seus simulacros".[22]

Na metodologia adotada para a compreensão dos sentidos sociais presentes nessa específica representação do corpo doente foram analisados artigos escritos por médicos e publicados em duas revistas especializadas do período: a revista *Brazil Medico* e a *Gazeta Medica da Bahia*, sem contar ainda da bibliografia, fonte complementar de significativa importância.

As mulheres sob as lentes de Christiano Jr. ganharam outro espaço de análise, o capítulo quatro. As fontes guiaram o andamento da pesquisa e conduziram por caminhos variados trilhados antes pelo próprio fotógrafo. Havia uma multiplicidade de registros dentro do estúdio fotográfico de Christiano Jr. Variada temática retratada indica como os homens da fotografia, na segunda metade do século XIX, abriram seus estúdios ou ateliês dispostos a sobreviver. Valiam-se da capacidade em divulgar seus serviços e tudo fotografar. A pesquisa seguiu os próprios passos do fotógrafo, ou melhor, os diversos sentidos da visualidade engendrada na fotografia de Christiano Jr. que se propôs a retratar tanto negros em diversos ofícios e quanto homens doentes, lavadeiras seminuas, abrindo um campo mais abrangente de interpretação dessas fontes iconográficas, como parte significativa da cultura material historicamente produzida.

A lavadeira, imagem produzida por Christiano Jr., remete a um campo de investigação mais amplo e não menos complexo: entender como o olhar curioso sobre o corpo da mulher

---

22   *Ibidem*, p. 43.

negra era parte integrante de uma concepção do que era a própria representação do feminino. Fontes iconográficas produzidas também na Europa foram analisadas, onde corpos foram incansavelmente revelados sob ângulos diversos. A abordagem adotada nesse último capítulo tenta mostrar como o interesse pelo exotismo da mulher negra se constituía como parte de uma demanda da sociedade europeia em vasculhar o corpo feminino. Nesse exercício interpretativo, tenta-se demonstrar como as fotos etnográficas dividiam com as fotos eróticas e pornográficas um mercado consumidor, olhos curiosos e atentos no jogo da nudez e da ocultação, características desse erotismo, desse imaginário, que não esconde por certo a dupla violência sofrida pela mulher negra: ser mulher e ser escravizada.

Foram selecionadas para a pesquisa 48 fotografias realizadas por Christiano Jr.: no primeiro capítulo somam 39 imagens de pessoas representados em diferentes ofícios; outros três retratos de meio busto são analisados no segundo capítulo; seis retratos integram o terceiro; e, no quarto e último, recupera-se a fotografia que inicia a pesquisa, propondo-se outra abordagem.

Nessa perspectiva, assim como os textos, as imagens podem ser lidas para possibilitar a análise de como seus significados são "construídos, incutidos e veiculados pelo meio social", constituindo-se como "fruto de um imaginário social e, que ao mesmo tempo engendra outros, que podem até mesmo virem a se transformar em realidade".[23] Inventada e reinventada, a fotografia é assim como a vida, sempre pronta a anunciar vestígios de um cotidiano marcado por "práticas de sobrevivência, que se configuravam como fontes de resistência, intercalando-se como táticas e subterfúgios possíveis de um cotidiano improvisado, sempre em processo de ser re-inventado",[24] exibido em representação, como o testemunho que expressa uma dualidade: ser vestígio do passado e, ao mesmo tempo, produto cultural simbólico de uma época.

O Brasil do século XIX revela-se, sobretudo, na emulsão fotográfica. Vistas panorâmicas de paisagens naturais a registros que intentavam pôr em evidência os costumes da população integram uma vasta produção imagética capaz de conduzir a reconstituição de experiências vividas por diversos sujeitos sociais, homens e mulheres em pose diante do fotógrafo.

---

23   *Ibidem*, p. 111.
24   DIAS, 1998, p. 228.

Este Brasil oitocentista teve sua representação configurada por olhares estrangeiros, ávidos em ver, retratar e definir o que eram os povos distantes, de culturas vistas com muito estranhamento, numa conjuntura histórica marcada pelo domínio colonial. Os fotógrafos que cruzaram as fronteiras da civilização, o velho mundo presunçoso em sua dita superioridade, ajudaram a multiplicar imagens da população negra em diáspora. Imagens que se espalhavam Brasil afora, em formatos variados: *Carte de visite*, *Cabinet*, cartões de estereoscopia,[25] cartões-postais colocados em álbuns de família, formando coleções como lembranças da terra um dia visitada.

As atitudes e intenções registradas revelam nuances de percepções acerca do cotidiano dos negros, nas cidades ou fazendas de engenhos, simultaneamente deixando à vista ideias e mentalidades que podem ser apreendidas na singularidade das representações, fragmentos de mediações sociais, carregadas de historicidade. Nas pinturas, litografias e fotografias retratou-se a dinâmica "da vida de todo dia",[26] mesmo quando no estúdio se puseram a fotografar. Tem-se, portanto, um *corpo social* em representação. Analisá-las, inquiri-las, investigá-las leva a uma compreensão e interpretação do cotidiano, mesmo que ali, muitas vezes, estejam reforçados "estereótipos da cultura dominante" porque expressam-se também tensões e conflitos, envolvendo uma *pluralidade de sujeitos* na construção de específicas subjetividades.

> Ao documentar a inserção dos sujeitos históricos no conjunto das relações de poder essa vertente de pesquisa contribui para historicizar estereótipos e desmistificá-los, pois através do esmiuçar das mediações sociais, pode trabalhar a inserção de sujeitos históricos concretos, homens e mulheres, no contexto mais amplo da sociedade em que viveram. É o que permite, dentro da margem de conhecimento possível, a reconstituição da experiência vivida, em contraposição à reiteração de papéis normativos. (...) A reconstituição das

---

25   O aparelho de estereoscópio era colocado na sala de visitas dando a possibilidade das imagens serem visualizadas em movimento tridimensional. O estereoscópio é um formato alongado, com imagens semelhantes e, quando recortadas, ficam sutilmente diferentes em seu enquadramento e são ambas colocadas no estereoscópio para juntas serem vistas lado a lado.

26   DIAS, 1998.

experiências vividas, na medida em que papéis informais foram focalizados e iluminados, propiciaram a análise da ambiguidade e mesmo da fluidez dessas práticas, costumes, estratégias de sobrevivência.[27]

O ganho de tal perspectiva para o conhecimento histórico abre a possibilidade de uma investigação rica em se pensar uma conjuntura onde muitos agentes sociais eram ora silenciados, ora abandonados num total ocultamento, embora algumas vezes iluminados, revelados na superfície do papel fotográfico que os aprisionava em diversas imagens em construção. Se são imagens fixas, dando a ver o corpo em formas concretas, em gestos precisos, em poses repetitivas, disfarçam, no entanto, a inquietude, o não palpável; seu traço estará sempre à espera de um interlocutor, de um diálogo, de um olhar que se estenda sobre a planície que se faz cada fotografia, porque dela se descolam sentidos possíveis inerentemente abrigados no mundo e nos indivíduos que ali parcialmente se revelam.

A fotografia é um fragmento do passado que possibilita um elo com aquilo que tão irrefutavelmente escapa, mas abrindo horizontes para indagações, apreensões, interpretações, porque aquilo que ficou ali, pormenorizado, são vestígios, *os cacos* significativos de um tempo, de um cotidiano, de uma cultura.

O historiador, para Benjamin, deveria "privilegiar o estudo do concreto e do parcial em detrimento do abstrato e do total". A ele a tarefa de "discernir o significado nos cacos, nos fragmentos",[28] ampliando assim o alcance do conhecimento histórico, como bem demonstra Maria Odila Leite da Silva Dias:

> A dialética do pormenor e do global, das relações entre as minúcias e o conjunto do processo social de uma época implicava uma atitude aberta para a possibilidade de apreensão de papéis informais, que escapam aos papéis prescritos, às institucionalizações, situados enquanto experiência histórica vivida pelos agentes históricos num espaço intermediário entre a norma e a ação: o estudo da multiplicidade de mediações e elos desvendou a margem

---

27 *Ibidem*, p. 232.
28 *Ibidem*, p. 242.

de resistência possível, a improvisação, a capacidade eventual de mudança, de transformação, o que politizou o cotidiano. Acenou-se mais para a liberdade do contingencial do que para utopias abstratas.[29]

As fotografias vistas sob este prisma mais revelam do que ocultam porque "o interesse pelo particular não restringe a amplitude do tema, pois focalizar as experiências de vida de homens e mulheres, ainda que de ângulos particularizados, significa um espraiar de olhares sobre paisagens a perder de vista".[30] Convida-se então à leitura.

---

29   *Ibidem*, p. 243.
30   *Ibidem*, p. 237.

CAPÍTULO 1

Parte I

Fotografia como um "museu imaginário" de um mundo distante

A fotografia, ardilosa que é, não escapa quando se vê confrontada com aquilo que a revela, a desnuda: suas conexões com o mundo. Fotografia é invenção do homem para o homem, que ou reinventa a si próprio na imagem idealizada vestindo terno e sapatos bem lustrados ou inventa um mundo. A vontade de tornar visível um rosto amado ou amigo, alguém querido, temido ou desconhecido pode explicar a fotografia e sua popularização nos oitocentos, num incessante desejo de ver o outro e escancarar uma rede de domínios da técnica sobre os indivíduos, do homem sobre a mulher, do branco sobre o negro. E é desse desejo que se fez a fotografia de Christiano Jr.

Havia na Europa oitocentista uma curiosidade meio perversa sobre os escravos da África e da América.[1] Fato que não passou despercebido pelo fotógrafo português[2] José

---

1   MAUAD, 1997.

2   Sobre a nacionalidade de Christiano Jr., constatou-se nas diversas fontes pesquisadas uma polêmica. Kossoy, por exemplo, afirma ser provável a origem portuguesa do fotógrafo. Lissovsky e Azevedo dizem que a nacionalidade é ignorada, mas "Os brasões argentino e brasileiro, impressos junto ao de Portugal em um carté de visite argentino, com dedicatória a D. Fernando (rei de Portugal, patrono de artistas portugueses) em duas cartelas do Museu Histórico Nacional no Rio de Janeiro podem ser indícios de sua origem" (1988, p. 13). Encontramos, em *Recordações da minha terra, A província Corrientes* (1902), escrito pelo próprio fotógrafo, palavras que nos certificam a sua nacionalidade quando comparou sua terra natal com a província Argentina: "Lá no meio do Oceano Atlântico, a trezentas léguas do pequeno reino de Portugal, da qual é

Christiano de Freitas Henriques Junior, nascido em 1832, na Ilha das Flores, nos Açores, autor de uma série de retratos de possíveis escravos. Tal demanda europeia é típica do século XIX e de um senso comum que garantia a recepção dos *cartes de visite*, que tanto acomodaram a imagem das populações negras, ao passo que revelam o próprio desejo de se definir alteridade da época.

Christiano Jr., detentor de um conhecimento técnico que o possibilitava elaborar testemunhos sobre um mundo distante, ainda em descoberta foi, de fato, um homem de negócios da fotografia. Abriu estúdios no Brasil, Argentina e Uruguai. Foi Alagoas que primeiro o recebeu em 1862, mas foi no Rio de Janeiro o espaço onde Christiano Jr., como costumava anunciar-se em periódicos da época, optou em viver de seu ofício: a fotografia.

Suas imagens eram compradas por viajantes estrangeiros, sobretudo europeus. Atendeu a uma demanda bastante precisa: "fotografar tipos locais para que os viajantes e turistas pudessem adquirir estas imagens".[3] Imagens colocadas em álbuns, como o da família Burton, que continha 24 imagens de negros feitas por Christiano Jr. Apresentar álbuns fotográficos era uma forma de conhecer a dinâmica social e cultural da família. Conhecer intimamente "a extensão das relações pessoais que os moradores da casa possuíam".[4]

Para os estrangeiros, cabia bem ao bolso levar para a Europa cartões de visita retratando aquilo que de mais exótico os atraía. Desenha-se então um importante rastro pela fotografia que, de certa forma, possibilitou a "concretização de um grande sonho coletivo".[5] Podia ser a "Terra Santa, Egito, o cenário das cruzadas, ruínas Greco-romanas(...), Síria, Palestina,

---

província, há um grupo de nove ilhas conhecidas por ilhas dos Açores". Ver ALEXANDRE; BRONOGI; MARTINI; PRIAMO, 2007. Ediciones de la Antorcha, 2007. Após a defesa da dissertação tive acesso a outro artigo escrito por Christiano em que ele descreve a Ilha das Flores como sua cidade natal, num relato marcado por lembranças de sua infância. Ver *Recuerdos de mi tierra*, La Provincia Corrientes, 1 de janeiro de 1903. Esse artigo me foi cedido pela pesquisadora Maria Hirszman.

3 NARANJO, p. 13
4 GRANGEIRO, 2000, p. 119.
5 FABRIS, 1991.

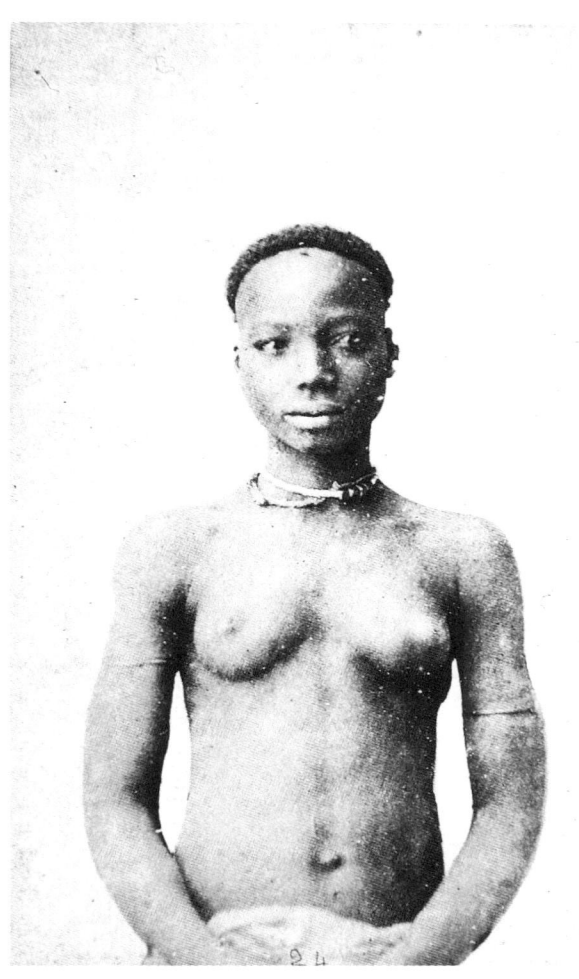

Imagem 1 | Foto: Christiano Jr. Lavadeira do Campo de Santana. Acervo IPHAN

Imagem 2 | À direita fotógrafo anônimo. 1868. Esta fotografia de soldados mortos na guerra do Paraguai integrava o álbum de Richard F. Burton, cônsul inglês

Turquia".[6] Nesse imaginário, povoava também o Brasil, que não escapou das representações características dos usos e costumes de seu povo. Poderiam ser índios, negros escravizados, paisagens, ou ainda, uma fotografia do final de combate da Guerra do Paraguai, como mostra o registro de soldados mortos que integra o álbum do cônsul inglês Richard F. Burton[7] que, acompanhado de sua esposa Isabel, residiu em Santos.

O desenvolvimento da técnica da reprodução de imagens, sobretudo pela fotografia, possibilitou *uma ampla audiência internacional consumidora de imagens,*[8] com pouco critério ou gosto definido, podendo, como se vê, num mesmo álbum, exposto sob a mesa da sala de visitas, exibir tanto uma negra lavadeira africana, no Brasil, quanto soldados despedaçados em campo de batalha. E o álbum da família Burton torna-se ainda mais interessante diante da consideração de Sontag: "Parece que a fome de imagens que mostram corpos em sofrimento é quase tão sôfrega quanto o desejo de imagens que mostram corpus nus".[9] Mas o que ambas as fotos, dos corpos mutilados na guerra do Paraguai e da Lavadeira do Campo de Santana na Corte Carioca, expostas num mesmo álbum, *reiteram, simplificam, agitam?* Qual a *ilusão de consenso* que criam? Será que dão mostras de como "a máquina de matar tem um gênero e ele é masculino", assim como a fotografia oitocentista?[10]

Tais imagens carregavam um duplo sentido, ora revelando uma curiosidade em ver um mundo, ora uma necessidade de apropriar-se dele, porque essa específica forma de visualidade acabou na sala de visitas, sobre a mesa, onde se misturavam contemplação e exposição

---

6   Annateresa Fabris cita, por exemplo, a expedição do fotógrafo Maxime Du Camp que, entre 1849 e 1851, visitou o Egito, Síria, Palestina, Grécia, Itália e Turquia, documentado em *Lembranças Literárias*, seu livro de viagem publicado em 1852 (ver FABRIS, 2008, p. 29-33).

7   Sua chegada ao Brasil é datada 1865. Sua partida, 1868. Era "escritor, poliglota, tradutor e viajante (…) que desde jovem visitou o Oriente Médio, a Índia, a África e os EUA". Em 1861, entrou para o serviço consular inglês. No Brasil, viajou para Minas Gerais e pelo Rio São Francisco, publicando desta expedição, em 1868, *Viagem aos Planaltos do Brasil*. Em 1872, já de volta à Inglaterra, publicou *Cartas dos Campos de Batalha do Paraguai*. Ver DE FIORE, Elizabeth & DE FIORE, Ottaviano (orgs.), 1988.

8   DUBOIS, 1994, p. 21.

9   SONTAG, 2003, p. 38.

10 *Ibidem*, 2003, p. 11.

de um sistema simbólico compartilhado, revelando o velho flerte da fotografia com a morte, como diria Sontag,[11] ou ainda a pura expressão de uma dominação real, posta em exibição.

Entender tal animação remete, indubitavelmente, à seguinte indagação: o que de fato os motivava? Porque, sem dúvida, os sentimentos não eram os mesmos dos álbuns de família, possivelmente apresentados sob a mesma mesa bem lustrada, ao centro da sala de visitas, sem nenhuma dúvida, constrangimento ou estranheza.

> O que confere tamanho valor a esses álbuns não são nem os conteúdos representados neles próprios, nem as qualidades plásticas ou estéticas da composição, nem o grau de semelhança ou de realismo das chapas, mas sua dimensão pragmática, seu estatuto de índice, seu peso irredutível de referência, o fato de se tratar de verdadeiros *traços* físicos de pessoas singulares que estiveram ali e que têm relações particulares com aqueles que olham as fotos.[12]

Persiste então a dúvida: qual a dimensão pragmática dessa produção de imagens destinadas ao consumo que caracterizava sobretudo essa produção de registros etnográficos vendidos como *souvenirs*? Porque são eles nosso objeto de interesse e não as fotos das crueldades de guerra ou dos entes queridos.

Samain aponta como fundamental, diante da fotografia como um objeto de pesquisa, a seguinte indagação: "o que cada uma delas pressupõe em termos de maneira de ver e de modo de pensar?".[13] Segue-se em direção de uma resposta possível, ou no mínimo aproximativa. Se a premissa do filósofo Jean-Marie Schaeffer estiver correta, pode-se pensar a visualidade perto do entendimento de uma *dinâmica receptora*, que depende de um saber individual sobre o mundo, "não independente da relação que a imagem mantém com a experiência do receptor".[14]

---

11   *Ibidem*, 2003, p. 24.
12   DUBOIS, 1984, p. 80.
13   Ver SAMAIN, 1998.
14   *Ibidem*, p. 57.

A necessidade de possuir uma fotografia de uma pessoa da família ou de um ser amado é a expressão de uma *pulsão fotográfica*, um desejo de *presença pela ausência*, define Dubois: "é unicamente a natureza pragmática do dispositivo fotográfico que autoriza e favorece esses desejos desmesurados e insaciáveis: desejos de sujeitos ocupados, apaixonados, loucos de 'real', de referência e singularidade, irredutivelmente."[15]

Os registros etnográficos tratam-se, porém, de outra natureza pragmática, assumem outras características particulares do *índice-foto*, onde o que se observa é uma *força do ver*, um *desejo do olhar*, uma *pulsão escópica*,[16] pertinentes também a outros retratos, mas neste gênero específico extrapola um campo além do fotográfico, absorvido por outros saberes tais como *a teologia, as ciências positivistas, a medicina legal ou a criminologia*. Um desejo de conhecimento que tem, na fotografia, um meio possível de apreensão, observação, descrição e identificação dos seres. Isto resulta daquilo que Dubois chama de concepção difundida demais segundo a qual a fotografia seria um ápice do real, um excesso de singularidade existencial, uma pura manifestação do visível imediato –[17] seu fardo de excesso de realismo.

A fotografia, no pressuposto teórico de Dubois, é um *movimento rumo ao contato*, onde espaço e tempo impõem uma *separação, um afastamento*, um distanciamento, uma *estética do desaparecimento*, portanto, mais confortante, na medida em que dilui o impacto da cena, por exemplo, dos soldados mortos, constituindo esta experiência do ver pouco ou quase nada traumática.

> Na fotografia, o encontro com o real sempre parece iminente, mas a distância sempre se revela exorbitante. Jamais se incorpora. Eis porque a fotografia jamais se parece com nada. Porque aquilo com que pretensamente deveria se parecer está a tal ponto definitivamente distanciado, afastado, perdido, que nada mais há diante da imagem. A fotografia não tem cara a cara. É a única aparição de uma ausência.[18]

---

15   DUBOIS, 1994, p. 82.
16   Ibidem. *O Ato fotográfico e outros ensaios*, 1994, p. 247.
17   Ibidem, p. 247.
18   Ibidem, p. 82

Por outro lado, a imagem ganha um "culto da lembrança", sendo o "valor cultual" seu último refúgio, nas palavras de Walter Benjamin.[19] E é exatamente como lembrança que essas imagens de negros no Brasil ou de soldados mortos em campo de batalha integram o álbum da família Burton. Estranha lembrança, mas foi a que *circula*. Lembrança dos viajantes que percorreram terras distantes, intensamente imaginadas, constituindo um antigo repertório do novo, do desconhecido, de certa maneira, do Paraíso Terreal, do fabuloso, levado agora pela exatidão fotográfica, emanando de si um poder tal como "os olhos que enxergam, as mãos que tateiam, hão de mostrar-lhes constantemente a primeira e última palavra do saber".[20]

> Ao abordar o campo por intermédio de seus objetos mortíferos, os efeitos de ausência e de ficção do meio revelam-se com insistência, transformado ao mesmo tempo o sujeito, o objeto e a relação que os une (que se chama percepção, descrição ou interpretação) em instâncias e em processos imaginários, regidos em primeiro lugar por uma lógica do fantasma (ou da crença) e instituindo-se uma estrutura flutuante, sem termos determinados, onde simplesmente isso circula.[21]

Sontag confirma um costume secular de exibir seres humanos exóticos-colonizados: "africanos e habitantes de remotos países da Ásia foram mostrados, como animais de zoológico, em exposições etnológicas montadas em Londres, Paris e outras capitais europeias, desde o século XIX até o inicio do XX".[22] Um espetáculo promovido sem ponderações. E do álbum dos Burtons não seria preciso nada pagar para ver esse espetáculo. Bastaria ao menos ser convidado à sala de visitas.

A partir disso, amplia-se a compreensão do *desejo de ver – ver completamente, totalmente, medir, classificar, esquadrinhar* os corpos e dos seres. A fotografia era considerada a prova de um saber fiel sobre eles, tendo em vantagem o distanciamento central que provoca a própria

---

19 *Ibidem*, p. 248.
20 HOLANDA, 1996, p. 11.
21 DUBOIS, 1994, p. 247.
22 SONTAG, 2003, p. 62.

essência da fotografia, porque torna visível algo fugido do presente, impõe "abismos, onde todos os poderes do imaginário conseguem nele se alojar". A fotografia, mesmo pensada como *foto-índice*, próxima, portanto, "do objeto que ela representa e do qual ela emana, ainda assim permanece absolutamente separada dele". Configura-se, assim, o jogo que constitui o *ato fotográfico*, definido por Dubois pelo "*princípio de distância e de aproximação*", como uma "*falha irredutível entre signo e referente*",[23] jogo que, exatamente por esta complexidade, se faz mais interessante, porque quase sempre está prestes a escapar.

Se faz necessária a observação, dentro desta temporalidade e dinâmica social, daquilo que alerta Fabris: pensar a fotografia oitocentista como resultado de uma demanda marcada como especificidade de "imagens de consumo", conectada a "*um processo de produção industrial*", sinônimo de "exatidão, rapidez de execução, baixo custo, reprodutibilidade",[24] possibilitando a satisfação de um interesse por outras realidades, fascinantes e intocáveis, vistas em *tantos quadros exóticos*, que pela fotografia poderiam estar mais perto. A ela cabia sanar essas distâncias, presentes no imaginário europeu. Talvez aqui sustente-se a premissa de Schaeffer: "a recepção das imagens depende essencialmente de nosso saber do mundo, sempre individual (...)".[25] O caráter polissêmico da imagem, ou as normatizações comunicacionais que as regem ou os saberes que determinam sua apreensão e efetiva decodificação, como expressa Samain, revelam-se nas inter-relações dos códigos visuais com outros saberes que a antecedem. Moram na superfície da imagem saberes velhos, antigos.

A mulher negra do Campo de Santana, retratada por Christiano Jr., põe a nu também as fantasias do europeu sobre o mundo distante, colonizado. Desejos anteriores à própria invenção da fotografia. Sob as formas expostas da lavadeira, desnudam-se também contornos do homem europeu, de seu pensamento e idealizações. Sobre ela, na verdade, pouco nos informa. A apropriação pela representação de seu corpo denuncia o que queriam ver dela. E este era um desejo antigo.

---

23 DUBOIS, 1994, p. 93.
24 FABRIS, 1991, p. 12.
25 *Apud* SAMAIN, 1998, p. 57.

Os fotógrafos não buscam em suas expedições, lugares inéditos ou desconhecidos. Procuram, ao contrário, reconhecer os "lugares já existentes, como visões imaginárias, nas fantasias inconscientes das massas", criando arquétipos-estereótipos que confirmariam uma visão já existente e conformariam a visão das gerações futuras.[26]

Esta demanda pela *comunicação e informação visual* é descrita por Fabris como parte de uma visualidade de uma era pré-fotográfica.[27] O advento da invenção fotográfica e de seu próprio desenvolvimento técnico-químico foi também uma conquista tentando "satisfazer o novo consumo icônico", a partir de uma "lógica industrial",[28] lembrando que o analfabetismo acompanhava essa população. A fotografia ganha sua *maioridade* quando essa possibilidade de informação visual amplia seus usos para a propaganda política e para a publicidade comercial.[29] A ideia da existência, portanto, de um *fenômeno* de expansão da fotografia como resultado "de uma estratégia de consumo icônico que não conhece fronteiras ou barreiras e que acaba por determinar modalidades semelhantes de fruição em sistemas sociais diferenciados",[30] amplia um primeiro entendimento desta produção.

A fotografia integra-se a um saber cultural e seus significados são codificados. Dá-se aí a conotação, assim definida por Barthes. Em contrapartida, carrega também a sua dupla mensagem, a denotação, definida pela "capacidade da imagem de reproduzir o real", que pode muitas vezes, ainda segundo o autor, ser predominante porque a "aparência de cópia" pode chegar a mascarar o sentido construído da imagem.[31] Está na desconstrução da aparência a pista para

---

26 ALINOVI, F. *L'Esotismo Fotografico*. Bologna, 1981, p. 76 *apud* FABRIS, 1991, p. 29
27 São as técnicas de xilogravura, da água forte e da litografia.
28 ROUILLÉ, A. *L'empire de la photographie*, Paris, 1982, p. 34-35 *apud* FABRIS, 1991, p. 13. A autora refere-se àquilo que chama de entusiasmo despertado pelo daguerreótipo que seduzia tanto pela fidelidade da imagem quanto pelos menores preços comparados às pinturas.
29 FABRIS, 1991, p. 12.
30 *Ibidem*, 1991, p. 10.
31 PORTO, 1998, p. 78; BARTHES, 1990, p. 35-40.

um possível entendimento histórico: pensar a imagem como produção social integrada à experiência vivida pelos sujeitos é o caminho onde as pistas começam a cintilar.

O fascínio em ver a realidade de povos "exóticos" é a grande particularidade desta produção oitocentista. A família Burton, na constituição de seu álbum, revela este interesse. Outra perspectiva é pensar a fotografia como uma "aliada da expansão imperialista", hipótese defendida por Fabris. Registrar imagens de "um mundo vazio"[32] reforçava, para a autora, "a justificativa aos intuitos expansionistas", explicando assim as inúmeras paisagens produzidas. Sobre a publicação de John Thomson, *Ilustrações da China e de seu Povo*, em 1873, Fabris assim o define: os objetivos colonialistas de seu livro são também confirmados pela atenção que presta a caminhos fluviais e povoações, a recursos humanos e minerais inexplorados.[33]

No entanto, os registros dos costumes de povos, ressaltando características da vida cotidiana, foi um contraponto "do cheio", que, na maioria das vezes, representava a "visão de uma terra bárbara e atrasada". A imagem do outro era negativamente constituída. O aspecto de "missão civilizadora"[34] permeia essa produção, que fez parecer que "o mundo existe para converter-se em imagem fotográfica".

> A viagem imaginária e a posse simbólica são as conquistas mais evidentes de uma nova concepção do espaço e do tempo, que abole as fronteiras geográficas, acentua similitudes e dessimilitudes entre os homens (...). A fotografia cria uma visão do mundo a partir do mundo (...). Em sua superfície o tempo e o espaço inscrevem-se como protagonistas absolutos, não importa se imobilizados, ou até melhor se imobilizados porque passíveis de uma recuperação, feita de concretude e devaneio, na qual a aparente analogia se revela seleção, construção, devaneio, filtro.[35]

---

32 FABRIS, 1991, p. 32. A autora faz referência principalmente às imagens do Oriente Médio, onde se registrou *espaços, cidades, vilarejos vazios*.

33 *Ibidem*, 1991, p. 33.

34 *Ibidem*. Segundo Fabris, o cartão-postal era o grande instrumento desta premissa imperialista.

35 *Ibidem*, p. 35-36.

Álbuns de família, que eram muitas vezes também temáticos, de arte, de viagens, "tornaram-se logo uma necessidade para a mentalidade classificadora do século passado", transformando-se em uma verdadeira prática de colecionar o mundo. O desejo do ver [36] não era somente colecionar para sempre a imagem do ente querido, morto muitas vezes. O colecionismo para Fabris revelou-se como um "museu imaginário", correspondendo a uma "viagem imaginária",[37] repleta de informações visuais. O desconhecido, como veremos, também fascinava. A fotografia constitui-se como o "duplo da realidade", substituindo, pela "montagem de um mundo", a própria realidade, tornando-se "o mais poderoso fetiche da burguesia do século XIX (…) pelo qual homens e objetos se equivalem".[38] Os retratos etnográficos, por meio da singularidade do referente, não configuraram uma *montagem* apenas pela equivalência. Ao contrário, as diferenças se fizeram impor quando se tratou da montagem do mundo dos homens negros, traduzidos por seus corpos, ritos e dores.

Parte II
Os fotógrafos em terra estrangeira. Christiano Jr. e seus contemporâneos

Para todos os fotógrafos da época, o desafio era sobreviver de seu ofício, o que inicialmente não assustava, já que ver a própria imagem estampada no cartão de visita se tornaria uma *verdadeira mania* como afirma Grangeiro: "As pessoas se dirigiam às casas de retratos em busca não de uma imagem única, mas, de meia dúzia, dúzias de cartões de visita".[39] Ter o domínio da técnica fotográfica era, no entanto, essencial para a conquista da clientela. Oferecer serviços como retratistas era condição quase que obrigatória para todos eles, que, na corte, se punham em disputa propagandística. Anunciar ateliês e estúdios, diferenciando os equipamentos e as técnicas aprimoradas, tornou-se prática comum entre eles. O domínio

---

36 DUBOIS, 1994.
37 FABRIS, 1991, p. 47.
38 *Ibidem*, p. 56.
39 GRANGEIRO, 2000.

da técnica fotográfica constituiu-se como elemento de diferenciação, mostrando que essa era, de fato, uma preocupação com a clientela, que deveria depositar no fotógrafo a confiança para obtenção de um bom retrato, como se vê nos seguintes anúncios:

> Photographia Aranha & G. estabelecidos na rua do ouvidor n° 66, em frente ao *Jornal do Commercio*, acabão de ampliar a sua officina photographica com novos processos que o habilitão a tirar qualquer retrato por todos os systemas em voga. Tendo em vista a modicidade nos preços e a maior perfeição nos seus trabalhos, esperam continuar a merecer a confiança no respeitável publico desta corte. Tirão-se retratos de crianças das 9 horas ao meio dia.[40]

> Photographia. Rua Gonçalves Diais, 54, J. F. A. Carneiro, antiga Casa de Carneiro&Gaspar. O annunciante de volta de sua viagem á Europa, onde adquiriu novos conhecimentos para melhorar os seus trabalhos, acha-se de novo atesta do seu estabelecimento e espera que o publico continuará a dispensar-lhe a sua coadjução.[41]

No diário de Pernambuco, em 1860, o fotógrafo Augusto Stahl anunciava "retratos de cartão de visita como se usava em Paris", sendo, portanto, um dos primeiros fotógrafos a produzir seu trabalho nesse formato.[42] Tentavam sempre mostrar suas conexões técnicas e artísticas com aquilo que julgavam importante paradigma: a Europa. A confiança seria assim depositada, sem ressalvas.

---

40 *Jornal do Commercio*, 7 de setembro de 1864. A indicação do horário da manhã para retratos de crianças deve-se à dificuldade para sua realização; era preciso que o retratado ficasse totalmente parado para a fixação da imagem. No horário proposto, as condições de luz facilitavam a realização da fotografia pela maior intensidade da luz.

41 *A Gazeta de Noticias*, 2 de agosto de 1875. É importante salientar que outros anúncios eram, na maioria, mais modestos, com a indicação apenas do valor a ser pago pela dúzia do retrato (podendo, às vezes, ser vendida também apenas meia dúzia) e o endereço do estabelecimento fotográfico.

42 KOSSOY, 2002, p. 301.

Christiano Jr. não escapou dessas considerações e se colocou em atividade para uma clientela disponível, que buscava eternizar sua imagem. No *Jornal do Comércio*, seus serviços em busca de uma clientela eram anunciados: "variada coleção de costumes e tipos de pretos, cousa muito própria para quem se retira para a Europa", rastro a indicar a quem sua produção vinha atender. Primeiramente associou-se a Fernando Antonio de Miranda em 1864, formando a Christiano Jr. & Miranda, na Rua São Pedro, 69;[43] em 1865, anunciava-se na rua da Quintana, 53, dessa vez sozinho. A última sociedade, em 1867, foi Christiano Jr. & Pacheco, sobrenome de Bernardo José.[44] Retratos da elite brasileira ajudaram também a manter seu ateliê fotográfico. No verso dos cartões oferecia ainda retrato de homens célebres, monarcas, guerreiros, literatos, tipos de índios, cópias de gravuras e outros. Assim que chegou à corte, anunciou: "(...) tirar retratos por qualquer systema photographico onde for chamado, seja qual for a distancia".[45] Disposição explicitamente anunciada.

Usava o formato carte de visite, retangular 6x9 cm, e câmera criada pelo fotógrafo francês Eugene Disderi, destinada à produção de retratos, algumas vezes chamada como *timbres-poste*. Essa câmera possibilitava diferentes técnicas, entre as quais um efeito de nuvens envolvendo as imagens, conhecido como *flou*. Alguns podiam também optar pela janela oval, mas não foi o caso de Christiano Jr. É importante ressaltar que foi este o formato que popularizou a fotografia no Brasil. A técnica superava as antigas e caras placas de cobre, que exigiam um difícil manuseio de produtos químicos.[46]

---

43   Há uma indicação de que talvez esta fosse uma importante rua de concentração de oficinas fotográficas. Em 1850, segundo Mello Moraes Filho, no livro *Artistas de Meu Tempo*.

44   De acordo com Boris Kossoy, em *Dicionário histórico-fotográfico brasileiro*, esta última sociedade foi mantida entre 1867 a 1875, conforme anúncios publicados no *Almanak Laemmert*. Em 1876, Bernardo Jose Pacheco anunciou firma com os irmãos João Xavier e Carlos Xavier de Oliveira Menezes. O primeiro provavelmente é o autor J. Menezes, da série fotográfica retratando homens com deformidades nos membros inferiores, documentação analisada no terceiro capítulo. Tudo indica que esta sociedade não os levou a trabalharem juntos, já que Christiano Jr. afirma ter dado sequência em 1866 a um tratamento médico em Buenos Aires, iniciado a princípio no Brasil. Ver ALEXANDER; BROGONI; MARTINI; PRÍAMO, 2007, p. 22.

45   KOSSOY, 2002, p. 174.

46   Por volta de 1850, a fotografia ainda não era uma atividade lucrativa no Brasil. Segundo Mello Moraes Filho, no livro de memórias *Artistas de meu tempo*, os profissionais eram pouco habilitados no uso da

A popularização dos carte de visite fez do retrato um objeto de desejo, constituindo-se como o produto fotográfico mais vendido, ocasionando, posteriormente, a *massificação do retrato*.[47] O seu baixo custo é resultado do desenvolvimento da técnica fotográfica, que estava "a serviço de todos, garantindo a qualquer um o direito de possuir não apenas as cenas do mundo, mas também, e principalmente, a própria cena".[48] O tempo de exposição foi sensivelmente reduzido: "oscilava entre vinte segundos e um minuto para as paisagens e os motivos arquitetônicos, e entre dois e vinte segundos para os retratos pequenos". Tal alcance resultou da invenção do colódio úmido, negativo de qualidade, em vidro, divulgado por Frederick Scott Archer, em 1851. O processo de colódio úmido era, para Fabris, ainda bastante complicado: "a placa deveria ser preparada imediatamente antes da fotografia e revelada logo em seguida na câmara escura; todas as operações não poderiam durar mais do que quinze minutos".[49]

A bibliografia pesquisada mostra como existiu um desejo que ultrapassava as fronteiras sociais que se entrecruzavam no compartilhar de uma prática cada vez mais comum: colocar-se em pose diante do fotógrafo. E mesmo depois da diminuição do tempo de exposição "o jogo social fundado pela pose se manteve".[50]

---

daguerriotipia, com alto custo e de difícil manuseio. Apenas uma pequena elite tinha acesso a essa produção e o dado elevado custo e preço final (GRANGEIRO, 2000, p. 61). Entre 1862 a 1886, em São Paulo, a oferta de cartões de visita era a mais anunciada nos jornais da época.

47 GRANGEIRO, 2000, p. 51. O primeiro processo fotográfico se deu com a invenção do daguerreótipo, anunciado no *Jornal do Commercio* em janeiro de 1839, mas foi com os *carte de visite* que a fotografia se popularizou. Rouillé explica a passagem de um *mercado restrito a um mercado de massa* (*apud* FABRIS, 1991, p. 13). Este processo de massificação se intensificou ainda mais no final do século XIX, quando a fotografia passa a ser utilizada como ilustração de jornais e revistas, mas é parte de um processo, que teve início desde sua invenção, em 1839, num movimento que, segundo Fabris, foi até 1850. O segundo movimento foi marcado pela invenção do cartão de visita por Disdéri, dando-lhe uma *dimensão industrial* e, a partir de 1880, iniciou-se então seu terceiro movimento, de massificação. Ver p. 17.

48 GRANJEIRO, 2000, p. 54.

49 FABRIS, 2008, p. 16.

50 MUAZE, 2008, p. 148. A pose configurou-se como um símbolo tão marcante que manteve-se igual nos retratos de adultos, crianças e, inclusive, nos registros de homens com deformidades físicas tratados no capítulo 3.

O certo é que todos queriam possuir o próprio retrato e quase sempre o de outros homens e mulheres, o do ser amado, de parentes, amigos ou de quem se admirava à distância. Desejavam-se estes retratos que nem a imaginação mais pródiga poderia enumerar.[51]

Nesse campo visível expressou-se um inegável desejo. Eles muitas vezes tinham em seu estúdio "vestimentas genéricas"[52] emprestadas aos clientes. A expressividade do retrato revela uma condição social de distinção e pertencimento a uma classe, denuncia a intenção de afirmação individual e torna-se a expressão de um código social revelado em poses e gestos.

O fraque, o colete, a camisa, a bengala, a cartola, o sapato bem lustrado caíram tão bem ao homem retratado que duvida-se terem sido vestimentas emprestadas pelo fotógrafo. O braço direito apoiado no balaústre, a delicadeza ao segurar a bengala e o pé direito elegantemente curvado, dando volume ao tecido, quase resumem a cena. O cavalheiro que tão bem participa da invenção criada para si mesmo, atendendo ao seu íntimo desejo de como gostaria de ser visto, mal percebeu que seriam a cartola, a bengala e o tal sapato bem lustrado a grande atração da fotografia. O fotógrafo, talvez, ao emprestar-lhe tais artefatos, revela seu valor estético em compor a cena e o conhecimento preciso da atmosfera a contentar seu cliente, às vezes constrangidos, outras, bastante à vontade sob o terno preto que, se por um lado lhes dava elegância, por outro, os tornava bastante iguais "no rito pessoal pela perenidade" e na busca "pela eternidade que a fotografia redimensiona e torna mais acessível".[53]

Há nesses retratos um valor da austeridade. Uma postura contida representada pela pose, "o primeiro fundamento do retrato fotográfico oitocentista",[54] onde o *tempo de exposição* sincronizava-se com um *tempo social* "necessário para que o indivíduo representasse o

---

51   GRANGEIRO, 2000, p. 46.
52   MUAZE, 2008, p. 148.
53   GRANGEIRO, 2000, p. 41. O autor mostra como até mesmo as pessoas pobres gastavam "o preço de duas camisas para adquirir um retrato", fato que revela, segundo ele, o desejo do indivíduo de sobreviver de alguma maneira diante da morte, superando sua *condição mortal e transitória*.
54   MUAZA, 2008, p.119.

Imagem 3 | Foto: Christiano Jr. Acervo Fundação Biblioteca Nacional Brasil

seu papel num determinado cenário".[55] O corpo e a pose fazem ver pelo papel emulsionado a expressão de *valores burgueses*.[56] O corpo do homem civilizado, de sapatos bem lustrados ou em retratos de meio busto, pediam domínio e contenção. Valores inscritos, parafraseando Courtine e Haroche, *numa longa duração*,[57] afinal repudiavam-se os excessos, censurava-se o riso, condenavam-se as gargalhadas, civilizavam-se a língua e a carne. A fotografia no formato *carte de visite* foi uma forma de representação mais barata que os retratos a óleo, fruto da criação de Disdéri, que passou a produzir "imagens menores, 6x9, que permitiam a tomada simultânea de oito clichês numa mesma chapa".[58] Ver a si era, para as classes menos abastadas, e sobretudo, para a elite ascendente, finalmente possível.

As oficinas fotográficas passaram a se constituir em "espaços especialmente preparados para receber e executar os retratos de uma multidão de pessoas desejosas de ver seus rostos eternizados".[59] E mesmo que nas fotos de negros em diferentes ofícios feitas por Christiano Jr. os desejos fossem, possivelmente, muito mais do próprio fotógrafo, valiam as mesmas regras técnicas para a elaboração de um perfeito retrato. E a preocupação com a pose roubava a cena.

> O planejamento para a montagem de uma oficina fotográfica estava necessariamente subordinado às características estabelecidas pela técnica (…) a fotografia necessitava de todos os adereços em torno da pessoa para que a imagem pudesse atingir seu objetivo. Em um retrato fotográfico não se acrescentava, a qualquer momento, uma bengala ou uma cartola.

---

55   TURAZZI, 1995, p. 14.
56   Ver COURTINE & HAROCHE, 1995, p. 116.
57   *Ibidem*, 1995, p. 174.
58   FABRIS, 2008, p. 20.
59   Grangeiro (2000) aponta como as oficinas fotográficas deixaram de ser casas simples e sem luxo para se transformarem em "suntuosas oficinas fotográficas"; as primeiras, típicas do momento quando atendiam a uma elite que pagava altos preços por uma fotografia; as segundas, características dos preços mais baixos e com demanda infinitamente maior. Melhoraram sua infraestrutura a partir de 1860, quando passou a funcionar a todo vapor, com um vasto mercado consumidor, se transformado num grande *negócio*. Ver p. 63.

Imagens 4, 5 e 6 | Fotos: Christiano Jr. & Pacheco, possivelmente realizados por Pacheco, já que Christiano Jr. não mais residia no Brasil. Instituto Moreira Salles

> (...) pés, mãos, braços, rostos, pernas tinham que ser distribuídos da mesma forma que os equipamentos. Esta era a primeira etapa da sessão de retratos: apenas depois de ajeitar o corpo os equipamentos podiam ser arrumados (...) cliente e fotógrafo escolhem determinada pose para se retratar; demoram certo tempo para ajeitar o corpo à pose pensada; somente após isto o fotógrafo pode arrumar os refletores, aparadores, fundo e câmara; o cliente, por sua vez, não pode se mexer, pois iria alterar iluminação e, principalmente, o foco da máquina.[60]

A clientela para um fotógrafo nos século XIX era bastante variada. Cândido Grangeiro mostra como o estúdio fotográfico aproximava pessoas socialmente distantes, mas por alguns momentos igualadas por uma mesma ambição: possuir a melhor imagem que poderiam oferecer de si. Ambição revelada na legenda que acompanha a foto a seguir exibida, reflexo do desejo que a motivava e consumia.

---

60   GRANGEIRO, 2000, p. 106.

Imagem 7 | Foto: A engomadeira Catharina Pavão tirou seu retrato na oficina de Carneiro & Gaspar, o mesmo lugar em que D. Pedro II se fotografaria anos depois. Muito mais do que a imperadores, os salões de pose dessa oficina serviram a pessoas simples da população. Era a fotografia democratizando o mundo[61]

---

61   *Ibidem*, p. 53.

De cabelos bem penteados, olhar direto para o fotógrafo, não recomendado em alguns manuais de fotografia, Catharina, negra, fotografada no estúdio, em São Paulo, antes mesmo do imperador, mostra o desejo de ao menos comprar um cartão de visita, para presentear *um ser amado, um amigo, um parente*, ou para guardar, orgulhosa, a própria imagem. Refugiada em sua pose contida, virtuosa porque esconde o sorriso, reflete a norma da aparência que se queria alcançar, revelada pela pose.

Gaspar Antonio da Silva Guimarães abriu em São Paulo, em 1862, o estúdio Carneiro & Gaspar. Militão Augusto de Azevedo, em 1875, tornou-se sócio do estúdio adquirindo-o totalmente quando passou a chamá-lo de *Photographia Americana*, recebendo clientes ilustres e anônimos:

> O imperador D. Pedro II, a Imperatriz Teresa Cristina, o jurista e político Rui Barbosa, o poeta Castro Alves, os abolicionistas Luis Gama e Joaquim Nabuco, (…) funcionário públicos e liberais como médicos, advogados, engenheiros, trabalhadores anônimos, escravos e alforriados, pessoas com deformações físicas, cadáveres (…) Engomadeira, prostituta (….).[62]

Palavras que revelam como constitui-se um *habitus compartilhado*[63] não apenas pela classe senhorial oitocentista. No estúdio dos fotógrafos, engomadeiras e prostitutas, trabalhadores anônimos e intelectuais compartilhavam um mesmo desejo, legítimo a todos: ver a própria imagem, levá-la ao bolso ou fazer um verdadeiro troca a troca: "Além de preencherem os álbuns de família, cada vez mais em moda a partir dos anos 1850, as fotos também eram trocadas entre parentes e amigos ou enviadas por cartas para destinatários distantes", fortalecendo "reciprocidades e laços de amizade e compadrio". Para Muaze, essa prática foi "um importante meio de socialização e de manutenção de reciprocidades numa sociedade de maioria iletrada".[64] Reciprocidades que confirmavam laços de fidelidade e amizade. Enviar

---

62 CARVALHO & LIMA, 1997, p. 208. Na coleção integra-se livros de controle e mostruários dos dois estúdios com mais de 12.000 retratos no formato *cartes de visite* e *cabinet-portrait*.

63 MUAZE, 2008, p. 118.

64 *Ibidem*, p. 119-120.

um *carte de visite* assumia uma "dimensão de dar um pouquinho de si"⁶⁵ num gesto que se tornava a pura expressão de afetividades.

Se a fotografia foi, de fato, um artefato verdadeiramente democratizante, "cabendo" no bolso de um escravo de ganho ou negro forro, em atividade ambulante nas ruas da capital do império, será uma tarefa difícil de responder. Falta uma documentação que possa ser devidamente analisada. Grangeiro expressa a importância de "não esquecer que o preço do retrato ainda era caro para grande parte da população". Reconhece que possuí-lo "implicava sacrifício e economia".⁶⁶ Mas ressalta-se aqui a possibilidade de um eixo analítico que observe e tente compreender a própria produção fotográfica como um pertinente objeto de estudo, buscando uma sondagem capaz de diminuir as incertezas nas quais infelizmente abandonam.

A imagem-fotografia, como demonstra Muaze "se funda como uma imagem de consumo", como parte de um "circuito comercial ditado pela lógica de mercado". De um lado o consumidor, "homem moderno", do outro, o fotógrafo. Ambos "na sua incessante busca por identidades".⁶⁷ Alguns fotógrafos, no entanto, faziam dessa busca um ofício, armados com a câmera fotográfica.

Entre 1840 e 1900 foram 120 fotógrafos profissionais vivendo no Rio de Janeiro. Em 1855, no *Almanaque Laemmert*, lojas de materiais fotográficos passaram a ser anunciadas com frequência, configurando-se uma ascendente demanda de "bens de representação simbólica".⁶⁸ Parte da produção fotográfica de Christiano Jr. era vendida no próprio estúdio, mas também na *Casa Leuzinger*, importante estabelecimento do ramo fotográfico que comercializava tanto matérias e equipamentos para esse fim, como imagens produzidas por diferentes fotógrafos que levavam um selo da *Casa* no verso. Foi sem dúvida um importante local a promover uma intensa circulação de imagens etnográficas, e também de vistas e paisagens

---

65   *Ibidem*, p. 154.
66   GRANGEIRO, 2000, p. 126. O autor indica que em São Paulo existem álbuns, em algumas instituições públicas, de pessoas retratadas de razoável poder aquisitivo, mas que a premissa não é a mesma para pessoas das camadas populares. Como ele aponta, se possuíram álbuns, esses não foram preservados. Talvez não foram considerados como objetos interessantes por essas instituições.
67   MUAZE, 2008, p. 121.
68   MUAZE, 2008, p. 149. Ver ANDRADE, 1990.

do Brasil, destinadas, sobretudo, aos turistas estrangeiros. Retratos de personagens ilustres como artistas, políticos e heróis nacionais foram também comercializados em diferentes oficinas fotográficas. Todos consumidos pelo mesmo desejo.

O Rio de Janeiro se tornou um centro distribuidor de equipamentos fotográficos para todo o Brasil. Na competição entre as oficinas fotográficas em São Paulo, por exemplo, a oficina Carneiro & Smith afirmava ter "do Rio de Janeiro trazido os mais modernos aparelhos e materiais".[69] A corte como se vê era também um centro irradiador de conhecimento fotográfico. Grangeiro aponta como o fotógrafo Perestrello, em São Paulo, tentava se diferenciar dos demais anunciando ter ido "ao Rio de Janeiro, para estudar os 'novos progressos' da arte fotográfica", tendo sido aluno do fotógrafo português Insley Pacheco, indício de uma não sobrevivência apenas com suas produções de retratos.[70] Foi preciso também, em muitos ateliês, se comercializarem aparelhos e acessórios fotográficos,[71] bem como aulas de fotografia.

O *Almanak Laemmert* anunciava, em 1870, a presença de 38 fotógrafos com endereços fixos, a maioria no centro da cidade. Segundo Ana Maria Mauad, "freqüentar o ateliê fotográfico faz parte de um conjunto de códigos de comportamento que pretendiam igualar o habitante do Rio ao morador de Paris".[72] Se antes os fotógrafos, no início da chegada da fotografia à corte "instalavam-se num hotel", a partir de 1850, quando a atividade se expande, montam seus ateliês e anunciam, desta vez, endereços fixos. Além da realização de retratos, venderam também equipamentos e conhecimentos das técnicas para aqueles que tivessem interesse pela fotografia, e por isso pudessem pagar, afinal o fotógrafo poderia ser considerado como o "alquimista moderno que manipula os humores de composição certa, combinando física e química na criação de uma beleza renovada pela técnica. Um novo tipo de artista para um tempo em que a técnica influenciava as representações sociais".[73]

---

69 GRANGEIRO, 2000, p. 70.
70 *Ibidem*, p. 74. Anúncio *Correio Paulistano*, 24.3.1864. Sobre Pacheco, consultar KOSSOY, 2002, p. 247.
71 Ver FABRIS, 1991, p. 65.
72 MAUAD, 1997, p. 193.
73 *Ibidem*, 1997, p. 193.

Era notável a presença desses profissionais na corte, a começar pelos pintores do começo do século XIX e depois pelos fotógrafos. Considerado o único fotógrafo a registrar o cotidiano da família imperial, Klumb, por exemplo, circulava entre a elite da corte carioca, considerado como "*protegido*". A pedido da Princesa Isabel, fez fotos de orquídeas, provavelmente para exposição de horticultura, em Petrópolis, em 1875, organizada pela princesa. Ou, ainda, para parentes ou amigos estrangeiros da família imperial em viagem ao Brasil. Foi também professor de fotografia da Princesa Isabel, "recebendo por tal incumbência 800$000".[74] Os anúncios em jornais da época são fontes importantes para evidenciar o interesse, mesmo que apenas de famílias ricas e nobres, em aprender, como afirmava Klumb, a "arte photographica".[75]

Doze Horas em Diligências, guia de viajantes de Petrópolis a Juiz de Fora, um ensaio fotográfico sobre a Estrada União e Indústria, construída entre 1856 a 1861, ligando títulos do trabalho, traz uma inusitada dedicatória do autor à imperatriz, pedindo que tenha "a graça insigne de aceitá-lo". Klumb reconhece sua presunção, "ousando oferecer a Vossa Majestade a dedicatória deste opúsculo".[76] Deixou, portanto, prova de sua proximidade com a nobreza carioca, que se comprova ainda mais em 1886, com a carta enviada a "Vossa Majestade", pedindo ajuda para retornar ao Rio de Janeiro. Klumb "declara-se na mais absoluta miséria e implora a dona Teresa Cristina o dinheiro necessário para comprar passagens de terceira classe para ele e sua família retornarem ao Brasil".[77] Coincidentemente, muitos dos fotógrafos do Império enfrentaram dificuldades no fim de suas carreiras, mesmo tendo feito importantes trabalhos, como Klumb, que, na XIV Exposição Geral de Belas Artes Imperial, com as 15 obras apresentadas, foi premiado com menção honrosa.[78]

---

[74] KOSSOY, 2002, p. 192. Fonte consultada foi Ricardo Martim, 1956, com pseudônimo de Guilherme Auler.

[75] *Jornal do Commercio*, 9 out. 1864, p. 4. Foi concedido a Klumb o título de Photographo da Casa Imperial, título dado pela monarquia aos melhores artistas no ramo da fotografia. Isso valorizava muito o fotógrafo e aumentava o preço do serviço e produtos oferecidos. Ver MUAZE, 2008, p. 150.

[76] KOSSOY, 2002, p. 193.

[77] LAGO, 2005, p. 88.

[78] O paradeiro das obras é atualmente desconhecido segundo as fontes consultadas. Christiano Jr sentiu-se bastante decepcionado no fim de sua carreira. Muitos precisavam viver de atividades paralelas à fotografia.

Henschel, por exemplo, contou com a ajuda de dois assistentes nos estúdios abertos: o pintor Karl Ernst Papf[79] e Mauricio Lamberg. O primeiro prestava serviços de foto-pintura na rua do Ourives, 40, Rio de Janeiro; manteve também estúdios em Salvador, na rua Direita da Piedade, 16; em Recife, na rua do Imperador, 38 e depois transferindo-se para o Largo da Matriz de Santo Antonio. Em 1877, mudou-o para a rua Barão da Vitória, 52. Também abriu estúdio em São Paulo, em 1882, na rua Direita, 1. *Photographia Allemã* era o nome dos estabelecimentos montados nas diferentes cidades. Tem-se uma característica empresarial de Henschel que, segundo Kossoy, foi pioneiro por abrir filiais em várias províncias no Brasil.[80]

Em 1867, chegou à capital do império. Em dezembro daquele ano, anunciava-se à corte:

> A abertura do estabelecimento da Photographia Allemã. Alberto Henschel & C. Successores de Mangeon e Van Nyvel (...) o grande crédito de que gozão nossos estabelecimentos photographicos em Pernambuco e Bahia, animou-nos a abrir outro nesta corte, com todas as proporções desejadas para satisfazer os mais exigentes nas provas desta arte.[81]

Além das vistas, paisagens como o do Jardim Botânico, Itatiaia, Nova Friburgo, de famílias nobres e da classe média branca, foram descobertas dezenas de fotografias etnográficas, no formato *carte de visite*, feitas por Henschel. Esses retratos foram descobertos recentemente por Pedro Vasquez em um museu alemão. Integram as coleções do Reiss Museum e do Institut fur Landerkunde.[82]

Christiano Jr., por exemplo, dedicou-se também à produção de vinho na Argentina, tendo publicado um extenso volume chamado *Tratado práctico de vinicultura, destilería y licorería*.

79 KOSSOY, 2002. Karl Ernst Papf teria chegado com Henschel em 1867 quando este retornava da Europa no vapor Oneida (*Diário de Pernambuco*, 28 set. 1867).

80 KOSSOY, 2002, p. 46.

81 *Jornal do Commercio*, 18 dez. 1870, p. 8. KOSSOY, 2002.

82 KOSSOY, 2002, p. 179. Infelizmente, muitos destas fotografias foram feitas fora do Rio de Janeiro, com valor documental para a fotografia oitocentista, mas fora do recorte proposto na pesquisa.

Toda essa produção fotográfica que caracteriza o período encontrou na Casa G. Leuzinger espaço de comercialização e circulação. Georges Leuzinger (1813-1892) foi nome de destaque no período. Fotos recuperadas em sótãos na Europa rememoram a importância desse fotógrafo, para a fotografia oitocentista. Nascido em Cantão de Glaris, na Suíça, chegou ao Rio de Janeiro em 1832, com apenas 19 anos. Na capital do império, construiu uma importante carreira comercial, iniciada numa casa de comissão e exportações, convidado pelo seu tio Jean Jacques Leuzinger.[83] Seus atributos como fotógrafo são evidentes, mas ainda é maior sua capacidade de fazer da Casa Leuzinger o principal ponto comercial de fotografias na cidade carioca.[84]

Os fotógrafos, cientes da concorrência, anunciavam constantemente seus serviços, indicando a localização do estabelecimento e o preço da dúzia de fotografias, atraindo assim a clientela então cobiçada e não menos disputada. Diariamente, se publicava uma média de dois a três anúncios, tanto na *Gazeta de Noticias* quanto no *Jornal do Commercio*, anúncios que muitas vezes se repetiam seguidamente em dias posteriores, colocando sempre em destaque na chamada do anúncio a palavra *Photographia*, e também o endereço do estabelecimento que seria procurado pela clientela.[85]

Consegue-se observar como ocorreu uma efetiva preocupação de alguns fotógrafos em ressaltarem os preços mais "em conta" dos retratos que realizavam: "álbum para retratos muito em conta, na rua de S. Pedro, nº 40".[86] O que se priorizou, neste caso, não foi indicar o nome do fotógrafo ou do estabelecimento como, se constata na maioria dos anúncios, mas apontar para a acessibilidade em os adquirir: "retratos bonitos e baratos. Rua da Alfandega

---

83   *Ibidem*, p. 201. Em 1840 teria adquirido uma papelaria e oficina de encadernação e em 1850, com 37 anos de idade, já possuía uma tipografia e litografia.

84   Primeiro na Rua do Ouvidor, 33, depois 31 e 36, para depois ocupar a Sete de Setembro, 35 e 37. A Casa recebia tiragens de fotógrafos como Christiano Jr., Stahl, Klumb. Tem-se um aspecto importante para a pesquisa: um estabelecimento comercial com efetiva contribuição nos usos e circulação de uma ampla produção imagética do período.

85   Foram verificados os anos de 1864 e 1865, momento das produções de Christiano Jr., e também o ano de 1875.

86   *Jornal do Commercio*, 15 jan. 1865.

71. 5$ a dúzia e 3$ meia dúzia".[87] Verifica-se como adquirir meia dúzia de cartões de visita poderia custar o mesmo que comprar duas libras de velas de cera, ou ainda, sete libras de sabão branco.[88]

Para se alcançar a melhor imagem, os fotógrafos contavam com "uma vasta literatura sobre como montar uma oficina fotográfica",[89] com longas instruções técnicas para se obter um perfeito retrato. Militão Augusto de Azevedo, por exemplo, chegou a traduzir os dois primeiros capítulos da obra do fotógrafo francês Alphonse J. Lièbert, *La Photographie en Amérique*. O primeiro trata, como mostra Grangeiro, da técnica e dos diversos procedimentos fotográficos, tais como equipamentos, objetivas, ou seja, as lentes fotográficas, acessórios e produtos químicos. O segundo explica as medidas e formatos de paredes de vidros e aberturas para a inserção da luz natural,[90] com indicação dos devidos locais para a manipulação dos produtos químicos e da preferível disposição dos objetos tão comuns que compunham as encenações fotográficas – como livros, mesas, estantes etc. A terceira parte do livro, dedicada à analise da construção da pose e da composição do retrato, não foi traduzida.

Em meio a este mercado disputado e concorrido, marcado por exigências técnicas precisas – afinal lhes era imposto dominar procedimentos específicos – a atuação de Christiano Jr. se deu, em várias esferas, correspondendo à demanda do mercado interno, mas atento e, principalmente, a serviço da "curiosidade meio perversa do europeu", inegavelmente de olhos voltados para além das águas do Atlântico.

Com suas fotografias, vê-se como, apesar das intenções de determinados grupos de se negar a imagem negra e escravista do Brasil, ela era ainda possível de se registrar. A monarquia se queria branca e próxima da Europa, não da África. Esta última, apesar de todas as

---

87 *Jornal do Commercio*. 1 de maio, 1865.
88 Ver TURAZZI, 1995, p. 128.
89 FABRIS, 1991, p. 100.
90 Neste período ainda não existiam equipamentos de luz artificial. Os fotógrafos deveriam dominar a luz natural para obter um bom retrato.

evidências, era removida para o esquecimento, não reconhecida, mesmo com o toque de seus tambores e cores, presentes nos caminhos da corte carioca.[91]

O Brasil, rumo à República, mas, ainda sustentado sobre a escravidão, revelou tantas de suas contradições neste telegrama-anúncio publicado na *Gazeta de Notícias* em 1888:

> Telegrammas. Piracicaba, 11 (S. Paulo). A polícia abriu inquérito sobre as ocurrencias de hontem, que se deram assim: ha dias fugiram 30 escravos do Sr. Luiz Antonio de Almeida Barros, que há tempos se declarou republicano. Dez desses escravos foram presos pela força estacionada em Jundiahy, e o delegado de polícia desta cidade telegraphou a Almeida, communicando a remessa dos escravos. Foi conhecido este telegramma, e mais de duzentas pessoas, a chegada do trem, apoderaram-se dos escravos e deram muitas bordoadas em quatro capitães de matto, que os acompanhavam. Almeida não appareceu na estação, e se aparecesse, teria sido victima de um desacato, pois que o povo gritava: "Morra o Luiz".[92]

Não causa estranhamento o interesse de Christiano Jr. pelas cenas urbanas do Rio. Tipicamente agrário, o Brasil, a partir da segunda metade do século XIX, viu sua população urbana iniciar um processo de crescimento. De acordo com o censo de 1872, as cidades com mais de 50 mil habitantes tiveram um crescimento de 3,7%, e de 3,1% nas cidades com mais

---

91 Nas exposições universais, realizadas na década de 1860, o Brasil tentava conectar-se às nações consideradas "mais civilizadas". Enviava engenheiros como os irmãos Antonio e André Rebouças, comissionados pelo governo imperial na Exposição de Londres de 1862, devido ao "desejo de afirmação na Europa" como uma nação que diferenciava-se dos seus vizinhos latino-americanos. No entanto, expunha as "riquezas naturais abundantes, os tipos exóticos constituídos pelos povos indígenas". Em 1867, levaram café e madeira do Pará e do Amazonas para a Exposição Universal de Paris. Na década de 1870, as fotografias levadas para as exposições universais queriam mostrar ao mundo "a riqueza gerada pela cafeicultura, o crescimento das cidades, a construção de estradas de ferro, assim como a beleza inconfundível do Rio de Janeiro". Esse foi, portanto, o momento mais promissor das fotos panorâmicas da capital do império brasileiro. Foram essas as temáticas que receberam apoio financeiro do governo imperial. Ver TURAZZI, 1995.

92 Biblioteca Nacional. *Gazeta de Notícias*, ano XIV, nº 12. Rio de Janeiro, [s.n], 12/01/1888. Ver SCHWARCZ & GARCIA, 2006, p. 192.

de 100 mil pessoas. A população do município dobrou entre os anos de 1821 e 1849. A corte "agregava em números absolutos a maior concentração urbana de escravos existentes no mundo desde o final do Império Romano: 110 mil escravos para 266 mil habitantes", palco de uma "tensão social que impregnava toda a sociedade".[93] No núcleo urbano do município, em 1850, dos 206 mil habitantes moradores da área, 79 mil eram escravos.[94] Se Christiano Jr., por um lado, buscava retratar o exotismo que permeava a escravidão, por outro seduziu-se também por essa pulsão citadina. Sabia, portanto para onde se dirigir.

A narrativa fotográfica elaborada por Christiano Jr. mostra como ele estava atento às dinâmicas visivelmente expostas nas relações sociais, percebidas também em outras fontes consultadas:

> Vende-se, de particular, um escravo de 30 annos, robusto e sadio, acostumado ao ganho. Rua de Matacavalos, nº 54.[95]

> Vende-se por 400$000 rs. um preto de meia idade bom ganhador, dá de jornal 1$000 rs. diários certos, na rua do Lavradio nº 6.[96]

> Leilão de escravos, amanha, sábado, 14 do corrente, ás 11 horas, rua da Alfandega, 71, (...) leilão de diversos escravos com officios que serão vendidos por conta de quem pertencer, para pagamento, entre os quais, bonitas negrinhas de 10 a 12 annos, moleques e pardinhas.[97]

---

93   ALENCASTRO, 1997, p. 24.

94   *Ibidem*, 1997. O autor mostra como entre 1850, com o fim do tráfico de africanos, e 1872, ocorreu *um fluxo intenso de imigrantes lusitanos*, dobrando a população portuguesa na corte, que deixou de ser de um décimo para um quinto da população, alterando a composição étnica e social do município. Em 1872, a população africana correspondia a menos de 1% do total de habitantes. Mas não se pode desconsiderar a intensificação de um tráfego interno de escravos.

95   *Jornal do Commercio*, 12 de janeiro, 1865, p. 4

96   *A Gazeta de Notícias*, 3 de agosto de 1875

97   *Jornal do Commercio*, 13 de janeiro, 1865

Estes anúncios publicados revelam um comércio interno de escravos e, ao mesmo tempo, mostram como o comércio ambulante se caracterizou como uma cena típica da escravidão urbana que, se de um lado, se configurou como um trabalho marginalizado, por outro, representou um papel fundamental na vida comunitária de homens e mulheres, livres ou escravizados, onde se misturavam laços pessoais muito fortes a uma prática dissimulada de uma resistência que permitia a sua sobrevivência,[98] características que persistem nas representações de Christiano Jr.

Basicamente, constata-se a escolha de fundos neutros, com predominância de eixos verticais nas fotografias. A atenção devia voltar-se apenas para a pessoa fotografada e objetos de trabalho que compunham a cena. O interesse focava-se na descrição extrema do sujeito fotografado.

A mulher retratada na Imagem 9, acompanhada pelo garoto em pé, olhando-a atentamente, aparece de corpo inteiro, numa pose rígida, quase desconfortável; deixa escapar um olhar, presume-se que para o fotógrafo. Ligeiramente inclinada para o lado esquerdo, deixa sua face direita em destaque, num gesto tenso, contraído. Sob o caixote, frutas à venda, cena comum nas ruas da capital do império, posta em representação.

As imagens apresentadas seguem o padrão de praticamente todos os retratos etnográficos feitos pelo fotógrafo: retratos de corpo inteiro ou bustos, com enquadramentos centralizados, com destaque, em primeiro plano, do indivíduo, marca e estilo da época, mas também do fotógrafo. Vale dizer que, segundo Grangeiro, "o retrato de corpo inteiro era o mais difícil de ser executado, pois era o que possibilitava maiores informações sobre o modelo e, por isso, requeria maiores habilidades".[99] Qualquer movimento colocava a fixação da imagem em risco iminente.

Habilidosa então a fotografia de Christiano Jr. que é também um pouco teatro, aparentemente com uma simples composição, mas com a presença arrebatadora do corpo. Curiosa encenação, com vestígios de grande manipulação, definidos, sobretudo, pela pose, num cuidado extremo com os gestos, afinal, o cesto levado ao braço esquerdo pelo garoto, revela aqui um gesto também do fotógrafo. Preocupação frequente em seus retratos.

---

98 DIAS, 1995, p. 157.
99 GRANGEIRO, 2000, p. 106.

Imagem 8 | Foto: Christiano Jr., à esquerda, 1865. Museu Histórico Nacional/IBRAM/Ministério da Cultura. 1862

Imagens 9 | Foto: Christiano Jr. Museu Histórico Nacional/IBRAM/Ministério da Cultura. 1862

A pose, para Barthes, proporcionava a fabricação instantânea de outro corpo, numa autotransformação do sujeito em imagem, num movimento interativo com a objetiva. A mulher negra que compõe as duas próximas imagens, colocou-se em pose totalmente frontal.[100] Suas mãos unidas são como um ímã a chamar o olhar daquele que vê o retrato. O fotógrafo desafiou todos os conselhos dados nos manuais fotográficos, onde claramente se denotava uma preocupação com as mãos dos retratados. Esse ligeiro deslize ou escolha de Christiano Jr. não acontece na Imagem 11. Talvez pouco satisfeito, criou nova pose. Desta vez, colocando-a sentada, ao lado de novos objetos que enriquecem a composição. Dois retratos que dão vistas a duas intenções: uma composição que ora valorizava o trabalho, a comum cena da rua a invadir o estúdio, ora centralizava o indivíduo, numa temática mais preocupada em ser fiel aos registros etnográficos.

Uma preocupação não só estética se evidencia, não apenas porque alterou o pano das costas, agora não mais cobrindo o ombro, ou acrescentou mais um pano sobre a cabeça, mas sim porque a imagem integra-se à narrativa central de seu trabalho: a representação de negros e seus ofícios. Narrativa que integra essa vendedora ambulante e todos os outros retratados por ele, numa prova de que o fotógrafo, como indica Dubois, não é aquele que apenas *assiste à cena*.[101]

O estúdio do fotógrafo, para a mulher negra retratada, é a extensão da rua, cenário da sua sobrevivência. No entanto, o fotógrafo não mostra o contexto da cidade, ao contrário, seus "modelos" aparecem no estúdio. Isso não quer dizer que não se tenha, nessas representações, a dinâmica da cidade codificada em gestos, poses e arranjos negociados, memória da escravidão urbana.

---

100 FABRIS, 1991.
101 DUBOIS, 1994, p. 28. O autor opõe-se ao percurso teórico da fotografia que a considera como espelho do real, como "uma imitação mais perfeita da realidade" ou ainda como "o resultado objetivo da neutralidade do aparelho" (p. 32). A fotografia, a partir desta perspectiva, opera com a absoluta *ausência do sujeito*; disso, segundo Dubois, *se deduzia que a foto não interpreta, não seleciona, não hierarquiza*, seria apenas o resultado de seu *automatismo da sua gênese técnica*. Esta foi uma concepção predominante nos discursos no decorrer do século XIX sobre a imagem, posta em discussão por Dubois.

Imagem 10 | Foto: Christiano Jr., 1865. Coleção Ruy Souza e Silva

Imagens 11 | Foto: Christiano Jr., 1865. Coleção Ruy Souza e Silva

As imagens de Christiano Jr. têm na análise dos campos espaciais um desafio. Como afirmou Ana Maria Mauad,[102] o espaço é a chave de leitura das mensagens visuais. Desafio, porque, como se vê nessas imagens, tem-se o consentimento entre fotógrafo e indivíduo fotografado, e não se tem o espaço geográfico: a rua como fuga, o segundo plano desfocado denunciando recortes e intenções, não se tem um *punctum*,[103] *pontos sensíveis ou o acaso que nela me fere*, como acreditava Barthes, fora do indivíduo ou em outros ícones da imagem. O *punctum* da imagem não está isolado apenas em seu detalhe, em algo que surpreenda pelo acaso. É também "aquilo que eu acrescento a foto e que, no entanto, já lá está",[104] mais forte que o código, porque é uma força que primeiro emana do olhar, sem escapar atraído.

Em Christiano Jr. a atração que fere e chama sem desvios é o próprio corpo. Um corpo que fala e grita no silêncio dos gestos, na contenção da pose, na firmeza do olhar. Reflete-m-se ali duas forças, daquele que se colocou diante do fotógrafo e daquele que se autorreflete na imagem que olha e carrega como lembrança. Trata-se mesmo de uma confusão. Alberto Manguel chega a acreditar que

> essa aparente confusão de papéis, essa mistura de identidades que une e depois separa o criador e a criatura, o retrato e o expectador, produz na presença de uma imagem refletida (mas talvez isso seja verdade para qualquer obra de arte) uma tensão em que nós, o público, parecemos estar nos dois lados da tela ao mesmo tempo, observando-nos ser observados.[105]

---

102 MAUAD, 2004.

103 BARTHES, 1980, p. 47. Define-se *punctum*, palavra originada do latim, como algo que *salta da cena fotográfica, como uma seta, e vem trespassar-me*. Contrapunha *punctum* ao *studium*, informações clássicas que são facilmente identificadas, *reconhecidas* pelo indivíduo que olha a imagem e o procura, diferente do *punctum*, que o surpreende, porque *mortifica, apunhala*. Etienne Samain também ajuda a definir esses conceitos de observação da imagem elaborados por Barthes. O *studium*, "é o campo de dados inscritos, lugar de uma investigação possível, de um reconhecimento das informações, dos signos e das mensagens que ela denota e conota". Ver SAMAIN, 1998, p. 124.

104 BARTHES, 1980, p. 82.

105 MANGUEL, 2002, p. 198.

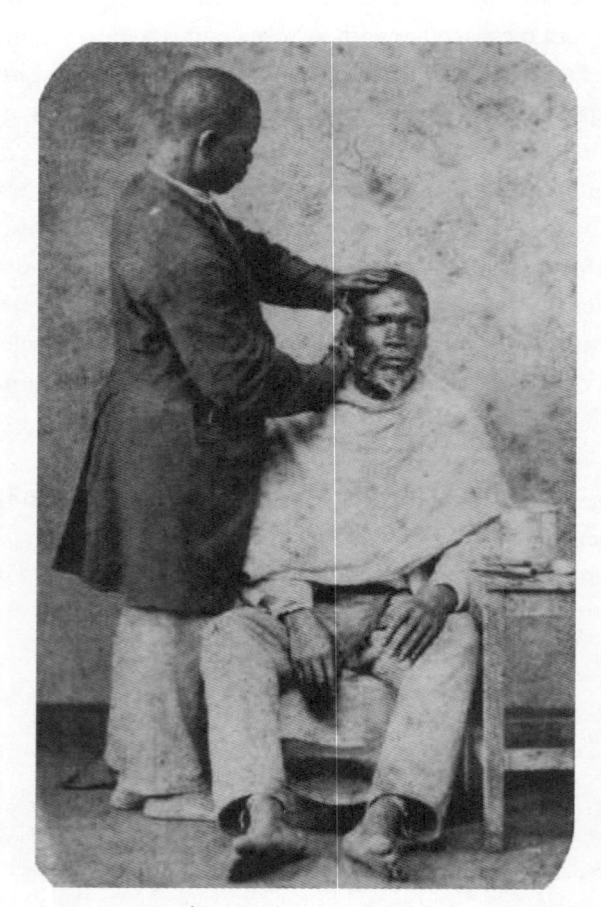

Imagem 12 | Foto: Christiano Jr. IPHAN, Rio de Janeiro

Os cartões de visita compostos por Christiano Jr. trazem os indivíduos, participantes da representação proposta de seus ofícios, capazes ao mesmo tempo de demonstrar o interesse de outros em ver o mais corriqueiro "da vida de todo dia".[106]

O homem sentado apoia o braço sobre um pequeno banco colocado ao seu lado. Curiosamente, o barbeiro coloca-se quase de costas para o fotógrafo.[107] O espaço de Christiano Jr. é artificial. O retratado posiciona-se rigidamente para a foto. Era uma exigência da técnica disponível e também um simulacro do controle absoluto, da ordem. Apresentam seus produtos para serem vendidos na cidade, sem a cidade. São vendedores ambulantes, carregadores, quase sempre envolvidos em trabalhos desqualificados no período, mas com funções essenciais na dinâmica social. Entra em cena o barbeiro, hábil em seu ofício, que podia tanto cortar cabelos e fazer barba quano arrancar dentes, fazer escarificações e aplicar sanguessugas. E eles tomavam as ruas seduzindo os artistas europeus desde as primeiras décadas dos oitocentos. Debret mostrou-se também seduzido por eles, como se vê, por exemplo, em algumas de suas aquarelas tão bem conhecidas: *Barbeiros ambulantes*, *Cirurgião negro* e *Lojas de Barbeiros*.

Os que atendiam na rua eram sempre os mais pobres ou os escravos.[108] Quase um "doutor" da terra, quase sempre negro, prática presente desde o período colonial, que podia significar a "possibilidade de ascender economicamente: um ex-escravo poderia começar a vida como barbeiro sem escravos e sem loja, aplicando na rua mesmo ventosas, sanguessugas, além de cortar o cabelo".[109]

No cenário montado pelo fotógrafo, o homem retratado por Christiano Jr. aparece numa reprodução de um contexto destacando seus ofícios, afinal, "o homem não era completo se

---

106   DIAS, 1998.

107   Há um inusitado retrato da Princesa Isabel de costas. O tempo de seis minutos era entre o término da pose e o término da fixação. Ver GRANGEIRO, 2000, p. 106. Em 1839, o tempo de exposição para a realização de um daguerreótipo era de quinze minutos ao sol. Um ano depois, este tempo de pose passou para treze minutos à sombra. A partir de 1842, já se realizava um retrato a menos de um minuto. Ver TURAZZI, 1995.

108   Muitos barbeiros eram funcionários da Santa Casa de Misericórdia do Rio de Janeiro, hospital que atendia a população mais pobre da cidade.

109   JEHA, 2007, p. 21.

estivesse dissociado do âmbito de sua vida cotidiana".[110] É como se houvesse a intenção de cada imagem de trazer o burburinho da rua, seus movimentos traduzidos em representação de um único corpo, um único ofício, um único gesto, mas remetendo a todos. Ambicioso fotógrafo. Tentou, em cada fotografia, fazer caber um mundo que, nas ruas da corte carioca, se fazia ver, gritando aos olhos, inspirando artistas, muitas vezes estrangeiros.

Quase que num aleato, Barthes empresta uma categoria de análise possível. A natureza da fotografia para Barthes é a pose. Ignora os fatores técnicos da época, para sua ampla utilização. Não é a atitude do alvo nem a técnica do operador. Pose é, para ele, como uma intenção de leitura, é a própria essência da fotografia, caso contrário, posta em movimento, seria não mais que cinema, apagando por completo o seu noema:

> Ao contemplar uma foto, incluo fatalmente no meu olhar o pensamento desse instante, por muito breve que tenha sido, em que uma coisa real ficou imóvel diante do olho. Faço recair a imobilidade na foto presente no "disparo" passado e é essa paragem que constitui a pose.[111]

O espaço considerado inicialmente como limitado ou reduzido, por ser apenas um estúdio, se expande, ganhando outras dimensões. Tem-se uma organização artificial das mediações espaciais, que extrapola os limites óbvios da superfície da imagem e remete a uma forma de pensar: a do fotógrafo, como ele organizava a cena, o que queria destacar e como se dava essa cooperação entre fotógrafo e retratado.

A fotografia, na expressão de Novaes, é "uma mistura feliz de informação, acaso, estética e intenção".[112] Todos os gestos encenados eram também evidências "sobre a cultura e estilos

---

[110] FABRIS, 2004. A autora discute as modalidades de representação do indivíduo estabelecidas no século XIX e como elas influenciam diferentes concepções de retratos, em diferentes épocas. Este padrão do cenário no retrato vem da pintura renascentista.

[111] BARTHES, 1980

[112] NOVAES, 1998, p. 111.

de vida de quem opera a câmara",[113] um traço de toda uma significação elaborada por uma subjetividade que expressa os valores estéticos de uma época.

Em muitos retratos, Christiano Jr. não fugiu dos riscos, pelos limites técnicos da época, e executou em demasia retratos tidos como os mais difíceis de compor, os de corpo inteiro, bastante presentes e com perfeição por ele realizados. Se, por um lado, ofereciam maior variedade de encenação, dando mais informações sobre o modelo, exigiam, todavia, cuidados, tais como manter o corpo todo em foco, rosto, pés e mãos como estas iriam aparecer; como os objetos comporiam o retrato sem, excessivamente, tomarem o quadro da composição.

Christiano Jr. apresentou um domínio técnico bastante aprimorado, principalmente quando compara-se a sua produção com outras realizadas no mesmo período. Além do conhecimento técnico, "função exclusiva do fotógrafo", adquirida com "muitos anos de profissão e conhecimento de diversos equipamentos e acessórios", apesar de que "o domínio de câmaras e refletores não garantia por si só a execução ideal de retratos", era cobrado do retratista "conhecimento de normas estéticas e estilísticas".[114] Somente assim, com essas aquisições, conseguiria retratos com qualidade e bom gosto.

Se Christiano Jr. seguiu as normas indicadas nos manuais de fotografia, deixou também de sua narrativa fotográfica espaço para algumas indagações. Claro, sabe-se das necessidades técnicas para a realização de fotos posadas, mas por que a constante e permanente escolha do mesmo cenário artificial já que se tem, como se vê abaixo, um número considerável de imagens que foram realizadas no mesmo período, fora desses espaços?

Esse *corpus* documental dos cenários cariocas é fonte fundamental para mostrar como a técnica do período possibilitava a realização de imagens fora do estúdio fotográfico, trazendo a rua como possibilidade de registro, fato negligenciado em parte considerável

---

113   *Ibidem*, 1998.

114   Todas as citações encontram-se em GRANGEIRO, 2000, p. 115. O manual em questão foi escrito pelo fotógrafo francês Alphonse. J. Lièbert, que indicou três pilares para um bom retrato: cenário, iluminação e perspectiva, numa associação, como mostra Grangeiro, entre arte e técnica. Disdéri também estabeleceu padrões para se obter um bom retrato: fisionomia agradável, nitidez geral, sombras, meios tons e claros acentuados, proporções naturais, detalhes em preto, beleza. Ver FABRIS, 1991, p. 20, *cit.* G. Freund, *Photographie et societé*, Paris, 1974, p. 67-68. Ver também o artigo de Ricardo Mendes, 'Descobrindo a Fotografia nos Manuais: América (1840-1880)". In: FABRIS, 1991.

Imagens 13 e 14 | Fotos: Augusto Stahl. À esq. Rua da Floresta, Catumbi, RJ, 1865; À dir. Largo do Machado, 1863. Rio de Janeiro. Instituto Moreira Salles

do trabalho de Christiano Jr. Não se discute as intencionalidades de um fotógrafo em detrimento de outro mas, sim procura-se demonstrar determinadas escolhas além da técnica disponível, porque encontram-se registros de possíveis homens escravizados trabalhando na construção de barcos, assentando pedras na alameda central, na Praça das Laranjeiras, ou, ainda, em uma encruzilhada em frente a um pequeno comércio, como mostram as Imagens 13 e 14.[115]

As imagens selecionadas de Revert Henry Klumb trazem importantes registros de cenas do cotidiano na cidade do Rio de Janeiro, mostrando a possibilidade de registro fora do estúdio, apesar das limitações técnicas da época.[116] Aqui, vê-se as lavadeiras na Floresta da Tijuca, Imagem 15. Nota-se que, enquanto as duas em primeiro plano se colocam ao chão, no segundo plano, a terceira mulher, em pose para o fotógrafo, encosta-se na pedra, gesto nada espontâneo. Será a outra lavadeira ou uma encarregada de vigiar o trabalho das outras, afinal parece branca? Ou talvez uma escrava branca a acompanhar o trabalho e, somente para o momento da foto, encostar-se, a pedido do fotógrafo, para a pose da cena?

Na seguinte imagem, outro instante de revelação de uma cena de rua, trazendo quatro mulheres vendedoras de frutas, com seus gestos e cestos espalhados pelo chão. Imagem tocante, como se apresentada para nos surpreender e mostrar a potencialidade em guardar, preservar e revelar o outro tão distante que nos oferece a fotografia. Arrisca-se, uma possível leitura, sempre menor ante esta força, diante das incertezas dos contrastes de cinza

---

[115] A cidade do Rio de Janeiro, de 1862 a 1870, teve suas mais belas paisagens registradas. O panorama da ilha das Cobras, montado com 5 fotogramas, incluindo o Pão de Açúcar até o Mosteiro de São Bento, comprovam a capacidade técnica do fotógrafo.

[116] Parte considerável desse material, doação de D. Pedro II, encontra-se na Biblioteca Nacional do Rio de Janeiro. São imagens da capital do império, como o Passeio Público, Largo do Paço, Tijuca, Alto da Boa Vista, Morro do Castelo, Glória, Santa Teresa, Ilha das Cobras, paisagens típicas da fotografia oitocentista; de Petrópolis, local onde a família imperial passava os meses de verão e para onde Klumb se transferiu em 1865, na Rua dos Artistas, 10; de edifícios públicos, Jardim Botânico, Palácio Imperial, de São Cristóvão e das Laranjeiras, deixando muitas fotografias de interiores de palácios, como o de Petrópolis. Além disso, registrava assuntos basicamente de interesses de famílias ricas, como residências e hotéis. Anunciava seus serviços como: "Vistas de chácaras, monumentos, reproduções de pinturas, gravuras, plantas de architecturas e retratos sobre papel, vidro e marfim". KOSSOY, 2002, p. 192.

Imagem 15 | Foto: Klumb. Lavadeiras na floresta da Tijuca, Rio de Janeiro. Fotografia de 1860.
Acervo Fundação Biblioteca Nacional Brasil

Imagem 16 | Foto: Marc Ferrez. Mulheres no Mercado. Rio de Janeiro, 1875. Acervo Instituto Moreira Salles

presentes na imagem e na indiferença daquelas que, perante o fotógrafo, desviaram o olhar. Nesse breve instante eternizado, como diria Barthes, a câmara é para elas quase nada.

É uma fotografia que traz uma cena de possíveis escravas de ganho trabalhando no mercado, nas ruas, ou seja, fora do estúdio. Cena que foi inspiração talvez para muitos retratos realizados em estúdio. Ferrez,[117] diante dessa imagem, preocupou-se em mostrar um mundo além daquele produzido na artificialidade do estúdio fotográfico. Dois mundos que se espelham, um reflexo do outro. O que se defende é que, na artificialidade do estúdio fotográfico, ressoam detalhes significantes da vida exterior. Sob o forte sol produziram sombras duras, ressaltando o contraste entre o branco e preto, numa luz quase superexposta, ou na encenação do estúdio, tem-se cenas cotidianas, vestígios da forte presença feminina nas ruas da cidade do Rio. As frutas organizadas dentro dos cestos indicam que essas são mulheres

---

[117] Marc Ferrez (1843-1923). Fotógrafo mais notável do paisagismo fotográfico no Brasil, Ferrez nasceu no Rio de Janeiro, mas cresceu na França, devido à morte de seus pais. Sua produção passa de 10 mil fotografias, somando mais de 50 anos de carreira, tendo fotografado a Praia do Botafogo, ou sua vista topográfica, feita do alto do Corcovado, importante cartão postal; o Pão de Açúcar, visto do Morro da Viúva; a Entrada da Baía do Rio vista de Niterói, ou ainda hoje, o charmoso bairro de Santa Tereza; a praia de Copacabana e sua igrejinha; a Entrada da Baía de Guanabara; a Pedra de Itapuca, na praia de Icaraí, em Niterói; a ilha de Paquetá. Foi considerado um mestre, para as vistas panorâmicas, no uso de chapas de grande formato com negativos à base de colódio úmido. Em 1865, na Rua São José, 96, abriu seu primeiro estúdio. Anunciava-se como "especialista em fotografias do Rio de Janeiro, podendo encarregar-se de vistas de fazendas, sítios, casas, prédios, inaugurações, grupos e reprodução de plantas". Outro caráter de seu empreendimento era a venda de produtos fotográficos. Anunciava, em 1884, "aos amigos e clientes lanternas para augmento e também apparelhos e objectivos com os últimos aperfeiçoamentos; obturadores modernos e cartões de todos os tamanhos e qualidades". (*Jornal do Commercio*, 24 mar. 1884, p. 4). Em 1891, informa ser "o único agente das objectivas Dallmeyer de Londres, (...) produzia lentes para portrait (sistema Petzval), alem das aplanáticas (sistema Steinheil)". (*Jornal do Commercio* 15 jan. 1891, p. 11). (KOSSOY, 2002). Ao estudar a produção de Ferrez, verifica-se que ele acompanhava o próprio desenvolvimento da cidade carioca. Ele fotografou para o Álbum da Avenida Central, hoje Rio Branco, "mais de 100 estampas de grande formato, que reproduzem em fotogravura as fachadas de todos os prédios modernos construídos ao longo da nova avenida". Em 1914, Ferrez fica viúvo. Abandona a fotografia e segue para França. Em 1923, retorna ao Brasil. Falece no mesmo ano.

Imagem 17 | Foto: Marc Ferrez. Mercado na Beira do Cais. Rio de Janeiro, 1875. Acervo Instituto Moreira Salles

Imagens 18 e 19 | Fotos: Christiano Jr., 1865. Trabalhadoras no terreiro de café colhendo à esquerda. IPHAN. Rio de Janeiro

vendedoras, vestindo seus panos africanos, prova que, quando usados dentro do estúdio, não eram apenas uma *mis-em-scène*, eram parte constitutiva de seus seres.[118]

Se Ferrez retratou um instante das vendedoras de frutas na beira do cais, no Rio de Janeiro, Christiano Jr. quando saiu de seu estúdio, voltou-se para poucas cenas rurais, como as mulheres colhendo café em fazenda. Preferiu retratar as experiências urbanas de sobrevivência dentro de seu ateliê fotográfico, talvez querendo um controle absoluto da cena.

O interesse de Christiano Jr. quando apontou suas lentes para fora do estúdio, para as fazendas de café, também revela um pouco a presença, no imaginário desses fotógrafos europeus, da forte imagem do Brasil como país agrário, rico em suas belezas naturais, terra onde tudo se planta e tudo se dá.[119] Afinal, quase na totalidade das fotos apresentadas, a terra brasileira é representada pelos frutos e raízes, presentes como se por acaso, como num detalhe da composição.

Como presente deixado das lentes e talento de Henschel,[120] vê-se o retrato feito de uma mulher negra em atividade de ganho no Rio de Janeiro (Imagem 20). O título dado a essa imagem foi *Baiana Vendedora de Frutas*, produzida em 1869. Quatro anos depois, foi enviada à Exposição Universal de Viena, constituindo-se como uma das fotografias mais conhecidas de Henschel, *Negra Vendedora com Guarda Sol*.

Num cenário cuidadosamente composto pelo fotógrafo, vê-se a mulher negra sentada, fumando cachimbo, com pano ornado em sua cabeça. Apesar de todas as referências ao mundo tropical dominarem a composição, o olhar direto lançado ao fotógrafo prevalece, domina a cena, como se aquele instante do registro fosse longo, como se o fotógrafo não

---

[118] DIAS, 1995, p. 158. Relatos de viajantes indicam um número considerável de escravas de ganho na corte, que eram negras minas, Daomé ou da Nigéria, do Senegal e Congo.

[119] Tentativa de paráfrase de Pero Vaz de Caminha que, ao falar das águas brasileiras, em carta enviada ao rei de Portugal D. Manuel, levando as boas novas das terras descobertas, afirmou: "E em tal maneira é graciosa que, querendo-a aproveitar, dar-se-á nela tudo, por bem das águas que tem".

[120] Alberto Henschel (1827-1882). Este é sem dúvida um importante nome quando se trata da produção de *carte de visite*. Foi um especialista neste formato. Judeu, filho de Moritz e Helene Henschel, nascido na Alemanha, em Berlim, viveu no Brasil durante 16 anos. Sua chegada é datada de 1866. Desembarcou no mês de maio em Recife, com seu sócio Karl Heinrich Gutzlaff, vivendo aqui seus últimos anos de vida.

Imagem 20 | Foto: Alberto Henschel, 1869. Acervo Liebniz Institut – Instituto Moreira Salles

fizesse ali a mediação entre essas diferentes temporalidades, que separam o atual leitor, espectador, daquilo que a cena um dia verdadeiramente foi.

Mulher e natureza colam-se numa mesma dimensão, num mesmo plano que integra a natureza desenhada do pano de fundo com aquela que cercava a mulher, visivelmente organizada pelo fotógrafo como se fosse possível enganar os olhos daqueles que se colocam diante da imagem. O guarda-sol escancarado remete ao calor, à luz do sol, às altas temperaturas que tanto ajudaram a definir e projetar noções dos temperos e do clima que caracterizaram os trópicos, ora como bem supremo, paradisíaco, ora como maldição.

O cenário repleto de frutas, abacaxis, cana-de-açúcar, ervas, raízes, bananas, com painel de fundo enaltecendo florestas, traz uma cena para turista ver e comprar, refletindo aquilo que de fato o país era, pelo menos como representação para o mundo estrangeiro, europeu, desde os tempos coloniais, visto também em *Negras livres vivendo de suas atividades – Vendedoras de aluá, limões-doces, de cana, de maué e de sonhos*, nos traços de Debret.[121]

Estava em questão a conformação de uma identidade racial brasileira formada pelos consumidores dessas imagens, viajantes europeus que a reconheciam como representação de um país tropical, colonizado, miscigenado, de natureza e calor exuberantes. No verso de cada cartão estava ausente o carimbo informando quem eram essas mulheres:

> (...) de carne e osso, ganhando a vida como vendedoras de quitutes (...) agindo como chefes de família, sós, sem os maridos ou companheiros que saíam à cata de ouro e aventuras e não voltavam jamais. Mulheres que apesar de oprimidas e abandonadas, souberam construir sua identidade e amansar os homens, ora recorrendo a encantamentos, ora solicitando o divórcio à justiça eclesiástica.[122]

A presença de todos esses fotógrafos, a retratar não apenas o mundo que viam, mas também revelando ao mundo o Brasil que imaginavam, mostra não só o que era a alteridade para esses indivíduos, mas o que eram e queriam ver eles próprios.

---

121 DEBRET, 2008, E79, p. 32.
122 VAINFAS, 2002.

Contraditoriamente, não se vê em Christiano Jr. interesse pelos escravos ou negros livres em diferentes ofícios inseridos no contexto das ruas do Rio de Janeiro. Mas, de fato, ocuparam funções essenciais à dinâmica da cidade, constituindo uma mão de obra empregada em vários setores da economia: eram marinheiros, tipógrafos, ourives, açougueiros, padeiros, bombeiros, cocheiros, estivadores, reformadores de navios, ferreiros, funileiros, pedreiros, alfaiates, costureiras, barbeiros-cirurgiões, agentes funerários, parteiros – enfermeiros, considerados "doutores negros" – e também alguns músicos e pintores.[123] Por Christiano Jr., foram retratados tão somente em algumas atividades de ganho. O fotógrafo deixou escapar o "vaivém das ruas", onde "predominava o movimento dos carregadores, o ir e vir de escravos com lixo das casas, ou o passar peculiar das mucamas, com potes de barro à cabeça, em direção às poucas fontes da cidade".[124]

Felizmente, tal documentação não se esgota em poucas interpretações. Se por um lado a rua lhe escapou, por outro Christiano Jr. a transbordou dentro do estúdio. A barra da calça a arrastar-se pelo chão e os pés descalços vistos na próxima foto são de pessoas que andam pelas ruas da cidade, que nela interagem, fora das amarras da vida privada fadada aos destinos das mulheres brancas.

Aos olhos do europeu ela pode ser uma negra escrava, cabinda, crioula ou mulata. Ladina ou boçal. Pode ser apenas uma negra pobre colocada ao lado de um desconhecido tão somente para o instante do registro fotográfico para compor a cena, a representação, num ambíguo e ardiloso jogo de encenação regido pelas aparências e nebulosas projeções na formação de identidades e tipos sociais. Foram essas as mulheres que deram cara a todas as outras. Poucos queriam ver Caetana. Mulher. Negra. Escrava. Sua recusa ao casamento foi também uma afronta à sociedade patriarcal.[125]

A mulher negra da corte carioca leva seu tabuleiro sobre a cabeça e carrega em seus ombros todo o imaginário de uma época. Imagem do que era ser mulher e negra no Brasil,

---

123   KARASCH, 2002, p. 282.
124   DIAS, 1995, p. 140.
125   Ver GRAHAM, 2005.

Imagem 21 | Foto: Christiano Jr. IPHAN. Rio de Janeiro

Imagem 22 | Foto: Christiano Jr. 1865. Museu Histórico Nacional/IBRAM/Ministério da Cultura

ainda escravista. A mulher de Christiano Jr. que olha para o chão é também a mulher de Rugendas, de Debret. Mas pode ser também a mulher desse retrato ao lado, Imagem 22.

A barra suja de seu vestido é de alguém que também pisava, de corpo quase curvado, a cansada escravidão. A foto é rigidamente posada, cuidadosamente dirigida por Christiano Jr. A mulher, levemente de perfil, num gesto quase espontâneo, segura seu xale, ao mesmo tempo em que, despretensiosamente, arruma seus objetos sob a pequena mesa armada. Para Manguel, "uma imagem, pintada, esculpida, fotografada, construída e emoldurada é também um palco, um local para a representação".[126] Diante da encenação e composição criadas por Christiano Jr. vê-se que Manguel bem entende esse ato de registro do mundo: "o espaço do drama não está necessariamente contido apenas no palco de um teatro: a rua, a cidade toda podem ser aquele espaço, e ele pode estar espelhado no microcosmo fechado de uma tela".[127] A dramaticidade da rua existente do lado de fora do estúdio de Christiano Jr. revela-se aqui pela ação do olho mecânico que esculpia, em contornos de luz, personagens reais, em carência ainda maior daquela abrigada no *carte de visite*, oferecido como souvenir.

Como afirma Annateresa Fabris, a "fotografia constrói uma identidade social, uma identidade padronizada, que desafia não raro, o conceito de individualidade, permitindo forjar as mais variadas tipologias".[128] É a cultura da aparência,[129] que de um lado ressalta o poder de específicos grupos sociais e, de outro, da miserabilidade negra das cidades brasileiras. Se o retrato fotográfico oitocentista era uma "representação honorífica do eu burguês",[130] a série de Christiano Jr. é uma representação que cristaliza o que era o negro no trabalho de ganho, seus ofícios, suas vestimentas, suas heranças étnicas. Tem-se, portanto, dentro do estúdio fotográfico, símbolos de poder atribuídos a determinados grupos e negados a outros.

Se a roupa parece surrada, gasta, não se valeu de artifícios ficcionais forjados pelo fotógrafo, antes revelam a dificuldade em custear as despesas com vestuário, fosse para um

---

126 MANGUEL, 2002, p. 291.
127 *Ibidem*, 2002, p. 291.
128 FABRIS, 2004, p. 15.
129 *Ibidem*.
130 *Ibidem*, p. 27. A autora define a burguesia como uma clientela que desejava "uma aparência fidedigna e agradável", desejo que marca uma "profunda vontade de idealização".

senhor, proprietário de poucos escravos, fosse para a pessoa negra livre, sobrevivendo de sua própria atividade de ganho. E se escravizado fosse tampouco teria escapado daquilo que o jornal *Diário Popular* publicou, no dia 14 de maio de 1888, um dia após a abolição da escravidão, declarando sua ressalva quanto ao destino da população negra que "há de continuar a sofrer quase como antes...".[131]

A aquisição de roupas pouco alterava-se para escravos e negros pobres livres:

> além naturalmente da muda que pudessem ganhar de seu senhor, fazia-se com recursos próprios, particularmente no caso dos negros de ganho (...) recorriam a alfaiates e costureiras, muitos desses profissionais também escravos, pagando pelo serviço ou eles próprios as confeccionavam. As chamadas mudas de roupa, distribuídas periodicamente pelos senhores a seus escravos, não devia variar muito na cidade em relação ao campo, onde os homens recebiam calça, camisa e jaqueta curta, enquanto as mulheres, blusa, saia longa e lenço para o cabelo (...) As crianças usavam uma camisa comprida.[132]

Os tecidos usados eram diversos e bastante simples, conhecidos como "panno de escravos",[133] confeccionados por indústrias têxteis que atendiam a essa demanda antes suprida pelo artesanato caseiro, um costume colonial, que associava a prática de "fiar e costurar" com a "escravidão doméstica". Eram esses *ofícios humildes* apresentando seus sinais de crise, já na terceira década do século XIX, pois mostravam-se antieconômicos.[134] Para as camisas dos homens chita, baetinha, baeta, algodão trançado, morim, flanela; para as calças brim, ganga, algodão riscado, brim da Angola, algodãozinho para as ceroulas; não eram menos presentes os paletós e coletes, "paletots", palha riscada, japonas ou jaquetas de malhas de lã ou feitas com casimira, alpaca, brim, baetão. Para as mulheres, saias de baeta ou linho e xales

---

131 *DiárioPopular*, 14 maio 1888, p. 1. *apud* ANDREWS, 1998, p. 100.
132 LAPA, 2008, p. 228.
133 *Ibidem*, p. 232.
134 DIAS, p. 226-228.

de algodão.[135] Os escravos recebiam por ano apenas três mudas de roupa: "para as mulheres, três camisas e três saias de algodão grosso, resistente, mais um manto de baeta, forrado de algodão (...). Para os homens três mudas de camisa e calças de algodão trançado".[136]

Não faltava às mulheres mais pobres, como indica Dias, "mantos improvisados de algodão grosso ou xales de chita, bem mais baratos, sempre em cores vivas".[137] As mulheres acima retratadas por Christiano Jr. mostram que suas fazendas não eram das mais caras. Eram pobres, assim como muitas das mulheres que, em décadas anteriores, "viviam do seu fio".[138] Seus ofícios eram os da rua, desqualificados na mesma medida. "Além da hierarquia da pobreza ditada pela cor, existia também a dos ofícios, entre os quais os de lavadeiras e vendedoras pareciam mais desprezados, como ocupações próprias de escravas".[139]

Teria o fotógrafo conseguido expressar a dinâmica social na medida em que representava o cotidiano vivenciado pela população negra, em suas atividades de ganho? Talvez nem fosse essa sua intenção. Mas deve-se pensar a fotografia de Christiano Jr. também como memória da cidade, porque o fotógrafo era inspirado pelo que via no movimento dos sujeitos que tomavam as ruas, as esquinas, praças repletas de rodas de conversa, barulho, movimento, fascinado pelos caminhos que proporcionavam esses encontros, como possivelmente também ficou seduzido pelas pinturas oitocentistas, outras importantes representações que levam às ruas da capital do Império.[140] Mas coube à fotografia, no século XIX, colocar estes indivíduos em pose no estúdio fotográfico, como se deles algo real pudesse levar.

O fotógrafo, no estúdio, recriou uma organização hierarquizada de forças e domínios, trazendo possíveis referências das relações exteriores, mas deixando impressas as suas próprias percepções. As fotos mostram a carência no vestuário dos negros, roupas como signos da condição de submissão, miserabilidade, o próprio retrato da carência e também da

---

135   LAPA, 2008, p. 229-232.
136   DIAS, 1995, p. 130.
137   *Ibidem*, p. 231.
138   *Ibidem*, p. 231.
139   *Ibidem*, p. 232.
140   Ainda neste capítulo, se discutirá sobre as influências da pintura na fotografia oitocentista em algumas imagens recorrentes.

escravidão: pés descalços, panos sujos, rasgados, estigmatizados. As condições de vida e de trabalho foram estampadas nas imagens que podem, a princípio, passar a impressão de inércia, passividade, mas revelam antes a situação social vivida tanto por escravos quanto por muitos forros, em seu cotidiano, na cidade carioca. São representações que carregam diversos atributos simbólicos onde o corpo e a roupa se historicizam para, enfim, denunciar determinadas condições sociais. As roupas são aqui a própria pele emprestada aos sujeitos.

Segundo Fabris, essa é uma das características do retrato do século XIX: "personagens em pose, em atitudes representativas de sua situação social e de seu caráter", fato que, para a autora, veio a influenciar até mesmo os retratos produzidos nos século XX, já que "a realidade social é um jogo contínuo de disfarces que cabe à câmara revelar".[141]

Essa relação entre retrato fotográfico e vestimenta, segundo Fabris, resulta "nos elementos constitutivos de uma cultura da aparência para as classes burguesas, numa auto--afirmação individual e coletiva". Nas fotos de Christiano Jr., vê-se a constituição de uma retórica própria desse gênero fotográfico resultante de outra cultura da aparência: do que era ser negro, escravo ou forro empobrecido no Brasil.

O retrato etnográfico, também contemplado por Ferrez, mostra que essa talvez fosse uma atividade comercial lucrativa para os fotógrafos da época: reproduzir cenas de negros e seus ofícios, numa condição de luz perfeita, encenada para imprimir todos os detalhes do ser exótico na visão estrangeira.[142] Ao atender o gosto europeu, Ferrez compôs duas imagens consideradas etnográficas apresentadas a seguir. Tem-se uma composição e escolha de fundo neutro e indicações de prováveis influências de Christiano Jr. na produção fotográfica de Ferrez. Afinal, a semelhança é evidente: retratados centralizados, fundos neutros, luz equilibrada e relações diretas com os ofícios dos negros fotografados. O senhor na foto à

---

141 FABRIS, 2004, p. 20.
142 Na verdade, Ferrez trabalhava muito sob encomendas de vistas e paisagens. Em 1875, por exemplo, "acompanhava a missão científica Charles Hartt encarregado por Pedro II de percorrer o país na chefia da Comissão Geológica do Império". Em 1890, diante da concorrência do paisagista Juan Gutierrez, Ferrez passou a dedicar-se mais ativamente à produção de retratos de vendedores ambulantes imigrantes portugueses, italianos e brancos brasileiros empobrecidos, fato que demonstra como essa era, de fato, uma atividade rentável (LAGO, 2005, p. 199).

Imagem 23 | Foto à esquerda: Marc Ferrez. Escravo cesteiro. 1875. Acervo Instituto Moreira Salles
Imagem 24 | Foto à direita. Christiano Jr. Acervo IPHAN. Ambas Rio de Janeiro

Imagem 25 | Foto à esquerda: Marc Ferrez. Vendedora de Legumes. 1875. Acervo Instituto Moreira Salles
Imagem 26 | Foto à direita: Christiano Jr. 1864 a 1866. Museu Imperial de Petrópolis/ IBRAM/ Ministério da Cultura

esquerda apoia o cesto em sua perna podendo ser ele próprio o responsável pela confecção do cesto que ajuda estrategicamente a compor a foto, assim como o garoto fotografado por Christiano Jr. As mãos de ambos os fotografados seguram fios de palhas, num arranjo preocupado com a composição, numa cena tão comum no dia a dia da cidade.

As semelhanças atravessam também as imagens das duas mulheres (25 e 26). A retratada por Ferrez à esquerda aparece sentada, vestida como as mulheres no mercado –, leva ao lado a bancada, onde oferece batatas, talvez mandiocas, ervas etc. A diferença é que na foto de Christiano Jr, à direita, o garoto em pé, ao lado da mulher, ajuda a compor a cena, além, é claro, da presença dos pés, que sempre se fazem revelar em suas fotos. Nota-se também a delicadeza dos gestos na fotografia de Christiano Jr.: a mulher segura uma das frutas; o garoto leva o cesto e estende uma das mãos, gesto que os colocam em total interação.

O fotógrafo Georges Leuzinger também dedicou-se aos registros etnográficos. Apresentava grande domínio técnico e equipamentos modernos para a época. Privilegiou vistas e até panorâmicas, podendo chegar até 1 metro como o da Ilha da Boa Viagem, ou da Praia do Botafogo, premiado na Exposição Universal de Paris, em 1867, ou ainda a conhecida e tão retratada Ilha das Cobras.[143] São comuns em suas imagens montanhas desertas, encontradas em Petrópolis e Teresópolis, regiões por onde Leuzinger se aventurou. Suas imagens comercializadas no formato de *carte de visite*, encontradas hoje principalmente no Instituto Moreira Salles e na Biblioteca Nacional do Rio de Janeiro,[144] trazem sempre traços da cidade. Não perdeu, contudo, o carregador de água, em frente ao Chafariz do Mestre Valentim. Apesar das construções percorrerem toda a superfície fotográfica, Leuzinger não deixou que aquela presença se perdesse de vista.

---

143 Leuzinger, em 1866, anunciava no *Almanak Laemmert*, p. 644: "Officina especial e os melhores instrumentos ingleses para paizagens, panoramas, vistas diversas, stereoscopos e costumes".

144 KOSSOY, 2002, p. 206. Realizou importantes publicações como *O Rio de Janeiro 1860-1870*, com obras de George Leuzinger, e *O Catálogo da Exposição de História do Brasil*, editado pela Biblioteca Nacional do Rio de Janeiro, para um evento de 1881 e 1882, sendo o catálogo considerado por José Honório Rodrigues "O maior monumento bibliográfico do Brasil até hoje erguido".

Imagem 27 | Foto: G. Leuzinger. Carregador de água, em frente ao Chafariz do Mestre Valentim, no Largo do Paço, de 1865.
Coleção Ruy Souza e Silva

O principal interesse do fotógrafo era, de fato, comercializar imagens sobre o Brasil no exterior. Fez então da Casa Leuzinger um importante espaço para a contratação de fotógrafos,[145] além de promover um convívio entre eles.[146]

Ao dedicar-se também ao ofício da fotografia, conhecendo o gosto e exigências da clientela, chegou a obter material catalogado com 400 fotos do Rio de Janeiro.[147] Entre elas, um panorama da cidade deu a Leuzinger, na Exposição Universal de Paris, em 1867, menção honrosa.

A partir das fontes, encontra-se a possibilidade da Georges Leuzinger não ter efetivamente realizado a maior parte das fotos que levava o nome da Casa. Em muitas fotografias, foram feitas indicações assim registradas no verso: "Fotografia G. Leuzinger". Como esse seguinte retrato que compõe o "museu imaginário" sobre o Brasil que tanto passou a comercializar. Poderiam, contudo, ser apenas imagens comercializadas pela Casa Leuzinger, considerada uma empresa familiar, contando com a ajuda de alguns dos dez filhos de G. Leuzinger.[148]

---

145 Encarregava aos artistas as tarefas de realizarem imagens de vistas e costumes populares no país. Albert Frisch recebeu a incumbência de fotografar a Amazônia e sua população indígena. Em 1876, apresentou essas imagens na Exposição Universal de Paris.

146 Cogita-se a possibilidade de Ferrez ter, pela aproximação e comercialização de suas fotografias, promovida pela Casa Leuzinger, convivido com Stahl e Klumb. A sondagem é pertinente, já que negativos em vidro, feitos por Klumb, foram herdados pela família Ferrez; a recente descoberta de uma dedicatória em álbum de Stahl, feita por Ferrez como presente a uma amiga francesa, reforça a hipótese; influenciou Ferrez, que abriu seu primeiro estúdio em 1867. Este estúdio foi destruído por um incêndio em 1873. As tiragens originais produzidas até esse período sobreviveram porque tinham sido vendidas antes do acidente. Segundo os autores, pelo seu prestígio, consegue empréstimos destinados à compra de novos equipamentos e materiais fotográficos na Europa. Ver LAGO, 2005.

147 LAGO, 2005, p. 110. Foram publicadas e descritas em catálogo, em 1865, 337 imagens. A metade delas é hoje conhecida e encontrada em grandes álbuns feitos pela Casa Leuzinger.

148 Franz Keller, genro de Leuzinger, casado com sua filha Sabine Cristine, é o possível autor de grande parte das imagens. Segundo KOSSOY, Franz Keller Leuzinger teria dado os primeiros ensinamentos de fotografia a Marc Ferrez na Casa Leuzinger (KOSSOY, 2002, p. 205). É possível que, em 1873, a Casa Leuzinger tenha deixado sua atividade no ramo da fotografia, vendendo imagens e material fotográfico. O *Almanaque Laemmert* não trazia mais anúncios da Casa em 1874.

Imagem 28 | Foto: G. Leuzinger. 1865. Única imagem de caráter etnográfico, realizada em estúdio pelo fotógrafo. Acervo da Fundação Biblioteca Nacional – Brasil

Pode-se verificar, portanto, como a fotografia esteve de fato ligada ao forte interesse de tantos profissionais em retratarem não apenas as paisagens do Brasil, mas também sua gente. Tamanha foi essa atividade que, a partir da análise das fontes, encontra-se um aspecto bastante relevante à pesquisa: a possibilidade da circulação de escravos em diferentes estúdios fotográficos dá uma dimensão do efetivo valor e popularidade da circulação dos cartões de visita na corte carioca.

A Imagem 30 se trata de um retrato possivelmente feito no Rio de Janeiro, já que Henschel, neste momento, abriu estúdio na cidade. Seria apenas mais um, entre os vários recuperados do fotógrafo. Todavia, traz algo singular, nos indicando uma hipótese que é inédita. O escravo retratado por Henschel seria o mesmo de um dos retratos de "tipos de negros" feitos por Christiano Jr., cinco anos antes. A semelhança da cicatriz na testa cria uma aproximação das duas imagens.[149] Fato que leva a um olhar mais atento às grandes chances de se tratar do mesmo homem como modelo fotográfico em diferentes estúdios. Primeiro, fotografado em 1865 por Christiano Jr. e, depois, em 1870, no estúdio de Henschel.

Percebe-se como existia alguma possibilidade de obtenção de ganho pelos escravos ou pelos homens negros livres e pobres, quando eram levados, ou até mesmo, quando procuravam os estúdios dos fotógrafos, se apropriando de um espaço, a princípio, não criado para eles. Essas imagens constituem um testemunho, que faz da fotografia um lampejo de luz a guiar essa hipótese, um indício de que eram, de fato, homens negros, livres ou escravizados, a circularem pelos ateliês fotográficos.[150]

---

149 Cicatrizes simétricas no rosto são referências tribais africanas, segundo Jacob Gorender, em AZEVEDO & LISSOVSKY, 1988.

150 Os especialistas em Representação Facial Humana, os Papiloscopistas Policiais Federais, Carlos Eduardo da Silva Campos e Cláudio Miranda de Andrade, procederam a exame prosopográfico a existência de "semelhanças significativas apesar do lapso temporal e dos diferentes enquadramentos presentes nas imagens (…) havendo, portanto grandes chances de as imagens exibidas serem de uma mesma pessoa". Nos exames que foram realizados conforme normas técnicas adotadas pelo instituto Nacional de Identificação – INI – DITEC – DPF, constata-se a semelhança entre os dois homens retratados. Outros dois retratos foram também verificados, mas não apresentaram semelhanças significativas. Foram inicialmente analisadas semelhanças de características gerais, tais como, em ambas as fotos, "rosto de formato ligeiramente ovalado; compleição física de porte mediano; cabelos crespos curtos e pretos; barba e bigode ralos e crespos"; e semelhanças

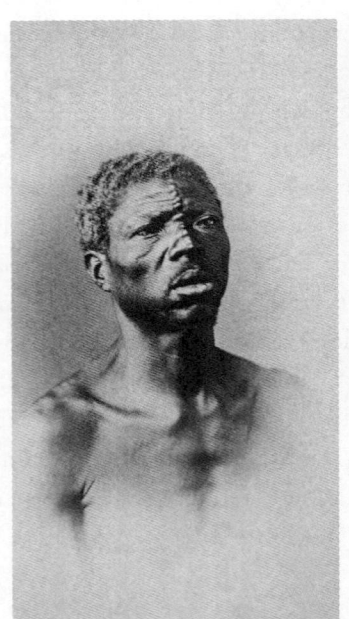

Imagem 29 | Foto à esquerda: Christiano Jr., 1865, Acervo IPHAN, Rio de Janeiro
Imagem 30 | Foto à direita: Henschel, 1870, Acervo Liebniz Institut – Instituto Moreira Salles

O homem retratado teria então retornado ao estúdio de um fotógrafo cinco anos depois, tendo antes participado das fotos de "tipos de pretos' realizados, em 1865, por Christiano Jr. Quando as pessoas negras se dispunham aos serviços do fotógrafo, este buscava compor retratos variados, criando diferentes composições. O mesmo homem negro retratado na Imagem 29 aparece novamente na Imagem 31, de corpo inteiro, descalço, usando camisa branca e gorro, apoiando sua mão direita sob o cesto colocado ao chão. Ao seu lado, o jovem rapaz segura outro cesto e olha, como se o horizonte pudesse alcançar.[151]

O que estava ao alcance desses indivíduos, muitos deles com essa condição negada, era uma possibilidade de "atuarem" como modelos para, em troca, obterem algum ganho, para eles próprios, ou talvez, para aumentar a renda de seu senhor, com mais um dia de trabalho, se escravizados fossem. E quando eram escravos, os ganhos do trabalho constituíam parte significativa da renda de seus senhores. "Eles eram não somente as máquinas e 'cavalos' da capital comercial – burocrática –, mas também a fonte da riqueza e do capital de seus donos".[152]

Na corte carioca, possuir um escravo era garantia de, no mínimo, ter *status* social, afinal, "no Rio daquela época, um senhor com escravos tinha tudo, e quem não os tivesse, era considerado pobre. O preço do privilégio de possuir escravos, está claro, era pago pelos próprios

---

de características específicas, descritas como "análise de Características Morfológicas Específicas"; com o uso de um programa de computador adequado, verificou-se "a presença de dimensões proporcionalmente compatíveis entre as características morfológicas das faces": coincidências na posição e forma das raízes dos cabelos e contorno capilar; lábios com formato de coração e cheios; marcas de expressão com características morfológicas coincidentes tanto no tamanho como em sua configuração; semelhanças na região nasal; indicação de semelhanças nas regiões orbitais da face, pálpebras, por exemplo; assim como coincidência de pontos cranianos e do posicionamento das cicatrizes em ambas as faces. As cicatrizes, indicadas como "possivelmente fruto de tradições tribais", apresentavam-se mais inchadas no retrato realizado por Christiano Jr. talvez "devido ao fato de serem mais recentes". A diferença de idade do retratado também foi apontada: "suspeita-se que seja o mesmo homem, alguns anos mais jovem".

151 Para Henry Hunt Snelling, autor do manual de fotografia *The History and Practice of the Art of Photography*, uma pose "graciosa" e "cômoda" seria alcançada com o modelo fixando os olhos em um ponto acima da máquina fotográfica, "levemente desviados para o lado". Se diretamente olhassem para o fotógrafo teriam "ares tolos, espantados, carrancudos e doentios". Ver GRANGEIRO, 2000, p. 115.

152 KARASCH, 2000, p. 260.

Imagem 31 | Foto: Christiano Jr. 1865. Acervo Fundação Biblioteca Nacional Brasil

escravos".[153] A numerosa presença de negros de ganho pelas ruas da corte não tinha como passar despercebida pelos viajantes estrangeiros, incomodados pela disputa entre os escravos para venderem seus produtos, "pois se não conseguissem ganhar a quantia estipulada por seus donos para aquele dia, seriam espancados".[154] Obter ganhos, portanto, era parte do manual de sobrevivência para muitos negros que pelas ruas da corte marcavam forte presença. E, para muitos, talvez, o estúdio fotográfico tenha se revelado como um meio possível de adquirir algum vintém. Christiano Jr., por sua vez, abriu a porta de seu estúdio para reproduzir não somente o *typo* que buscava retratar, mas imprimiu também aspectos de uma cultura material revelada no entrelaçar das palhas que davam forma aos cestos, presentes em muitos dos *cartes de visite* por ele elaborados.

O garoto, a seguir, participa do "jogo", da encenação proposta pelo fotógrafo. Em diferentes poses, marca a sua presença e participação nas vivências cotidianas na cidade e, por que não, também nos ateliês fotográficos.[155] O cesto, nas imagens de Christiano Jr., não denota apenas uma preocupação estética com a composição da cena. É também a transposição de cenas urbanas a invadirem o estúdio fotográfico.

Na foto à esquerda, o garoto aparece primeiro ao centro da imagem. Em seguida, na foto à direita, ainda sentado, ele encontra-se compondo um segundo retrato, uma nova cena.[156]

---

153   Alguns escravos, quando libertos, acabavam, de acordo com suas economias ou com o tipo de ofício que exerciam, adquirindo escravos, fato que mostra não somente a mentalidade da época, mas o quanto a sociedade estruturava-se no trabalho forçado, expressão de uma fundação na coersão, na violência; uma sociedade dominada pelo branco que obviamente detinha o maior número de escravos, esforçando-se para manter o sistema escravista até fins do século XIX, dando ao Brasil o constrangimento de ter sido o último das Américas a promover a emancipação.

154   KARASCH, 2000.

155   BARTHES, 1980, p. 111. O autor fala da pose como intenção de leitura e como um atestado de presença, contingência absoluta que testemunha a identidade e a condição civil de uma pessoa.

156   John Towler, autor de mais um manual fotográfico, afirmou que "o único elemento possível para distinguir um retrato de outro era a variedade de poses". Mostrou também uma preocupação com as mãos do retratado que não deveriam nunca ficar "repousadas ao colo ou penduradas pelo dedão em bolsos da calça ou do colete". Esta preocupação se deu o tempo todo nas fotografias de Christiano Jr., mesmo quando os retratados eram carregadores, sendo obviamente mais fácil ocupar as mãos (GRANGEIRO, 2000, p. 115).

Imagens 32 e 33 | Fotos: Christiano Jr. 1865. IPHAN. Rio de Janeiro

Imagens 34, 35 e 36 | Fotos: Christiano Jr. 1865. IPHAN. Rio de Janeiro

Evidente preocupação do fotógrafo em criar diferentes cenas, mais opções à sua clientela. A busca por uma melhor composição torna-se evidente no trabalho de Christiano Jr. Além da necessidade, anteriormente citada, de oferecer diferentes composições para assim obter maior venda, se vê que em sua prática o fotógrafo desejava sempre alcançar a melhor imagem. E neste desafio, contava com a cooperação daqueles que desejava retratar.

Nota-se também uma atenção dada às mãos dos retratados, em todo o momento, sobrepostas ou mesmo segurando as palhas do cesto. Em vários retratos, Christiano Jr. tornou visível, na trama de cada cesto, o quanto tal objeto era necessário à sobrevivência e às atividades de trabalho de negros e escravos de ganho, técnica não esquecida na diáspora.

Se, na Imagem 34, à esquerda, o garoto representa o momento ainda inicial da feitura do cesto, a imagem da direita traz, no gesto de levar o cesto sob a cabeça, uma cena comum vista nas ruas cariocas, tantas vezes representadas pelos artistas viajantes no começo do século. Aqui, o homem de Christiano Jr. pisa o chão do estúdio, para representar a aspereza da concretude externa marcada pelo céu e sol do novo mundo, em relações de dominação tão rígidas quanto a pose artificial do garoto que, ao centro, parece aproximar, em passos simultâneos, gerações numa mesma condição. Faltou, neste gesto em representação, o detalhe assim descrito por Debret:

> O cesto brasileiro serve ao negro, para transportar à cabeça, diferentes espécies de objetos. O carregador, nesses casos, não se esquece de sua rodilha, trapo de algodão grosseiro, sempre sujo e que é enrolado como uma almofada para preservar a cabeça do contato do fardo (…).[157]

Essas imagens formam um *corpus* documental extremamente valioso para a compreensão da cultura material, mostrando objetos e necessidades materiais que cercavam a vida do escravo e negros pobres livres, objeto importante no trabalho para carregar frutas, verduras etc. Cestos feitos por eles próprios, muitas vezes durante a noite, além da jornada de

---

[157] CUNHA, 1988, p. 25.

trabalho imposta ao longo do dia. Muitas vezes, os negros carregadores "ficam num canto e enquanto esperam o freguês, fazem trançados, chapéus ou abanadores".[158]

A importância da cultura material, como um valioso traço da história a indicar práticas de uma dada realidade social, já se mostrou como percurso dinâmico e rico em diversos estudos sobre a história do Brasil, mas é na obra de Sergio Buarque de Holanda que se encontra o maior empenho em fazer dessa materialidade uma sondagem da própria constituição dos fragmentos da vida, de seus pedaços, de seus *cacos*, de seus restos, ou de seus caprichos, reconstituindo sentidos com a perspicácia na observação daquilo que era do campo do vivido, do compartilhado. Poderia ser tanto o apego à rede e toda a sua dinâmica de produção; ou a destreza do homem nativo a encontrar o mel, a usar seus arco e flechas em suas várias investidas; ou ainda, na invenção e usos de folhas para cobrirem os pés, "uma espécie de sandália leve e elástica",[159] esperteza adquirida no constante movimento diante da tarefa da sobrevivência. Dos negros da corte carioca tem-se os cestos trançados como parte desse universo material, como um pormenor corriqueiro e revelador.

A atuação desses "modelos" nos estúdios fotográficos não foi apenas masculina. A escrava Mina Tapa, fotografada em 1865 por Stahl, no Rio de Janeiro,[160] posou para o fotógrafo, participando de retratos de diferentes usos e finalidades, ou como imagem consumida por estrangeiros ou, ainda, destinada a estudos empíricos.

A imagem 37 é um retrato etnográfico de meio busto, quase totalmente frontal. Logo ao centro da imagem aparece a cicatriz levada ao peito, revelada provavelmente pelo ligeiro cair da gola canoa de sua blusa, talvez assim arrumada pelo próprio fotógrafo. A força é quase indescritível, fazendo inveja à palavra, porque este é um momento em que ela é pequena, por não levar até este olhar, que chega a ser quase dor. Tudo é pequeno diante dele, mesmo a apreensão na testa dando chão ao incômodo que o fotógrafo não conseguiu disfarçar.

No entanto, é preciso cuidado também nessa interpretação. Afinal, muito rapidamente se aceita uma suposta observação dos homens e mulheres negros retratados tratarem-se de

---

158   *Ibidem*, p. 25.
159   Ver HOLANDA, Sérgio Buarque de. *Caminhos e Fronteiras*. São Paulo: Companhia das Letras, 1994.
160   Neste período Stahl já estava atuando no Rio de Janeiro desde 1862, data de sua transferência para a cidade.

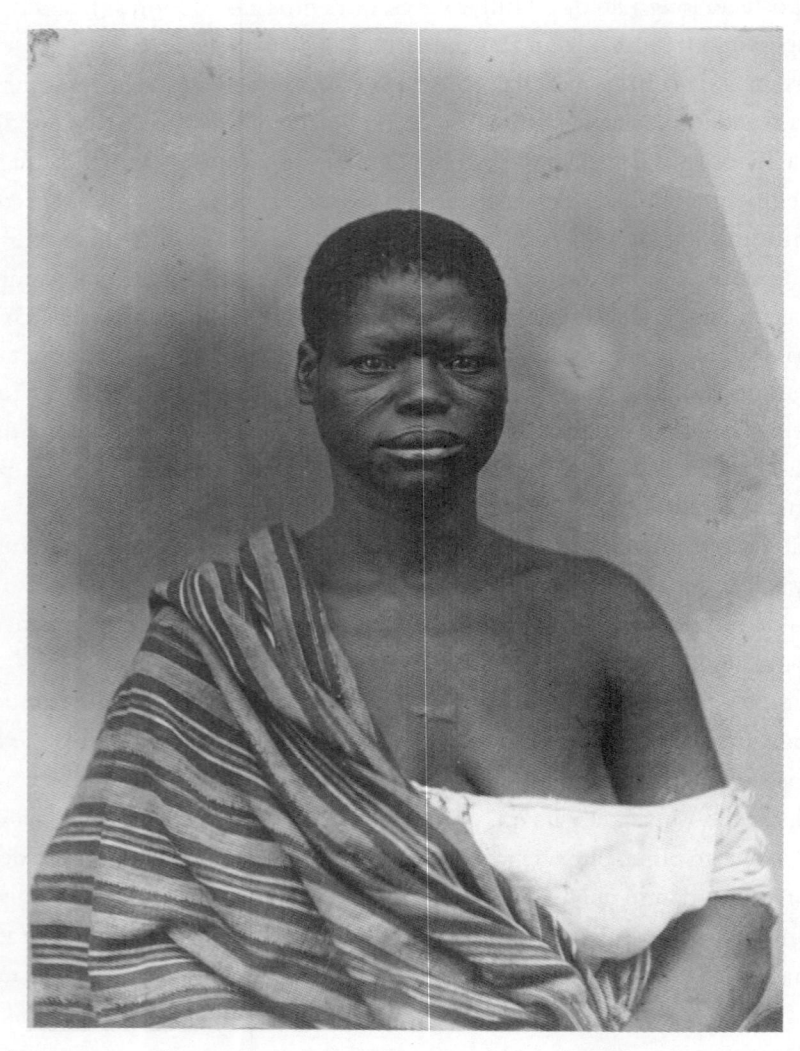

Imagem 37 | Foto: Augusto Stahl. Escrava Mina Tapa, 1865. Cortesia do Peabody Museum of Archaeolegy and Ethnology, Harvard University

seres passivos, "envergonhados", corpos a representar a dor e todos os sofrimentos do sistema escravista. A afirmação de Schwarcz prende-se nessa armadilha:

> Com cenários e fundos próprios aos ateliês da época, as fotos de Christiano recriam a escravidão e a procuram "domesticar", a despeito da expressão quase envergonhada dos cativos, que denunciam, com seus corpos, o desconforto da situação.[161]

Seus corpos não denunciam apenas o *desconforto da situação*, mas a própria expressividade da época. É difícil entender que a ausência do riso não era necessariamente uma infindável tristeza, por mais que ela pudesse existir, afinal trata-se essa de uma sociedade escravista. A ausência do riso, que perpassa todos os retratos aqui apresentados, é também normatização, racionalização dos gestos, das atitudes. É como se nos retratos oitocentistas coubessem todo o silêncio e violência do mundo, mas ainda assim, o silêncio revela-se como expressão, não apenas do sujeito, mas como valor maior de uma temporalidade, refletido nas artes e na estética, na moral e na religião. Há, na constituição do retrato, uma categoria fundante da própria pose, alma dessa fotografia. Para o século XIX, austeridade, postura contraída, contenção, seriedade, são valores gerais inscritos no corpo e no homem dos oitocentos, que "homogeneízam os retratos".[162]

Nessa segunda representação, entretanto, lembrando que a data da fotografia é a mesma, 1865, essa mulher foi novamente fotografada de modo bastante diferente,[163] capaz de apontar para uma inter-relação do registro etnográfico com os olhos invasivos da suposta ciência da época. Esse retrato produzido em 1865 faz lembrar os horrores da ciência que acometeram

---

161 SCHWARCZ & GARCIA, 2006, p. 147.
162 Ver COURTINE & HAROCHE, 1995, p. 171-189.
163 Sob a encomenda de Agazziz, Stahl realizou uma série de registros fotográficos considerados como fotografias antropométricas, retratos de corpo inteiro, de frente, de costas e de perfil, destinadas a estudos comparativos que pesquisavam as supostas diferenças raciais. Sobre as imagens encomendadas por Louis Agassiz ao fotógrafo August Stahl, ver o capítulo 2.

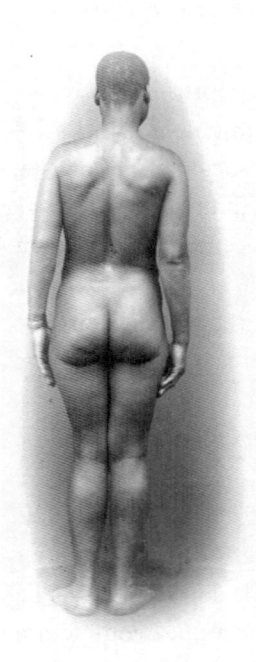

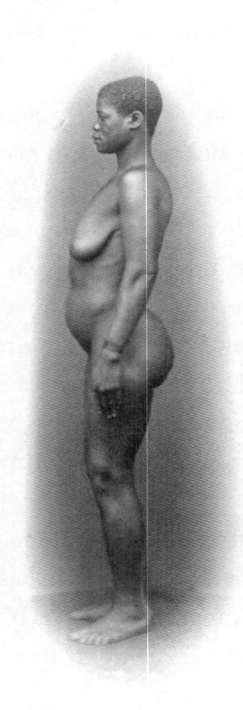

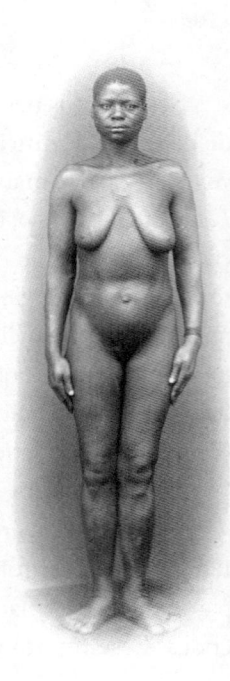

Imagem 38 | Foto: Augusto Stahl. Escrava Mina Tapa, 1865. Publicada em Ermakoff, p. 232 e 252. Cortesia do Peabody Museum of Archaeolegy and Ethnology, Harvard University

Saartjie, mulher do grupo africano Hotentote, que já em 1810 foi submetida a práticas "científicas" que mais demonstram um arrastar de violências que constituem a própria história.[164]

O fato é que o estúdio se revela como uma importante atividade que podia ir além dos interesses dos fotógrafos estrangeiros, motivados pela ambição de viver da comercialização desses retratos. Mesmo que a presença dessa mulher tenha sido uma imposição de um suposto senhor menos abastado, que vivia das jornadas acumulados pelas pessoas escravizadas, submetendo-as aos registros fotográficos, tais imagens desvelam o interesse de uma ciência que tentava se afirmar.

Se as fotos realizadas por Stahl materializam interesses de uma suposta ciência, dão pistas também, assim como os retratos de Christiano Jr., de outros indícios. Sujeitos em intensa sociabilidade se colocam para o retrato, "carregando em cestas, bandejas de madeira ou caixas sobre as cabeças (...) artigos de vestuário, romances e livros, chaleiras e bules, utensílios de cozinha, velas, porções do amor, estatuetas de santos, ervas e flores",[165] um grupo que também em pose, marcou presença em múltiplos espaços. O homem retratado

---

164   Saartjie ficou conhecida na Europa como Sara Baartman, apelidada, nos shows de aberrações, como Vênus Hotentote, grupo africano que vivia na área entre Botswana setentrional e Cabo da Boa Esperança. Eram grupos nômades bem sucedidos que resistiram ao processo de colonização dos portugueses e holandeses, em 1652, até a ocupação definitiva da Grã-Bretanha, em 1806. Produziam estalos linguísticos, que acabaram sendo confundidos com gagueira. A língua tornou-se mais um atributo de diferenciação. Existiu na Europa uma enorme repercussão através de relatos de viagens e ilustrações, revelando um verdadeiro fascínio sobre os hotentotes, atravessando quase cinco séculos. Saartjie sofria de esteatopigia, doença que deixa as nádegas extremamente grandes, além de possuir o chamado "avental" em seu órgão genital. Quando levada para Londres em 1810 e Paris, em 1814, foi submetida a excursões pelas províncias dessas regiões, nos chamados *freak shows*, apresentações onde seu corpo era exposto para uma plateia que poucos limites conhecia, chegando a tocar o corpo de Saartjie, obrigada a reproduzir sons, gestos e danças que reproduzissem o imaginário europeu do mundo selvagem e tido como não civilizado. Saartjie submetia-se a essas apresentações porque talvez desejasse voltar para sua terra, com o pouco dinheiro que recebia. Retornar para uma região onde seu povo, de pecuaristas e criadores de animais, passaram à condição de sem-terras. No entanto, Saartjie adoece e morre na Europa em 1815. Se inicialmente a apropriação de seu corpo havia se dado no teatro de Vaudeville ou nas apresentações para a aristocracia francesa, que muito se divertia, foi depois, e de forma ainda mais violenta, dissecado pela suposta ciência de Georges Cuvier. Réplicas de gesso do corpo de Saartjie ficaram expostas no Museu do Homem em Paris até 1982. Ver STROTHER, 1999, p. 1-61.

165   KARASCH, 2000, p. 285.

Imagem 39 | Foto: Christiano Jr. Ministério das Relações Exteriores: Mapoteca

por Christiano Jr. colocou ordenadamente vasos sob caixote de madeira. Em uma das mãos leva o pequeno arranjo de flores, enquanto a outra, estendida, pode denunciar uma intenção: uma busca de novos espaços de ganho nessa sociabilidade urbana.

As ruas do centro eram local de disputa entre os fotógrafos da época, que não pouparam esforços em anunciar seus serviços. Em 1864, Christiano Jr. manteve estúdio aberto na Rua São Pedro, 69. Em seguida, no início de 1865, anunciava-se na rua da Quintanda, 53. Stahl, por sua vez, oferecia serviços fotográficos na Rua do Ouvidor, 117. Seria essa uma hipótese pertinente dada a forte presença desses profissionais na corte carioca e os vários anúncios publicados.

O que se contempla nessa argumentação é pensar como os usos dessa fotografia foram também incorporados como prática social abrangente, possível para homens livres e pobres ou ainda escravizados, que viam os ateliês, cada vez mais concorrendo entre si, como um meio possível de ganho. De ganho para eles próprios, se livres fossem. E caso fossem escravizados, os ganhos seriam para os seus donos, mas isso não apaga a possibilidade de muitos que pelas ruas circulavam terem projetado no estúdio fotográfico um campo de atuação, interação como meio de sobrevivência, ou para reproduzir o trabalho realizado nas ruas, ou para colocarem-se em pose diante dos alucinados interesses da ciência.

A grande clientela dos estúdios era formada basicamente pela classe senhorial agrária e pelas classes médias urbanas, mas registrou-se também a presença de homens e mulheres negros disponíveis para as encenações propostas pelos fotógrafos. Fato indicado quando diferentes fotógrafos, com uma distância substancial de datas, tiveram em seus estúdios a possível presença de um mesmo homem negro. Se esta prática de fato era parte da experiência de negros que circulavam nas ruas da corte carioca, o que se registrou então não foram somente indivíduos iludidos pelos ares parisienses vislumbrados. O estúdio não foi apenas espaço das elites. O Brasil de pé no chão, de turbantes sobre as cabeças e saias arrastadas pelas ruas em tecidos de grossa fiação se revela também nas formas deixadas sob as chapas sensibilizadas não apenas pela ação do fotógrafo.

Parece tamanha coincidência ter sido o mesmo homem fotografado por Christiano Jr. e, cinco anos depois, retratado por Henschel. Até porque a própria citação *a posteriore* indica, contraditoriamente, a destreza de tamanha façanha, afinal havia na capital do império, "nove milhões de habitantes, dos quais mais da metade é formada por negros ou pardos, escravos ou libertos. Um contingente tão expressivo que cronistas do período chegaram a comparar a paisagem arioca às cidades do litoral africano".[166] Será que teve o fotógrafo tal poder diante do homem escravizado ou homem negro livre que andava pelas ruas e "levado ao estúdio, constrangido à condição da pose",[167] ficava à mercê das vontades alheias do fotógrafo? Parece difícil crer que escravizados ou forros estivessem tão vulneráveis a tais vontades impostas sem nada obter.

Impõe-se, no entanto, a ausência de uma documentação que venha demonstrar como o estúdio fez-se como uma forma de ganho, mas não cabe na análise histórica a capacidade de imaginação, associada ao estudo de uma historiografia constantemente revista, a uma documentação variada, gerando assim significações possíveis, parciais, a partir da sondagem de uma realidade concreta, de onde emergiam resistências, ora sutis, ora escancaradas?[168]

Muitos dos escravos de ganho sustentavam-se a si próprios e ainda aos seus senhores, afinal, muitos donos de classes empobrecidas dependiam dos rendimentos que seus negros de ganho conseguiam obter nas ruas. Deslocar-se então para o ateliê fotográfico devia custar algo. Algo que pudesse contribuir para o pecúlio acumulado, promessa de uma possível libertade. Para posar de carregador[169] de cadeiras, ao menos um vintém. Para nova pose,

---

166 AZEVEDO & LISSOVSKY, 1988, p. 11.

167 *Ibidem*, p. 20.

168 Sobre questões ligadas à teoria da história ver Jacques Le Goff, *História e Memória*; Marc Bloch, *Apologia da História*; Paul Veyne, *Como se escreve a história e Foucault revoluciona a história*; Reinhart Koselleck, *Futuro Passado – contribuição à semântica dos tempos históricos*; Fernand Braudel, *A longa duração*; Michel de Certeau, *A escrita da história*; Ciro Flamarion Cardoso e Héctor Pérez Brignoli, *Os métodos da história*; Antonio L. Negro e Sergio Silva, *E. P. Thompson: as peculiaridades dos ingleses e outros artigos*. Edward Hallet Carr, *Que é história?*

169 Segundo Bia e Pedro Corrêa do Lago em *Os fotógrafos do Império*, "homens e mulheres carregavam tudo sobre suas cabeças: móveis ou objetos pouco volumosos. Seu desfile contínuo pelas ruas do Rio era um espetáculo impressionante para o estrangeiro, e Christiano Jr. quis fazer uma compilação desses vários tipos"(2005, p. 138).

Imagem 40 | Foto à esquerda: Christiano Jr. 1865. Museu Histórico Nacional/IBRAM/Ministério da Cultura
Imagem 41 | Foto à direita: Christiano Jr. 1865. Acervo IPHAN, Rio de Janeiro

segurando guarda-chuva, "apanágio de pessoas de consideração, em boa parte da África ocidental",[170] quem sabe não teriam ganho alguns vinténs a mais?

O guarda-chuva compunha os adereços disponíveis no ateliê do fotógrafo, recorrentes na composição do retrato, tais como cadeiras, louças, balaustrada, vestidos, casacas, chapéus ou relógios, que podiam

> transformar qualquer pessoa naquilo que desejasse: plantador de café, senhor de escravo, caçador, comerciante (...) tinham a capacidade de transformar a mais dura realidade: um escravo, caso pudesse pagar, poderia posar para a posteridade como um simples senhor possuidor de sua liberdade, pois lá haviam sapatos, bengalas e cartolas à sua disposição.[171]

Mesmo com a possibilidade de recorrer a todos esses adereços, ainda assim, Christiano Jr. sabia ao certo o que desejava representar. Em poses variadas, retratou homens que, de pés descalços, denunciam a possível condição de não possuidores de sua liberdade.

A História escrita é também um jogo de interpretação, mas tece-se uma rede de significações, a partir de observações pertinentes à historiografia que oferece um entendimento sobre o período. São questionamentos que tentam dar conta das incertezas, não somente do documento privilegiado, mas da própria complexidade que caracteriza essas experiências históricas, marcadas também por um jogo de incertezas. Tratar esses indivíduos como seres apáticos, arrastados aos ateliês, seria silenciar possíveis experiências sociais. Não é porque não eram os consumidores diretos dessa produção que não sabiam dentro da real experiência vivenciada o que estava em jogo. O não reconhecimento desta possibilidade reforça a ideia

---

170 AZEVEDO & LISSOVSKY, 1988, p. 30. Em J. B. Debret, *Voyage Pittoresque*, III, p. 7, encontra-se uma aquarela com uma escrava com guarda-chuva sobre a cabeça, sendo este um típico padrão de uma grande dama. O historiador Carlos Eugênio Libano Soares defende que Christiano Jr. tinha o intuito de superar o estereótipo da barbárie e selvageria, muitas vezes atribuído em outras representações, e afirma: "buscava Christiano superar alguns arraigados preconceitos" em os representar em gestos educados, de cumprimentos em trajes quase europeizantes.

171 GRANGEIRO, 2000.

Imagem 42 | Foto: Christiano Jr. 1865. Acervo IPHAN, Rio de Janeiro

de que alguns fotógrafos "manipularam a imagem do negro escravo ou liberto, explorando-a comercialmente, coisificando-os como verdadeiros modelos-objetos".[172]

É inegável a finalidade comercial que envolvia esta produção, mas é preciso refutar a permanência da premissa da coisificação do escravo, oriunda da escola de sociologia paulista, com sociólogos e historiadores como Florestan Fernandes, Roger Bastide e Caio Prado Junior, que rebateram o paternalismo freyriano. Se, por um lado, essa historiografia reconheceu a violência existente na escravidão, denunciando preconceitos e opressão nessa forma de trabalho compulsório, sendo o escravo propriedade privada de seu dono, que o impunha trabalho sob coação física, em outro sentido, ela também colocou o escravo na História como um ser sem história, ganhando, em meados de 1960, status de vítima – teoria da *coisificação/reificação* do escravo. O modo de produção escravista, sob essa perspectiva, tornava o escravo incapaz de qualquer ação autônoma. Acusados de criar uma autorrepresentação como *não homem*, os escravos, incorporaram também uma autorrepresentação de sua reificação, apontados como "testemunhas mudas de uma história para a qual não existem senão como uma espécie de instrumento passivo sobre o qual operam as forças transformadoras da história".[173]

Pondera-se como, na constituição dessa representação, o negro não era apenas uma figura exótica exibida em mostruários[174] "satisfazendo a curiosidade do cliente do Velho Mundo acerca da imagem do outro" e ao "espírito do colecionismo de imagens".[175] Tais imagens não são capazes de "domesticar"[176] homens dentro de um sistema de opressão. A domesticação citada não se concretiza quando verifica-se a historiografia do período.

---

172 KOSSOY & CARNEIRO, 2002, p. 193.

173 GORENDER, 1991, p. 21.

174 As duas pranchas produzidas por Christiano Jr., cada uma com doze imagens distintas, uma representando negros de diferentes etnias e outra em diferentes ofícios, foram enviadas a D. Fernando, rei de Portugal. Ver nota de KOSSOY & CARNEIRO, no capítulo "Lembranças do Brasil".

175 KOSSOY & CARNEIRO, 2002, p. 194. É preciso pontuar a existência de uma historiografia do escravismo atenta aos espaços de negociações possíveis, corrente que se coloca na defesa da resistência escrava, criticando, portanto, a escola de sociologia paulista que passou a ganhou fôlego a partir da década de 1980. São autores como Guttemem, Genovese, João José Reis, Eduardo Silva, Karasch e, claro, Sidney Chalhoub.

176 SCHWARCZ & GARCIA, 2006, p. 147.

Obviamente, não se pode apagar ou deixar em silêncio o cotidiano de um cativo, não imune a castigos e repreensões, mas vivenciavam-se as últimas décadas da escravidão, momento marcado por inúmeras práticas de solidariedade e organização de negros cativos e livres, que se constituíram como "elemento desagregador da instituição da escravidão",[177] de muitas alforrias e de transformações no sistema escravista, sobretudo em um contexto urbano.

A vida para um escravo urbano era marcada por menos restrições, afinal podiam morar em cortiços ou casebres, longe da fiscalização de seus senhores que, contudo, esperavam as quantias fixas, previamente estipuladas. Na experiência da escravidão urbana eram eles, os escravos, os responsáveis, muitas vezes, pela própria alimentação de seus senhores. "Até uma família pobretona podia ser proprietária de um negro, ou negra de ganho e vegetar as suas custas". Quando não entregavam as jornadas previstas estavam sujeitos a "surras de palmatória", ou eram "entregues à delegacia de polícia para reclusão e açoitamento". A fuga, muitas vezes, parecia a melhor opção. Foram muitos os donos a reclamarem por seus escravos. O pequeno desenho impresso em anúncios de jornais sobre negros fugidos, carregando sobre o ombro um pedaço de pau com a trouxa de roupa pendurada, era comum:

> Desapareceu no sete do corrente, da casa da travessa do Maia, nº 16, o escravo Miguel, de criação Benguella, de 35 a 40 annos de idade, andava ao ganho (…) é muito ladino; quem o levar à casa de sua senhora na mencionada rua será gratificado.[178]

A disputa pela sobrevivência urbana diária desses indivíduos era tão violenta quanto arbitrária, mas com a urbanização que se impunha, sob as ruas que se alargavam, multiplicavam-se também as "oportunidades de improvisação de papéis informais", dando maior autonomia aos escravizados, que pela cidade circulavam.[179] A cidade desenhava-se como possibilidade de liberdade e ela tinha preço. É relevante pensar como a fotografia articulou-

---

177   Ver CHALHOUB, 1996.
178   *Jornal do Commercio*. 9 jan. 1864.
179   DIAS, 1995.

-se nas mediações sociais, onde escravos e forros cotidianamente não lutavam contra o sistema, mas antes por uma vida possível, em liberdade ou não.

Mesmo na artificialidade do estúdio fotográfico, as imagens remetem a uma dimensão social verificada também por uma vasta historiografia, dando indícios de práticas sociais que revelam não apenas diferentes ofícios, mas um comércio de subsistência das populações urbanas de classes empobrecidas, muitas vezes responsáveis por um comércio clandestino de gêneros alimentícios de primeira necessidade, chegando até a rivalizar com a prática do comércio legal, como indicam inúmeros códigos de postura.

A atividade de ganho era prática comum para os trabalhadores negros, escravos ou pobres livres e brancos. Christiano Jr. voltou-se para a representação desses trabalhadores negros, sobre os quais incorria uma forma de controle institucionalizada, restritiva, na medida em que se objetivava garantir a tributação na concessão de licenças:

> S 1° Permitte-se a todas as pessoas venderem pelas ruas da cidade legumes, frutas, aves e peixe, bem como outro qualquer comestível, sendo prohibido estarem posadas em lugares públicos fora das praças e largos para isso destinados pela Camara. Os infractores serão multados em 4$000 rs., ou dois dias de cadêa, não tendo com que pagarem.
>
> S 5° Ninguem poderá ter escravos ao ganho sem tirar licença da Camara Municipal, recebendo com a licença uma chapa de metal numerada, a qual deverá andar sempre com o ganhador em lugar visível. O que for encontrado a ganhar sem chapa sofferá 8 dias de calabouço, sendo escravo, e sendo livre, 8 dias de cadeia.[180]

Em meio a essa dimensão social em disputa se reforçavam e criavam novos laços sociais "que o próprio comércio selava e perpetuava". Neste sentido, a prática de escambo entre os escravos, com a troca de produtos como aguardente, fumo, frango, ervas e outros gêneros de

---

180 Código de Postura, 1860. Secção Segunda. Título Sétimo. Biblioteca Nacional do Rio de Janeiro. Localização III – 7, 2, 23.

consumo essenciais aos negros originava um "convívio comunitário, que se estendia, numa segunda etapa, aos rituais de cooptação de irmandades religiosas",[181] fundamentais para as novas relações que na diáspora se constituíam.

Revela-se, assim, uma iconografia do trabalho no Brasil do século XIX.[182] A historiografia aponta uma divisão de trabalho utilizando critérios de gênero, que ajudaram a definir o comércio ambulante como prática feminina, relacionada, a princípio, sob duas influências. A primeira da costa ocidental da África, onde as mulheres eram responsáveis pela distribuição de produtos de primeira necessidade –"atravessar e revender gêneros alimentícios (...) garantia às mulheres papéis sociais importantes"; [183] a segunda, lusitana, onde "a legislação amparava de maneira incisiva a participação feminina".[184]

Em 1876, a *Gazeta de Notícias* divulgava o seguinte anúncio, demonstrando como o trabalho nas ruas não era prática exclusiva feminina: "precisa-se de um pequeno branco ou de cor, para vender doce; na rua do Cotovello nº 303";[185] "precisa-se de duas pretas e de dois meninos brancos ou de cor, de 9 a 10 annos, para vender doces; na rua Formosa nº 10, loja";[186] "precisa-se de um moleque ou preta velha para vender quitanda na rua de S. Luiz Gonzaga nº 82, S. Cristóvão".[187]

O trabalho de Christiano Jr. estava intimamente ligado com o mundo externo ao estúdio fotográfico, onde se dava um encenação ou teatralização daquilo que se passava como cena comum, nas ruas da cidade, no espaço das experiências vivenciadas, não apenas as configuradas no espaço da representação no estúdio do fotógrafo, onde um "escravo se pudesse pagar, só seria escravo na imagem se assim o desejasse: havia sapatos, cartolas e ternos para

---

181   Para as citações no parágrafo ver DIAS, 1995, p. 159. Irmandades religiosas tiveram um papel essencial não somente como contribuidoras desses novos laços sociais, mas também como mediadoras de muitas compras de alforrias de escravos e seus membros familiares.

182   KOSSOY & CARNEIRO, 2002, p. 71.

183   DIAS, 1995, p. 158.

184   FIGUEIREDO, 2002, p. 144

185   *Gazeta de Notícias*, ano II, nº 95. Rio de Janeiro, [s.n], 05/04/1876.

186   *Gazeta de Notícias*, ano II, nº 157. Rio de Janeiro, [s.n], 07/06/1876.

187   *Gazeta de Notícias*, ano II, nº 278. Rio de Janeiro, [s.n], 08/10/1876.

que ele vestisse e aparecesse diante de si e da posteridade como um homem, só um homem possuidor da sua liberdade". Fato que não inviabiliza que, na dinâmica do cotidiano e de suas necessidades, mesmo não podendo pagar pelo retrato, as pessoas retratadas não teriam dele conseguido nada, pelos minutos perdidos até suas imagens de fato fixarem-se.

Os sujeitos em Christiano Jr. trazem uma dimensão íntima com a vida real, porque não faziam apenas intuir ou representar algo que não estivesse de fato ligado à vida e aos acontecimentos sociais perceptíveis do lado de fora do estúdio. A dimensão da vida real e dos costumes tanto interessou aos artistas oitocentistas que a pintura e a fotografia passaram a dialogar e dividir referentes que pulsavam na vivência cotidiana da cidade. Vê-se a configuração de um sistema de representação que colocava diferentes artes em interação, compartilhando um mesmo interesse: retratar os costumes dos povos brasílicos, fato que estende-se ao longo do século XIX. Victor Frond, fotógrafo francês, permaneceu no Brasil entre 1858 e 1860, tido como um dos precursores da fotografia paisagística no Brasil. Fotografou engenhos de açúcar, fazendas de café, sempre preocupado em retratar cenas que envolviam negros em suas atividades cotidianas. Quando retornou à Europa, Frond empenhou-se na publicação do livro *Álbum Brasil Pitoresco*,[188] com litografias a partir de suas imagens fotográficas de paisagens do Rio de Janeiro, Petrópolis e Bahia, mas também das populações negras.

Nas ruas da capital do império, era comum ver negros ambulantes, carregadores, artesãos, vendedores de aves, doces, refrescos e frutas.[189] A fotografia de Christiano Jr. retoma cenas antes retratadas por artistas que o precederam. Se o homem de Christiano Jr. (Imagem 43) pisa a barra da calça no chão do estúdio, o garoto de Victor Frond, na indicação de que os passos para a sobrevivência estendiam-se ao longo do dia, arrasta a calça próxima ao joelho, não escondendo a dura sombra deixada pela luz do sol, a aclarar o verde da mata que se faz fortemente presente. Ambos num mesmo gesto, coincidentemente carregam no ombro esquerdo vestígios do comércio ambulante. O menino, em vantagem, parece ter à vista um cliente, que, assim

---

188 Victor Frond (1821-1881). Os textos que compõem o álbum são de Charles Ribeyrolles, amigo de Frond que o acompanhou na viagem ao Brasil.

189 KOSSOY & CARNEIRO, 2002, p. 109.

Imagem 43 | Foto: Christiano Jr. 1865. Coleção Particular Rio de Janeiro
Imagem 44, à direita: Litografia a partir de fotografia de Jean Victor Frond. 1858. Instituto Moreira Salles

Imagem 45 | Vendedores de pastel, Manoé, pudim quente e sonho. Debret. Rio de Janeiro. 1826. Manoé são pequenos folheados recheados de carne para se comer quente, por isso, era sempre coberto com guardanapo e um pedaço de lã. O sonho eram pães fatiados e assados com rapaduras, caramelo de melado salpicado com amêndoas e sementes de melancia. (Ver Debret e o Brasil. Obra Completa. Rio de Janeiro: Capivara, 2008, p. 200)

Imagem 46 | Debret. Vendedores de capim e de leite

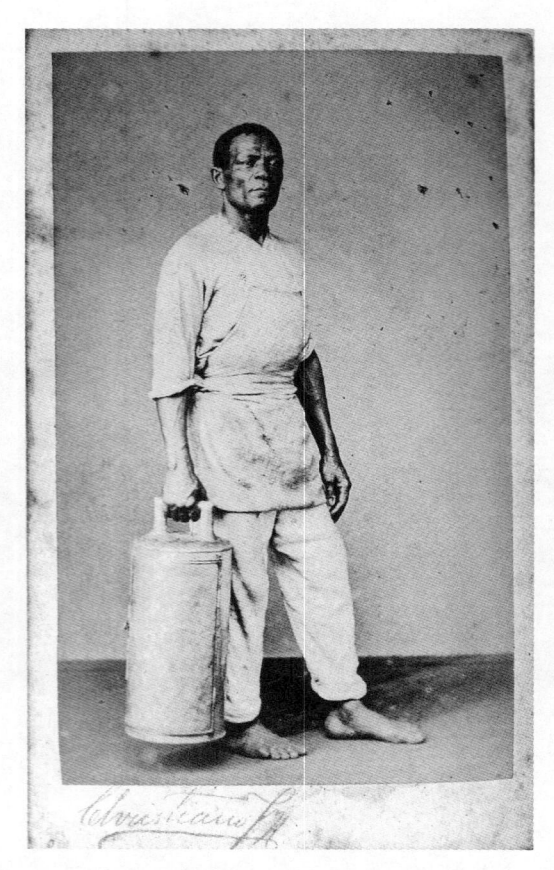

Imagem 47 | Foto: Christiano Jr. 1865. Acervo IPHAN, Rio de Janeiro

como ele pisa descalço o chão quente fora do estúdio. Esse mesmo sol iluminou também os homens de Debret,[190] carregando nas mãos e sobre a cabeça o pesado sustento.

A imagem *Vendedores de capim e de leite*,[191] mais uma vez de Debret, é outra representação inspirada nas ruas da Corte, mostrando como a fotografia do século XIX é, de certa forma, herdeira do universo da pintura do início do século.

Christiano Jr., no entanto, privilegiou o vendedor de leite que deixou impresso à força agora de seus próprios traços. Assim se quis retratar. Nesse cartão de visita, o fotógrafo assinou seu nome, atento às atividades que caracterizavam cenas cotidianas, podendo ser tanto o leiteiro de pés descalços a olhar frontalmente para a câmara fotográfica quanto ser outro sujeito, outros carregadores, enredados nesta mesma trama, evidente também nos anúncios publicados no período: "precisa-se de uma preta que entenda de cozinhar e possa carregar água em frente de casa. Na rua da Misericórdia nº 40, até o preço de 20$".[192]

A fotografia não é ilustração, mas vestígio a mostrar como o sujeito em Christiano Jr. é expressão da dinâmica social. Neste sentido, o fotógrafo, ao lançar um olhar documental para essas práticas sociais, é também o cronista de uma cidade, conferindo-lhe uma identidade citadina, que também era negra.

Nas experiências vividas no estúdio de Christiano Jr., cabia quase tudo, até mesmo representar uma cena comum que poderia ser a lembrança de mais uma esquina das ruas da Corte, ou de um chão de senzala onde meninos e homens negros jogavam/lutavam capoeira num ato de rememoração e resistência sociocultural.

---

190   DEBRET, 2008. E79, p. 32. Para uma maior compreensão das obras de Debret ver LIMA, 2008.

191   DEBRET, 2008, E69, p. 21.

192   *Jornal do Commercio*, 12 jan. 1865, p. 4. Os 20$ são possivelmente o preço a ser pago em relação ao aluguel. Na análise dos códigos de postura de 1860, constata-se que existiu uma regulamentação que mostra como muitos escravos carregavam também matérias bastante insalubres. No título sexto tratou também sobre depósitos de immundicies designando a proibição de se "fazer qualquer gênero de despejo immundo, á excepção de águas de lavagens de roupa, ou cosinhas, desde as 6 horas da manha ate as 11 da noite: os infractores serão multados em 4$000 rs. respondendo o senhor, ou amo, pelo criado ou escravo". Código de Postura, de 1860 da cidade do Rio de Janeiro. Biblioteca Nacional. Localização III – 7, 2, 23.

Imagem 48 | Foto: Christiano Jr. 1865. IPHAN. Rio de Janeiro

Imagem 49 | Rugendas. Título: *Danse de la Guerre ou Jogar Capoeira*. 1834

A *Danse de la guerre*[193] não deixou de ser notada por Rugendas, compondo uma das 100 pranchas coloridas pelo pintor que talvez tenha conseguido, com sua arte, fazer sentir ainda mais os batuques e palmas de tantos outros sujeitos sociais que envolviam a cena representada, deixando a fotografia de Christiano Jr. e o olho mecânico de sua técnica em desvantagem. Rugendas revelou os ritmos dessa dança que tanto medo trazia, passando uma rasteira[194] nas medidas que tentavam reprimi-la.

A fotografia de Christiano Jr. deixou vestígios daquilo que poderia ter sido uma exceção, mas não passava incólume aos olhos do fotógrafo: a existência de escravos brancos ou brancos pobres concorrendo com negros escravos ou libertos no comércio ambulante nas ruas do Rio de Janeiro e leva a inverter a premissa: ser negro nas últimas décadas do século XIX não significava obrigatoriamente ser escravo. Ser branco talvez nem sempre significava ser dono de sua liberdade, ou estar apartado da vida precária, da miserabilidade, do trabalho ambulate, exaustivo, costumeiramente pensados como aspectos da vida escrava, da vida das populações negras da corte ou de outros cantos do país.

Deve-se considerar observações valiosas de muitos viajantes como Luccock, que registrou suas impressões sobre as cenas urbanas cariocas, mas salientar como Christiano Jr., mais perspicaz, retratou também aquilo que era exceção no contexto citadino.

> Antes das 10 horas da manhã, não havia homens brancos nas ruas, somente escravos (alguns forros) nos trabalhos de entregadores, saiam a recados ou levavam à venda, sobre pequenos tabuleiros, frutas, doces, armarinhos [...] Todos eles eram pretos, tanto homens como mulheres, e um estrangeiro que acontecesse de atravessar a cidade pelo meio dia quase que poderia supor-se transplantado para o coração da África.[195]

---

193 RUGENDAS, 1998. Outros registros de capoeira podem ser vistos na aquarela do artista Augustus Earle, de 1822 ou em Debret com o título de *Negros Volteadores*.

194 Rasteira é nome dado para um dos golpes ofensivos da capoeira.

195 KOSSOY & CARNEIRO, 2002, p. 110. *Cit.* John Luccock. *Notas Sobre o Rio de Janeiro e Partes Meridionais do Brasil.* São Paulo/Belo Horizonte: Edusp/Itatiaia, 1975, p. 74.

Imagem 50 | Foto: Christiano Jr. 1865. IPHAN, Rio de Janeiro

O trabalho de Christiano Jr. é o trabalho de um artista, focado nas tramas sociais, com mente e câmera voltadas para as cenas típicas cotidianas, não escondendo os indivíduos que nela se inseriam. Vê-se pelo retrato que o branco não estava excluído da atividade de ganho nas ruas da corte carioca, nem tampouco do estúdio do fotógrafo. E foi em seu estúdio que Christiano Jr. recolocou aspectos relevantes de uma cultura: a negra, dando forma e reconhecimento de um mundo pelos traços e cores de um povo em diáspora, onde passado e futuro confluíam.

Parte III

O corpo como pano da cultura: corpo revelado, corpo ornamentado

Destacaremos agora elementos simbólicos associando aspectos da diáspora, tais como religião e crenças, dados pelo corpo em suas formas de representação, uma arte gestante de concepções e ideias acerca do mundo inscritas, tatuadas na expressividade do corpo e dos atributos materiais a ele conferidos.

O estúdio fotográfico era também um campo de negociação entre sujeitos. A fotografia, portanto, era resultado desta curiosa experiência social, com pessoas que se entreolhavam, interagiam, produzindo linguagens pautadas na prática social como espaço também de memória a revelar potencialidades desses sujeitos em criar significados nessa intensa relação mediada pela fotografia. Nas formas de ordenar os panos pelo corpo, a imagem anterior assemelha-se à seguinte, indicando uma possível preocupação das pessoas fotografadas em apontarem aspectos relevantes de suas origens e presença naquele espaço. Não são apenas europeus, ávidos por imagens exóticas, reveladoras de um outro, desconhecido e fascinante. São também indivíduos em elegante pose diante do fotógrafo. A jovem negra coloca-se com seus panos, cuidadosamente aprumados. Cuidado de ambas, pela melhor imagem que teriam de si. A arrumação de seu xale e, principalmente, do pano na cabeça, são ainda habituais nas mulheres que hoje preparam-se para as cerimônias de candomblé.

O fotógrafo mediava a cena. Elas, em rígidas poses, se puseram para a foto. Arrumavam seus panos e xales das costas, tão comuns entre as negras retratadas não apenas pela

Imagem 51 | Foto: Christiano Jr. IPHAN

fotografia, mas antes, nas pinturas do início do século.[196] Num ato consciente, sabiam não deixar ali suas verdades, mas sim a presença, reiterando as marcas de suas identidades, dando a dimensão de como todos os sujeitos em representação, participam daquela experiência social vivida no estúdio, elaborando conjuntamente seus signos, em linguagens carregadas de sentidos. Panos e corpos historicizam-se. Eram muitos os modos como as mulheres do povo usavam seus panos, com xales caídos pelos ombros ou na cabeça, compondo, como afirmou Gilberto Freyre, a "linguagem dos panos". O autor aponta que não eram usados apenas "contra os excessos de sol do trópico", mas como parte de "um vasto sistema antropológico ou sociológico em que, a essa proteção, juntaram-se, ao que parece, outros motivos, como que litúrgicos uns, outros, talvez profiláticos, ligados de início às origens tribais de mulheres importadas da África".[197]

O sociólogo afirma que o uso dos panos era uma prática marcada pela tradição, revelando, de acordo como eram usados, a origem africana ou, ainda, indicando se eram casadas ou solteiras.[198] Hábito este incorporado pelas gerações posteriores e presente em manifestações atuais da cultura negra no Brasil, como a moda das baianas, presente no imaginário coletivo como representação da mulher negra africana e de suas descendentes. Eram tecidos da África ocidental trazidos ao Brasil "em quantidade que chegam a 50.000,00 peças anuais", eram bens valiosos, inclusive testamentados, "ao lado de objetos de prata ou de móveis".[199]

Tradição posta também na imagem 54. Apesar do comprometimento da qualidade da imagem, ela ainda guarda intacta a delicadeza dos traços e gestos desta mulher que, apesar de tantos panos, traz em seu rosto a beleza que emana de sua bonita figura.

---

196 Quando Debret, nas primeiras décadas do século XIX, criou muitas de suas aquarelas representando vendedoras ambulantes, escravas domésticas ou festejos funerais de negras quitandeiras, constituiu um conjunto de representações de experiências cotidianas vivenciadas na cidade onde se verifica a importância dos panos africanos como vestimentas de mulheres negras. Os panos africanos eram importados da África, lá considerados como um bem de prestígio, inclusive testamentados, também no Brasil.

197 FREYRE, 1979.

198 *Ibidem*, p. 113

199 CUNHA, 1988, p. 27

Imagens 52 e 53 | Fotos: Christiano Jr. 1865. IPHAN. Rio de Janeiro

Imagem 54 | Foto: Christiano Jr. IPHAN

Mesmo diante da possibilidade de todas essas imagens não adquirirem um código elaborado a partir dos desejos expressados numa autoimagem, que configuram "critérios que as pessoas estabeleceram para o fotógrafo poder efetuar a sua representação", já que nem sempre eram elas as consumidoras diretas dessa produção, não se tem somente explícita a interpretação do fotógrafo, "o narrador de seu tempo". Aquelas que protagonizaram a cena, em "bonitas figuras",[200] apesar de não "falarem diretamente de si, de como interpretava a própria existência e de que maneira queria ver a sua realidade fixada para a posteridade",[201] descrição daqueles que compravam dúzias de retratos de si, ainda assim são aqui consideradas sujeitos da cena, únicas conhecedoras e responsáveis pela arrumação de seus panos, não usados apenas como acessório para a foto. O retrato, para Grangeiro, "pode se tornar fonte de conhecimento – ao adquirirmos a certeza de que os adornos do cabelo e os desejos provocados pelos olhares são signos escolhidos pelo próprio portador".[202]

A identidade da mulher africana, segundo Lapa, "subsiste muitas vezes no traje típico, em suas cores, nos adornos pessoais",[203] engendrados por elas mesmas como forma de "resistência e manifestação da cultura popular", mesmo sendo o uso dessa indumentária, muitas vezes, estimulado pelos próprios senhores porque era sinal "de obtenção de bom trato", mas era também código social, "símbolo e meio de identificação, de ascensão social",[204] entendido e compartilhado por todos; Lapa afirma ainda, que "é de crer-se que o escravo não descuidasse de sua indumentária", desejando, inclusive, aquilo que costumeiramente lhes era proibido:

> Alguns escravos usavam calçados, figurando entre estes as botinas e até as alpargatas. Vicente fugira com "uma patroninha de couro de veado que era canno de

---

200 FREYRE, 1979, p. 15.
201 GRANGEIRO, 2000, p. 144.
202 *Ibidem*, p. 145.
203 LAPA, 2008, p. 229.
204 *Ibidem*, p. 231.

botinas brancas". João usava "botinhas de homem", José usava "botinhas de pelica" e Manoel "costumava andar de alpargatas", enquanto Thomaz calçando sapatões.[205]

Vale dizer que implicava "grandes sacrifícios e privações no atendimento de suas necessidades básicas" custear a aquisição de tais indumentárias, tanto para escravos quanto para negros pobres livres; no entanto, possuí-las poderia significar a conquista de *respeito* ou *admiração*, ou ainda, *causar inveja* ou *presunção*. Essa é uma "questão de status social, de imitação e competição", quando tentavam se aproximar de uma "linguagem simbólica senhorial", podendo resultar numa "suavização de diferenças no interior de uma classe".[206]

Outro fotógrafo atento a elegância da mulher negra envolta em seus panos africanos foi Revert Henry Klumb (1825-1886). Não demonstrou grande interesse pela fotografia etnográfica destinada a turistas. Sua única imagem conhecida desse gênero é de 1862, no formato de estereoscópio.

Na fotografia a seguir, a vestimenta confere à mulher uma imagem de plena altivez. Numa postura ereta, muitíssimo bem colocada para a foto, deixou registrada não apenas a sua aparência, mas também a de seu dono; se escrava fosse, era de fato uma escrava doméstica, estando estas sempre "vestidas de maneira aparatosas".[207]

Para as elites, a vestimenta "confia à aparência a tarefa de afirmar a sua posição dominante e afastar qualquer semelhança com a classe operária".[208] Isto posto, para os retratos etnográficos, ganha um sentido inverso. É confiada à aparência a tarefa de elaborar significações que ressaltem também a condição de seus donos. Consolida-se a configuração de uma identidade social, fortemente associada como uma *dialética social*.[209] Essa disputa também se

---

205 *Ibidem*, p. 232. O autor pesquisa a comunidade escrava em Campinas.
206 *Ibidem*, p. 230.
207 AZEVEDO & LISSOVSKY, 1988, p. 34. As escravas domésticas assumiam diferentes funções: mucamas, pajens, cozinheiras, lavadeiras, faxineiras, enquanto os escravos domésticos eram os carregadores de excrementos, água, pajens, cocheiros etc.
208 FABRIS, 2004, p. 37.
209 Phéline afirma que a divulgação do cartão de visita torna possível ao sujeito ser pessoa e personagem, indivíduo e membro de um grupo, caracterizando os retratos como "modelos de extração popular" característicos

Sujeitos Iluminados

Imagem 55 | Foto: Klumb. Retrato da escrava, Rio de Janeiro. Estereoscópio. 1862. Coleção Ruy Souza e Silva

dá pela cultura, num processo de lutas por valores morais e reafirmações de posições, numa trama social mais ampla, complexa e até ambígua, com a cultura intrinsecamente ligada à organização estrutural, ambas palco de tensões e lutas. A cultura é aqui entendida como um campo de inúmeras possibilidades.[210]

> Sabemos das mucamas, escravas domesticas de estimação, cuja vestimenta se apresentava com requinte, complementada pelos sapatos e adornos (enfeites), enquanto, em certas áreas – a Bahia é o melhor exemplo – as mulheres escravas conservavam na qualidade, na quantidade e nas cores dos tecidos com que se vestiam e nas joias, influência marcadamente africana.[211]

E foi na Bahia, mais precisamente em Salvador, que "sucediam-se, desde meados do século XVII, providências com o objetivo de discriminar melhor os trajes de escravas e mucamas domésticas, a fim de realçar a distância social das senhoras brancas".[212] A seda foi proibida para escravas. Era demasiado luxo, incabíveis excessos e mau exemplo. Cambraias, rendas, ouro ou prata nos vestidos tampouco lhes foram permitidos.

O retrato fotográfico é também uma atitude social onde são elaborados signos de pertencimento. Estendo essas reflexões sobre a vestimenta para mostrar como esse era um aspecto valioso como prática social dos negros africanos trazidos ao Brasil e inclusive de seus descendentes. Cabem aqui as palavras de Fabris a respeito:

---

de uma dialética social em jogo. (FABRIS, 2004, p. 41).

[210] O conceito de cultura para E. P. Thompson pode ser designado como um *modo de luta* travado na experiência. Nas palavras de Raymond Williams, cultura é a própria experiência, por ele chamada de ordinária, porque vivenciada por todos os indivíduos, seres sociais em interação, jamais, portanto, *separada da esfera da vida cotidiana*. Ela se faz na inter-relação dos indivíduos em coletividades, por isso designa dilemas e tensões. Ver CEVASCO, 2001, p. 48-49.

[211] LAPA, 2008, p. 233.

[212] DIAS, 1995, p. 94.

Sujeitos Iluminados 139

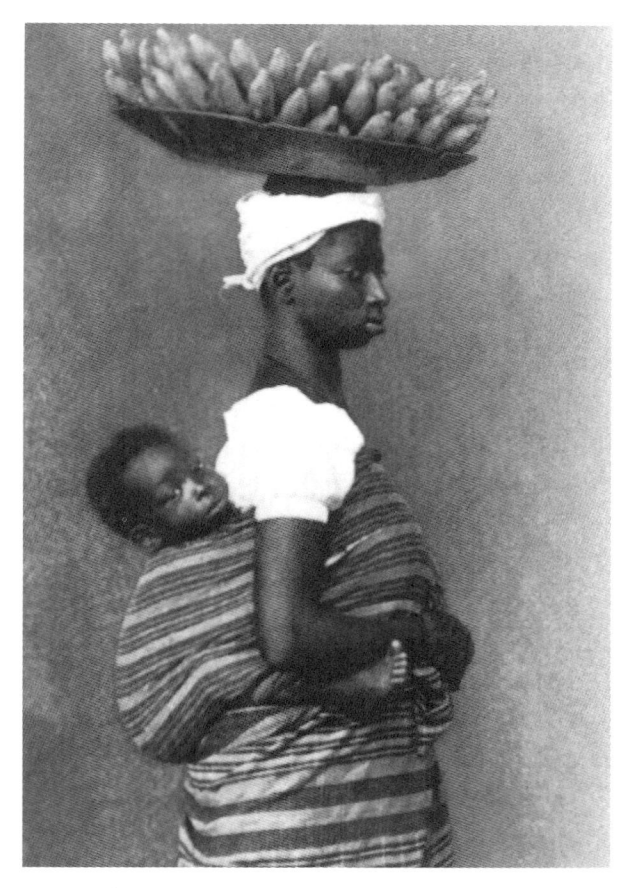

Imagem 56 | Foto: Marc Ferrez. Vendedora de Bananas com seu Bebê. 1884.
Instituto Moreira Salles

> Vestir-se é ao mesmo tempo estrutura e acontecimento: ao combinar elementos selecionados de acordo com certas regras, num reservatório limitado, o indivíduo declara seu pertencimento a um grupo social e realiza um ato pessoal. Ato de diferenciação, vestir-se é essencialmente um ato de significação, pois afirma e torna visíveis clivagens, hierarquias, solidariedades de acordo com um código estabelecido pela sociedade.[213]

É à prática da elaboração desses códigos sociais que as imagens de Christiano Jr. remetem. A herança cultural africana era reafirmada em várias representações da mulher negra que, ao amarrar suas crianças às costas com seus panos africanos, por exemplo, faziam dessa prática não apenas lembranças de um hábito; era, antes, um gesto a desfilar como cena comum da cidade, com artistas estrangeiros atentos a esse "acontecimento" tão típico em nossas representações.

A imagem *Vendedora de Bananas com Seu Bebê*, feita por Ferrez, é bastante significativa para possíveis compreensões. Pode ser considerada como uma imagem recorrente na fotografia do século XIX. Produções fotográficas imbricadas com o universo da pintura: artes que dialogam em diferentes temporalidades mostrando que o desejo de ver esta cena se repetia.[214]

A fotografia oitocentista mostra inúmeras apropriações de um mesmo repertório herdado de outros gêneros pictóricos. O retrato fotográfico oitocentista dialoga não como rival, mas como campo aberto às influências da pintura, torna possível o "retrato como história" [215] da própria representação, expondo modelos compartilhados de representação tais como a pose, o formato e outros atributos encontrados em artes anteriores e contemporâneas.

Registra-se na imagem produzida em 1884, por Ferrez, o mesmo cenário: fundo neutro, valorização das roupas e panos africanos, visto na composição de Christiano Jr. (Imagens 57 e 58). A mulher negra de perfil leva seu bebê às costas, cena semelhante a outras fotografias;

---

213 FABRIS, 2004, p. 37.

214 Se a pintura influenciou a fotografia como verificamos, ocorreu posteriormente um movimento inverso, com a fotografia tornando-se fonte de inspiração na pintura francesa, por exemplo. Ver FABRIS, 1991, p. 193.

215 FABRIS, 2004.

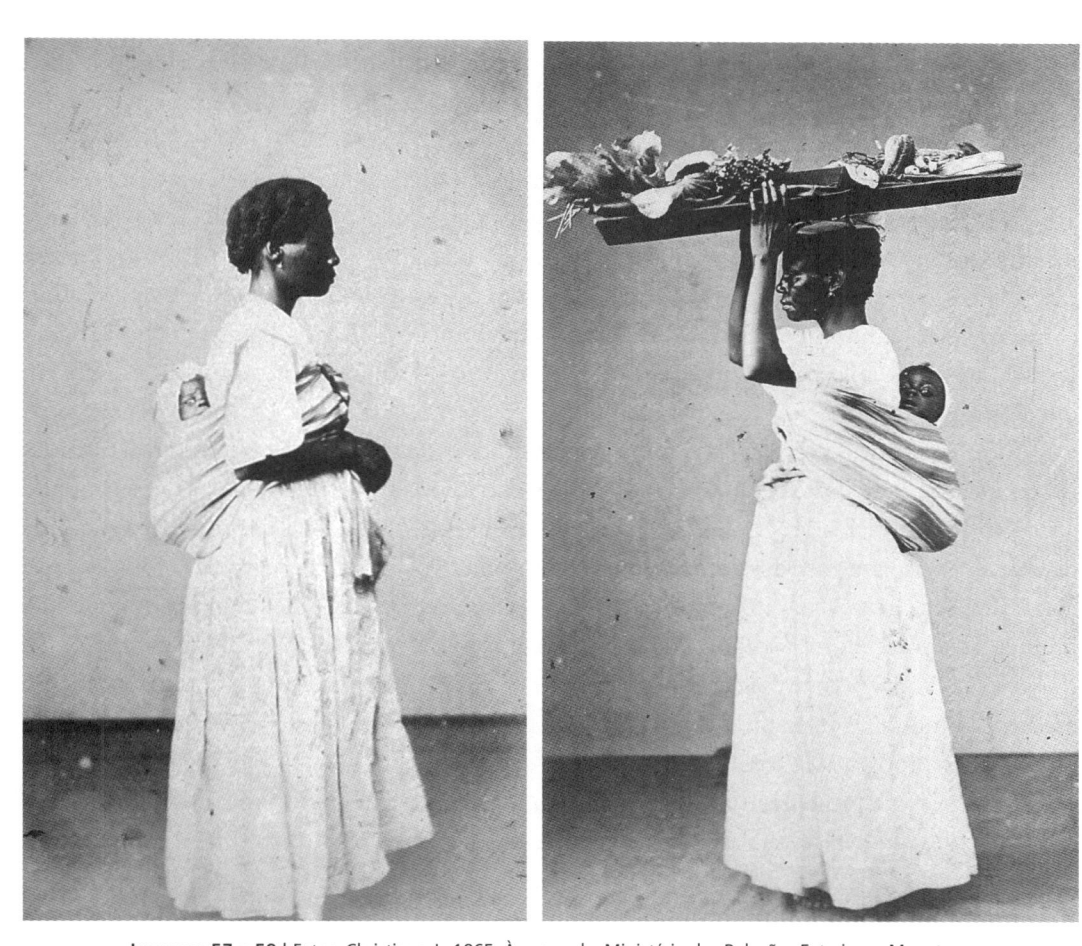

Imagens 57 e 58 | Fotos: Christiano Jr. 1865. À esquerda, Ministério das Relações Exteriores, Mapoteca; à direita, acervo Instituto Moreira Salles

trata-se de uma mesma preocupação na composição da imagem de Ferrez, mas realizada por Christiano Jr. há duas décadas.

A imagem da esquerda deixa a impressão de uma ausência, quando se leva em conta a própria historicidade da imagem. Na imagem à direita, vê-se aquela que perdura por toda a segunda metade do século XIX: a mãe com tabuleiro de frutos sobre a cabeça, levando amarrado ao seu corpo o filho, crioulo da terra.

Vê-se a tensão de Christiano Jr. em esperar o momento da foto. O momento para se atingir o *punctum* da imagem, aquilo que chama, atrai, aquilo que, para Barthes, *fere* diante da imagem, que talvez os tenha feito esperar: o bebê, num olhar direto para o fotógrafo, certeiro como uma flecha que vai longe, direcionado ao fotógrafo que esperava a melhor composição. Quando se está atrás da câmara, se reconhece o quanto essa espera pode durar. Essa composição foi posteriormente produzida não só no Rio de Janeiro, como também em outras províncias no Brasil.

A repetição dessas imagens, que gerava "descrições de vendedoras e lavadeiras, cercadas de crianças, carregando bebês, recém-nascidos, amarrados com um pano às costas, daria a ilusão de prolificidade",[216] além, é claro, de evidenciar como os fotógrafos, no início da década de 1860, até fins dos oitocentos, tinham objetivos comuns: registrar a vida escrava cotidiana, seus gestos, hábitos, modos de vestir, de carregar seus filhos de maneira que não prejudicasse o trabalho. São homens que contam um mesmo mundo. A imagem *Vendedora de bananas e seu bebê* atravessa esse período, como uma representação-referência do trabalho escravo da mulher, sendo uma das imagens mais vendidas por muitos fotógrafos. Se Stahl também a reproduziu, Ferrez a tornou seu *best seller*.

Verifica-se claramente uma convenção da imagem a partir de uma identidade visual compartilhada pela fotografia oitocentista que, evidentemente, inspirou-se também nas

---

216   DIAS, 1995, p. 232-234. Segundo a historiadora, o índice de natalidade era baixo em geral, mesmo entre a população livre, sendo baixo também entre as escravas. Os ofícios de lavadeira e vendedora eram "mais desprezados, como ocupações próprias de escravas", constituindo-se este último "modesto e árduo". Gilberto Freyre, em pesquisa de anúncios de jornais sobre escravos fugidos, refere-se às deformações de pernas entre os filhos de escravas. Atribui o fato ao "hábito das mães escravas trazerem os molequezinhos de mama escanchados às costas durante horas e horas de trabalho". Freyre aponta a possibilidade de influência do raquitismo, comum entre escravos (1979, p. 123).

Imagem 59 | À esquerda, fotografia de Stahl, 1865, acervo The Peabody Museum
Imagem 60 | À direita, fotografia Vendedoras de Bananas de Lindemann, no formato cartão-postal, produzido em Salvador, na última década do século XIX. Fundação Gregório de Mattos, Salvador

produções pictóricas que a antecederam, e talvez possam ser consideradas como imagens primeiras, como observa Meneses, para a existência de uma matriz perceptiva constantemente *modificada, reciclada, combinada, recombinada*.[217] Nessa cultura visual repetidamente reproduzida, a herança africana de mulheres negras com seus panos e filhos levados ao corpo foi retratada também por Rugendas.

Nègresses De Rio-Janeiro[218] demonstra como os olhares estrangeiros reproduziram cenas típicas que os atraíam e identificavam hábitos precisos, promovendo uma aproximação de diferentes produções, em diferentes espaços e temporalidades.

A África vem como herança também nas seguintes fotos de Christiano Jr., de 1865, referentes a ritos católicos realizados por negros escravizados e forros. São formas de expressão da forte religiosidade, e até mesmo reflexo de uma tentativa de afirmação conquistada no bojo dessas relações. A festa da Congada, na celebração de Nossa Senhora do Rosário, protetora dos negros, traz homens em trajes africanos, tocando atabaques, na escolha do rei e rainha.[219]

O fotógrafo aqui buscava o exótico, a natureza mítica e ancestral das festas religiosas. Relembrava, quem sabe, seus tempos de menino:

> Que recordações tão gratas e tão tristes ao mesmo tempo. Que saudades desses anos felizes! Nesses dias de festa, como o de hoje, de Reis, Pentecostes, todos os santos e natal, dias muito festejados em minha terra, me vêm ao pensamento todas essas lembranças queridas de minha infância e juventude, sinto explodir o coração de nostalgia, sinto a necessidade de chorar, mas meus olhos se negam

---

217 MENESES, 2007, p. 117-123.
218 RUGENDAS, 1998.
219 As duas fotos apresentadas, em formato de cartão de visita, são muito parecidas com as de autoria de Arsênio da Silva encontradas na Biblioteca Nacional. O fotógrafo nasceu em Recife, em 1833. Durante a década de 1860 atuou no Rio de Janeiro. Participou de exposições promovidas pela Academia Imperial de Belas Artes, tendo também documentado o casamento da Princesa Isabel com Conde d'Eu. Foi, segundo Schwarcz, um fotógrafo muito ativo na corte carioca. Ver SCHWARCZ & GARCIA, 2006, p. 151. No entanto, não há muitas informações sobre o fotógrafo, no *Dicionário histórico-fotográfico brasileiro*, organizado por Boris Kossoy, importante bibliografia sobre fotógrafos no Brasil entre 1833 e 1910.

Imagem 61 | Rugendas. *Nègresses De Rio-Janeiro*

Imagens 62 e 63 | Fotos: Christiano Jr. Festa de Nossa Senhora do Rosário. 1865. IPHAN. Rio de Janeiro

a destilar esse precioso líquido, alívio de penas e dores, dessecado pelo *Símun*[220] das tempestades da vida.[221]

Suas imagens representam momentos da Festa de Nossa Senhora do Rosário, ao passo que desvelam espaços onde os sujeitos reafirmavam suas crenças e tradições, mesmo diante da luta diária pela sobrevivência, possível apenas pelo ato de resistir e criar redes de solidariedade e sociabilidade.[222] São imagens de celebração de uma festa católica, mimetizada pela fotografia, referência material das práticas religiosas ressignificadas no Brasil.

> Os escravos criavam a decoração não apenas da igreja da elite, mas também de suas próprias, como as do Rosário e Lampadosa. Esculpiam em papel e pintavam imagens, traçavam trombetas de papel, disparavam fogos de artifício elaborados, vestiam seus santos com tecidos finos, criavam trajes elegantes para si mesmos e faziam ornamentos caprichosos para suas casas.[223]

Não podemos esquecer como na cultura visual do século XIX foi bastante comum o interesse em caracterizar e exibir elementos de diferenciação. "Las recreaciones del entorno en el que vivían y las formas de vida de las poblaciones tomadas como inferiores fueran algo bastante habitual tanto en exposiciones universales, etnográficas o coloniales como en otros espacios".[224] O corpo dos indivíduos retratados carregavam os elementos culturais que os

---

[220] Vento quente e abrasador dos desertos da África.

[221] *La Provincia Corrientes*. 1° jan. 1902. Artigo "Recurdos de mi tierra", escrito por Christiano Jr., dedicado a seu neto Augusto. Documentação cedida pela pesquisadora Maria Hirszman.

[222] Sobre a existência de organização comunitária de escravos de ganho e auxílio mútuo com as irmandades, ver DIAS, 1995, p. 132. Manuela Carneiro da Cunha afirma sobre a imagem à esquerda (63) que a rainha está vestida à moda europeia, o rei segurando o espanta-moscas com atributos dignatários da África ocidental. Os tambores da imagem à direita (62) também são de origem africana.

[223] KARASCH, 2000, p. 311.

[224] NARANJO, 2006, p. 16.

diferenciavam, hierarquizando-os socialmente. Representações que assumiam concepções estéticas bem definidas:

> (...) cuando se trata de fotografar la vestimenta de uno u outro pueblo, el elemento artístico no deberá ser descuidado, y no habrá que olvidar que la etnografia, aun teniendo bases realmente científicas, requiere, sin embargo, del arte característico de cada raza; es precisamente en las roupas, las armas, los instrumentos, donde se halla dicho elemento.[225]

Contudo, na fotografia reside uma armadilha quase velada, muda: se na sua dimensão social as fotografias etnográficas, tanto de uso científico quanto apenas vendidas a turistas, traziam o desejo de diferenciar e hierarquizar, tornaram-se, entretanto, dada a sua penetração social cada vez mais intensa, um corpus documental que mostra a potencialidade de indivíduos que criaram espaços simbólicos e práticas de resistência e sobrevivência onde, pela arte e pela cultura, as tradições artístico-religiosas africanas eram constantemente reafirmadas.

Na imagem *Mãe e filha em trajes africanos*, a menina descalça sobre o banco usa vestido branco e apoia-se sobre o ombro da mãe, preocupação estilística do fotógrafo, dando equilíbrio à composição. Assim como nos retratos da burguesia ascendente, os retratos de tipos populares recebiam atenção à estética da composição. O fotógrafo recorre ao banco para deixar mãe e filha numa mesma altura. Vê-se aqui a confluência de Brasil e África, ou ainda o encontro de duas gerações, imagem-síntese da diáspora e resistência.

As tradições africanas sobreviviam, segundo Karasch, em suas cestas, no vestuário e na ornamentação pessoal, nas imagens de santos católicos que esculpiram ou pintaram.[226] Essa arte feita por "habilidosos escultores africanos" ou ficou escondida, ou foi confiscada pela polícia, numa mistura de repressão e perseguição religiosa, mas antes, foram guardadas como cultura material, preservadas no campo das visualidades, campo de interesse aqui contemplado, que

---

225 *Ibidem*, p. 90.
226 KARASCH, 2000, p. 312.

Imagem 64 | Foto: Christiano Jr. 1865. Mãe e filha em trajes africanos. IPHAN. Rio de Janeiro

constitui uma cultura do visual, campo da memória, da técnica, dos valores, também é política, é arte, é História.

Esse olho fiscalizador da polícia que apreendia os objetos citados assemelha-se à mesma intenção disciplinadora de latifundiários que obrigavam seus homens, mulheres e crianças escravizados a assistirem missa como fiéis, obedientes da doutrina cristã.

A imposição da religião era usada como "freio para os maus hábitos dos cativos", obrigados inclusive a confessar-se uma vez por ano, como ordenava Werneck a seus escravos da fazenda Monte Alegre.[227] Outro importante homem do café, o comendador Joaquim Teixeira da Nóbrega, destacando-se entre a aristocracia agrária, também mandou rezar missa como garantia de bom comportamento, sendo registrada pelo fotógrafo itinerante que passava pela região.

Em sua capela, na Fazenda Água Limpa em Barra do Piraí, no Rio de Janeiro, o fotógrafo Manuel de Paula Ramos[228], cirurgião dentista de profissão e fotógrafo amador, deixou a imagem de escravos rezando, de joelhos, observados não apenas pelo olho fiscalizador de seu senhor à esquerda, mas também pela imagem que toma o centro do altar: Cristo crucificado. São eles, os escravizados, os únicos a submeterem-se ao poder daquele que, de braços abertos, não os conseguiu alcançar.

Ramos percorreu as propriedades do Vale do Paraíba. Muaze bem descreve como teriam sido as dificuldades dessa empreitada:

---

227 GRAHAM, 2005. Francisco Peixoto de Lacerda Werneck (1795-1861), barão do Paty dos Alferes, pediu permissão ao bispo do Rio de Janeiro para que todos os domingos um padre rezasse missa para os escravos na capela da fazenda. Seu pai, Francisco, durante 26 anos na fazenda Piedade, adotou a mesma prática.

228 A produção externa de fotografias, ou seja, a prática itinerante foi, para Grangeiro, um mercado menos explorado, devido à precariedade dos equipamentos e que enfrentava a concorrência das oficinas melhor estabelecidas na cidade. Tratava-se de uma demanda menos exigente, sendo uma boa opção nas pequenas cidades. Mas era uma demanda que existia e aqueles de "bom faro comercial" abriram oficinas fotográficas contratando fotógrafos itinerantes mantendo-os por um período no interior do país (2000, p. 65 a 68). Manuel de Paula Ramos, em 1870, também fotografou a família da Viscondessa de Ubá, na Fazenda Pau Grande. Foi, segundo Muaze, o único fotógrafo itinerante a deixar seu nome no álbum da família (2008, p. 169).

Imagem 65 | Foto: Manuel de Paula Ramos. 1870. Coleção Embaixador João Hermes Pereira de Araújo

De carroça ou no lombo de mulas, Ramos transportava um kit básico que constava de um fundo liso, cortinas, esteiras para o chão e aparelho de pose. Em termos de equipamento, carregava bastante volume: câmeras enormes, tripés, chapas de vidro, preparados químicos e tenda de viagem.[229]

A chegada dessa figura inesperada nas fazendas do interior, como define Muaze, deveria causar mudanças na rotina dos habitantes e fazer possivelmente do instante do registro um momento de apreensão, bastante diferente para aqueles que encontravam-se em seus confortáveis ateliês.

Tem-se assim uma cultura fotográfica que desvela uma infinidade de vivências e sentidos sociais compartilhados. Com a tentativa de se reconstituir essas experiências vividas, percebe-se também uma forma de ver e tratar o mundo, de apreender os seus sentidos, afinal, como disse Merleau Ponty, "todo saber se instala nos horizontes abertos pela percepção", mundo este que "não é perfeitamente explícito diante de nós, porque ele só se desdobra pouco a pouco e nunca 'inteiramente'".[230]

Mãe e filha em trajes africanos, e também as imagens da comemoração da festa de Nossa Senhora do Rosário, de Christiano Jr., são prováveis indicações de que, mesmo com todas as estratégias de dominação pela cultura, na prática social, revelou-se também a experiência de resistências marcadas pelo campo da fé, onde não é apenas o sincretismo a se colocar, e sim seres a reafirmarem coletivamente as crenças mais ancestrais trazidas à flor da pele, mesmo de joelhos diante de novos símbolos que conseguiram ressignificar.

A fotografia de Desiré Charnay,[231] capta a força dessa ancestralidade. As interpretações subjetivas de cada fotógrafo viajante que, ao mundo estranho, julgava e registrava, denotam

---

229 MUAZE, 2008, p. 170. Ramos fotografou não apenas a missa na capela, como também retratou a filha do barão de Paty dos Alferes, Mariana Isabel de Lacerda Werneck, que enviou o *carte de visite* para os primos, o casal Ribeiro de Avellar. A família Werneck e a família Avellar residiam na mesma região e o fotógrafo tinha ali uma clientela garantida. Ver p. 191.

230 MERLEAU-PONTY, 2006, p. 280-281.

231 Claude Joseph Desiré Charnay (1828-1915). Nascido em Fleury, França, Charnay participou, sob encomenda do Ministério de Belas Artes, da Missão Oficial de Exploração ao redor do mundo. Visitou a América Central, a África. Era membro da Sociedade de Antropologia de Paris, fundada em 1859, e membro da Sociedade Francesa de Geografia. Em 1864, Charnay publicou uma reportagem fotográfica no *Le Tour deu*

Imagem 66 | Foto: Desiré Charnay. Madagascar. 1864. Acervo da Fundação Biblioteca Nacional – Brasil

uma intenção de documentar aspectos culturais de tais lugares. Valendo-se da tecnologia fotográfica, "à câmera coube a missão de documentar as inúmeras expansões do império",[232] estendendo-se da África à América; imprimiu também a subjetividade dos fotógrafos que se lançaram na aventura de ver e registrar esse vasto mundo em conquista. Desiré Charnay é parte, portanto, da mesma atmosfera que envolve Christiano Jr. A plasticidade mítica religiosa os seduziu na mesma medida. A câmera de ambos os fotógrafos registrou a tradição e crença que se queria guardar. É a própria antítese da imagem deixada por Manoel de Paulo Ramos com todos de costas e de joelhos a demonstrar, pelo menos aparentemente, apenas as vontades de outros, de seus senhores.

Por mais que esse período tenha sido marcado por um movimento de mudanças na história e em suas estruturas – afinal, viviam-se às últimas décadas anteriores à abolição – o universo das representações continuava propagando uma mesma imagem do negro associado à escravidão, reforçando um imaginário mítico religioso. Imagens que ainda queriam ser vistas pelos europeus, apesar das oposições à escravidão, apesar das contínuas campanhas abolicionistas no Brasil e nos Estados Unidos.[233] A fotografia da segunda metade do século XIX é parte de uma conjuntura de transformações sociais profundas, expondo, no entanto, receios que insistiam em perdurar.

Misturam-se, no consumo de tais imagens, curiosidade e medo diante das práticas religiosos, se não aceitas, pouco compreendidas. Na imagem de Manuel de Paula Ramos, vê-se, por exemplo, o desejo da imposição religiosa como meio disciplinador. Tal necessidade revela certo aspecto que possa talvez ser descrito como uma cultura do medo, presente no contexto citadino e também em meio às incertezas quanto aos rumos da escravidão no Brasil de cultura agrária. Ali, de joelhos, em frente ao altar da pequena capela, garantia-se para a elite agrária a continuidade das relações de poder.

O fenômeno social de crescimento urbano, específico desse momento no Rio de Janeiro, gerou "o surgimento de uma massa anônima no território da cidade", fenômeno que fez

---

Monde com o título *Madagascar a Vol d'Oiseau*. O *Le Monde Illustré* publicou algumas imagens intituladas *Types de l'Ile de Madagascar*, em 1864.

232 SHOHAT & STAM, 2006

233 Sobre o movimento abolicionista no Brasil e nos Estados Unidos ver AZEVEDO, 2003.

Sujeitos Iluminados

Imagens 67 e 68 | Fotos: Christiano Jr. 1865. IPHAN. Rio de Janeiro

surgir também uma "nova cultura visual".[234] Para Jean Jacques Courtine e Claudine Haroche, nessa nova dinâmica social "cada um investiga o desconhecido no outro".[235] O medo pontua essa interação. O típico temor das classes aristocráticas diante da população empobrecida. Segundo os autores citados, era preciso,

> na multidão das ruas, saber a quem se fala. As classes sociais observam-se, julgam-se e defrontam-se, a partir das suas aparências físicas, nos traços inscritos nos seus corpos e nos seus rostos como se tratasse de caracteres raciais, em que o olhar procura adivinhar os vestígios dos caracteres morais. [236]

Foi no fim do século XVIII que se iniciou "a preocupação ligada à entrada em cena das multidões: a da identificação",[237] arrastando com ela percepções e definições das identidades. O rosto revelaria então o sujeito, as condições sociais, se aristocrata ou burguês, se artesão, nobre ou plebeu, se eclesiástico ou magistrado. Sujeito revelado pelos seus traços e expressões, "fisionomias muito particulares, onde se pintam almas insensíveis, corações frios, paixões sem prazer e sem vigor".[238] É irresistível apontar o aconselhamento de Diderot dado aos pintores para que observassem as ruas, os mercados, para que fossem às tabernas, onde encontrariam "a ideia justa do verdadeiro movimento nas actividades da vida".[239] A rua daria, aos artistas do final do século XVIII, no rosto que identificaria a multidão, os sinais de novos perigos e uma identidade para essa diversa população. A fotografia no século XIX tentou escancarar suas heranças, impondo novos sentidos ao homem e ao corpo que o abrigava. É nesse rastro que segue a investigação.

---

234 FABRIS, 2004, p. 43.
235 COURTINE & HAROCHE, 1995, p. 220-221.
236 FABRIS, 2004, p. 44.
237 COURTINE & HAROCHE, 1995, p. 116.
238 *Ibidem*, p. 116.
239 *Ibidem*, p. 116.

CAPÍTULO 2

A "montagem do mundo" negro sob as lentes de Christiano Jr., Desiré Charnay e Louiz Agassiz

> Não existe passado em si mesmo. Perdeu-se para sempre. Mas cada presente simboliza um passado em seus próprios termos. Assim, um passado é a intencional retrospecção por um presente. Quando a experiência do presente se tornou mais mecânica e externa, o passado pareceu mais distante. Portanto, se fizeram novos esforços para recuperá-lo.[1]

Muitos autores pensam a fotografia como contribuidora para a formação de identidades, na qual os indivíduos se reconhecem pela imagem fixada na superfície do papel, deixando impressas suas condições e posições sociais.[2]

O gênero de fotografias etnográficas se prestou a outros serviços. Não como autorrepresentação, mas sim como apropriação de uma técnica para construir identidades sociais de determinados grupos. Para Benjamin, a construção da identidade forjada pela fotografia resulta na elaboração de estereótipos sociais que acabam por substituir os indivíduos pelos personagens em pose dentro do estúdio do fotógrafo. É, para Benjamin, "o personagem em

---

1   LOWE, Historia De la Percepción Burguesa, 1982.
2   Sobre a popularização dos *cartes de visite*, técnica criada por Eugene Disderi, reduzindo enormemente os custos de sua produção, trazendo para burguesia seu "atestado de existência", ver FABRIS, 2004, p. 16, 28 e 29. A fotografia iniciava sua fase de industrialização e para Benjamin sua fase de decadência. A autora explicita que para Benjamin essa decadência foi antes marcada pela criação de estereótipos sociais que se sobrepõem ao indivíduo e menos pelo barateamento da produção fotográfica, transformada, segundo essa crítica, numa verdadeira indústria.

detrimento da pessoa".³ Mas, então, o que faz o historiador, diante da cena, do personagem, do ficcional?

Tem-se resposta quando a fotografia é pensada no domínio do documento, capaz de revelar os significados precisos no momento de sua produção e da própria historicidade dos sujeitos retratados. Fotografia é aqui entendida como uma forma de expressão, uma cultura material carregada de valores de uma época, que não deixa respostas conclusivas, mas uma materialidade revelando o transitório, o passageiro, o próprio movimento da história, suas transformações e contradições, convidando o historiador para a "aventura da interpretação".⁴

Nessa reflexão, tenta-se resgatar elementos presentes na constituição desse gênero tido como etnográfico, abordando um universo de referências que ajudam a explicar o imenso interesse pelo rosto, pelos traços do indivíduo, porque no século XIX "distinguir-se" era imperativo: "o corpo de outrem torna-se uma coleção de detalhes a destacar".⁵ É sob esse consenso que as fotografias oitocentistas ganharam terreno, dando forma a uma percepção construída na longa duração,⁶ como afirmaram Courtine e Haroche.

As representações de negros nos registros etnográficos os despersonalizam. A particularidade de cada um se perde na série, onde todos representam um só, um único estrato social. Seus nomes, idades, se forros ou escravos, nada disso aparece. Informações negadas nas tiras fotográficas onde o indivíduo era visto como uma coletividade de seres comuns, homogeneizados, dividindo a mesma cor de pele, os mesmos traços fisionômicos, a mesma

---

3   FABRIS, 2004, p. 29.

4   Ver BLOCH, 2001.

5   COURTINE & HAROCHE, 1995, p. 221.

6   A partir do século XX, novos pressupostos teóricos passaram a problematizar a noção do tempo. A longa duração, articulada com outras esferas do tempo múltiplo (o tempo lento das conjunturas e o tempo breve dos acontecimentos, conceitos braudelianos), revela o tempo quase imóvel, o tempo das estruturas, revela os elementos estáveis que sobrevivem entre as diferentes gerações. Concepções que fazem parte do movimento de renovação dos estudos históricos promovidos pelos Annales. A sociologia durkheimiana e as "estruturas frias" de Claude Lévi-Strauss tiveram grande influência na reformulação teórica vivenciada pela história, numa nova atitude do historiador perante o tempo, não visto apenas como imóvel, permanente, mas também investido de forças, de oscilações, continuidades e descontinuidades.

nacionalidade. Suas subjetividades eram negadas em prol da configuração de uma tipologia social.⁷ Coletividade destinada ao colecionismo europeu. É preciso entender exatamente a intenção e as trajetórias da configuração de uma tipologia social pela imagem, num complexo jogo de um artefato criado para outros fins, sobretudo comerciais, mas que se revelou como meio, onde ver o outro tornou-se parte fundamental para reconhecer-se a si próprio. "Observar, conhecer, educar, governar os homens; e mais ainda, observar-se, conhecer-se, conduzir-se e dominar-se são uma só e mesma preocupação, um só e mesmo gesto".⁸

Fotografar o outro, motivado pelo desejo de viver da fotografia, em busca de lucro quase certo, quando tratava-se daquilo que era o exótico, pitoresco, termos tão frequentes nos estudos sobre o tema, era também uma prática intrínseca a todo um percurso, onde observar, descrever e classificar as diferentes raças era pressuposto metodológico da ciência e dos estudos antropológicos da época, em consonância com interesses antigos.

Desde o século XVIII, existiu um movimento em busca da "história perdida" da América e da África.⁹ Inúmeras crônicas, relatos de viagem, estudos arqueológicos, agrônomos, são provas de interesses neocolonialistas sobre o novo mundo. Interesses que atravessaram o século XVIII e se revelaram também presentes no século XIX, mas contando com um novo modelo de representação, a fotografia, inserida num amplo movimento de apropriação de outras realidades,¹⁰ ou como explicitou Fabris: "um agente de conformação da realidade num processo de montagem e de seleção, no qual o mundo se revela 'semelhante' e

---

7   Faço essa afirmação já que Christiano Jr. anunciava sua série para ser vendida como *typos de pretos*.
8   COURTINE & HAROCHE, 1995, p. 25.
9   PRATT, 1999, p. 231. Pratt analisa relatos de viajantes e mostra como depois das independências o continente americano tornou-se destino de muitos artistas e pesquisadores ingleses e franceses, curiosos em divulgar suas viagens. Ver também Benjamin (1994) quando ele fala da "curiosidade sádica".
10 LIMA, 2007, p. 245. A autora faz um importante estudo histórico das obras e textos publicados em *Viagem Pitoresca e Histórica ao Brasil* de Debret. A princípio, segundo a autora, eram relatos de viagem bastante carregados de estatuto civilizado e superior dos quais os viajantes não conseguiam abstrair, emergindo novos sentimentos em relação aos povos que visitavam e com quem, cada vez com maior frequência, conviviam mais longamente.

'diferente' ao mesmo tempo".[11] Nessa montagem cabia observar tanto o negro africano no Brasil, em diáspora, como na própria África.

A fotografia passou a ser um novo procedimento como prática de observação, onde o que se tinha como propósito era entender e conhecer regiões distantes da Europa, sintonizado com um antigo imaginário. Eram, portanto, realidades divulgadas agora também pela fotografia, que carregava o "signo da verossimilhança".[12] Os viajantes fotógrafos não eram alheios a essa demanda, ao contrário. Sabiam ao certo para onde apontarem suas lentes, levando, pela fotografia, a cópia de um mundo e de homens distantes. Valeria Lima afirma como o europeu, somente depois de muitas décadas e viagens às terras desconhecidas, desenvolveu "o sentido de uma postura, ou pelo menos de sua urgência que fosse capaz de observar e compreender seus novos interlocutores". Transformações que, para a autora, apontam como "o caráter e não mais as aparências, seriam privilegiadas".[13]

As fotografias do século XIX mantiveram o foco de interesse pela natureza: cascatas, cachoeiras, vistas panorâmicas da cidade, plantas, mas também os retratos etnográficos, a desvendar o caráter, a moral, os costumes distantes. Não deixava de ser presunçosa essa fotografia. Desejava ser fiel àquilo que retratava e, na mesma medida, alcançar aquilo que até aos olhos às vezes engana.

Os negros trazidos da África que compunham a população nacional passaram a fazer parte da cena e descrição do que era o Brasil. Estas imagens foram consumidas num momento em que na Europa o anonimato da multidão incomodava.[14] O interesse pelo corpo e pelo rosto roubava as cenas nos romances naturalistas e policiais, na caricatura de imprensa, mas foi com o advento da fotografia que as formas e traços dos diferentes corpos puderam se reproduzir, revelando-se aos olhos curiosos. A fotografia então reina numa dinâmica

---

11   FABRIS, 1991, p. 9.

12   FABRIS, 2004, p. 113.

13   LIMA, 2007. A autora demonstra, por exemplo, como o artista Debret tinha o objetivo de "dar ao Brasil o estatuto de uma nação civilizada e em franco processo de desenvolvimento".

14   COURTINE & HAROCHE, 1995, p. 221.

onde "as classes sociais enfrentam-se pelo olhar",[15] invasivo, despudorado, condenatório, muito além da presunção e da curiosidade.

As fotografias etnográficas forjaram uma identidade padronizada de determinadas tipologias: o negro, o índio, associando uma *esfera retórica e recursos simbólicos*[16] que, por uma etnografia visual, conformam o arquétipo de uma classe, para corroborar diferenciações e hierarquias sociais em construção. Bourdieu, sobre a sociedade oitocentista, encontra definição bastante apropriada: "representação da sociedade em representação",[17] sendo o retrato prática constante. Se, de um lado, existiram os retratos honoríficos das classes burguesas e famílias aristocráticas[18] não foram poucos os retratos de outra concepção: retratos etnográficos agora analisados, observando-se estudos de frenologia e fisionomia, um sopro para a antropologia criminal. Os estudos de Annateresa Fabris classificam os retratos etnográficos de fotografias de identidades e o segundo tipo de retratos de identificação. O que se evidenciou, como Fabris demonstrou, foi a existência de "estratégias de representação do indivíduo", característica que ajuda a definir a produção fotográfica do século XIX.

---

15   *Ibidem*, 1995, p. 220.

16   Esfera retórica são recursos tanto da técnica fotográfica quanto da composição organizada pelo fotógrafo, ambos carregados de intencionalidades. Trata-se do direcionamento da luz ao campo visual, com pouco ou muito contraste, a escolha do fundo, acessórios, enquadramento, distância do fotógrafo e seu referente, que permeia toda a produção do retrato desde a pintura renascentista, considerado como retrato de ostentação, até os retratos contemporâneos, inclusive sendo emprestada aos retratos etnográficos. FABRIS, 2004, p. 31.

17   Pierre Bourdieu (org.). *La fotografía: un arte intermédio*. México: Editorial Nueva Imagen, 1979. *Apud* FABRIS, 2004, p. 172.

18   Segundo Fabris, com a popularização dos cartões de visita, a burguesia ascendente europeia "busca seu atestado de existência" (2004, p. 16). Para Donald M. Lowe, a exposição pública da burguesia revelava um novo culto ao progresso material, constatadas também pelas inúmeras exposições internacionais que, para o autor, "celebraram as realizações materiais da burguesia". Fatos, que segundo Lowe, constituíram uma ideologia do consumo (1982, p. 90).

Imagem 69 | Foto: Christiano Jr. 1865. MHN

Se para as fotos de identidade carregadas de toda uma simbologia social que, para Freund,[19] revelam antes um ritual de teatralização,[20] com a valorização do corpo em todo campo visual, o rosto, nas fotos etnográficas, toma também o primeiro plano da imagem.

O rosto humano e todas as percepções sobre ele resultam de um interesse que pode ser historicizado porque ele foi objeto de estudos, análises, como se fosse possível "descobrir o homem por trás do seu rosto: um desejo de transparência do corpo".[21] Decifrar o rosto era como decifrar a alma, as paixões humanas, inclusive os vícios e o próprio caráter do indivíduo. Conferia-se ao corpo e à fisionomia dada pelas expressões faciais, como formato do nariz, largura do queixo e maxilar, tamanho poder, porque na observação do homem exterior (homem físico) buscava-se o homem interior (homem psicológico). O rosto abrigava um grande paradoxo. Ora revelador do "profundo e do superficial", do "oculto" e do "manifesto", ora da "paixão" e da "carne".[22] No corpo residia um vasto campo de observação, tão especulativo como incerto.

As permanências dessa "ciência do olhar",[23] porque ela foi tanto teoria quanto prática, tornaram-se um pertinente campo de investigação, afinal estenderam-se desde os estudos de fisiognomonia antiga até a Idade Média, existentes também nos séculos XVI e XVII, para enfim ressuscitar no fim dos anos de 1760, conseguindo "um considerável sucesso popular que ficou ligado ao nome de Johann Gaspar Lavater e que se prolongará durante toda a primeira metade do século XIX, a par com entusiasmo suscitado pela frenologia de Gall".[24]

Lavater, em seus estudos realizados em 1820, acreditava que para "compreender o rosto era preciso estudar o crânio e descurar a carne". Iniciou o estudo da morfologia craniana. A craniometria, portanto, como afirmaram Courtine e Haroche, foi o "futuro radioso da ciência do rosto". Lavanter acreditava, sobretudo, que o fisionomista conseguiria mais aprender ao estudar o rosto quando o observasse calmo, em repouso, morto. O crânio foi também

---

19 FREUND, 1977. A autora analisa nos retratos da burguesia toda a encenação e cenários dos ateliês fotográficos.
20 São apontados como "retratos de ostentação". (FABRIS, 2004, p. 31).
21 COURTINE & HAROCHE, 1995, p. 35.
22 *Ibidem*, p. 32 São essas premissas que chegam até o século XVII.
23 *Ibidem*, p. 34.
24 *Ibidem*, p. 93.

objeto de estudos para Franz Joseph Gall por volta de 1800, que estudava o desenvolvimento mental e moral pela forma externa craniana, método conhecido como cranioscopia, em seguida, denominada por seus seguidores como frenologia.

As representações dos "typos de pretos" assim anunciados por Christiano Jr., por mais que explicitem uma herança do "In facie legitur homo: o rosto é o sinal do homem",[25] já não eram mais guiadas somente por essas premissas; outras vieram se sobrepor, tornando essa historicidade ainda mais complexa. O corpo, a partir do século XIX, era também o lugar da raça, da espécie, das diferentes nacionalidades.[26] Foi a partir desse século "que o termo raça passou a ser utilizado para designar a ideia das diferenças físicas transmitidas hereditariamente".[27] O corpo passava a ser suscitado sob diferentes enfoques, abandonando as prerrogativas aristotélicas. O homem já não era mais o mesmo. Sobre ele recaíram a "temática da espécie, da descendência, da saúde coletiva".[28] Seu fardo se fazia maior. "O homem durante milênios, permaneceu o que era para Aristóteles: um animal vivo e, além disso, capaz de existência política; o homem moderno é um animal, em cuja política, sua vida de ser vivo está em questão".[29] E foi insistentemente, no desenrolar do século XIX, suscitada a natureza das distinções existentes entre eles.

Os registros etnográficos passaram a forjar identidades, podendo o retrato fotográfico ser "analisado à luz da dialética social proposta por Phéline: o sujeito que se deixa fotografar é ao mesmo tempo pessoa e personagem, indivíduo e membro de um grupo, singular e conforme às normas de uma comunidade".[30]

Nessa "racionalidade do olhar"[31] tentavam-se configurar "as imagens da raça" e alcançar a "identificação da nacionalidade".[32] Tal busca foi resultado do "cosmopolitismo das grandes

---

25 *Ibidem*, p. 35.
26 *Ibidem*, p. 96.
27 SANTOS, 2002, p. 47.
28 FOUCAULT, 1988, p. 159.
29 *Ibidem*, p. 156.
30 FABRIS, 2004, p. 41.
31 COURTINE e HAROCHE, 1995, p. 97.
32 *Ibidem*, p. 97.

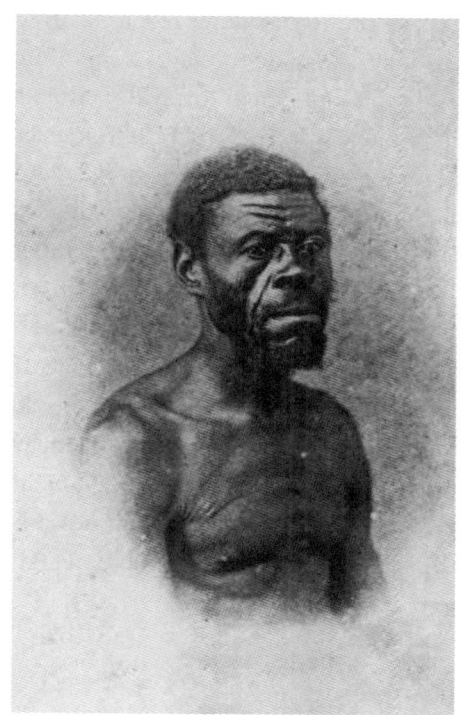

Imagens 70 e 71 | Fotos: Christiano Jr. Museu Histórico Nacional/IBRAM/Ministério da Cultura.

cidades", mas também da curiosidade sobre o homem submetido ao estigma de selvagem. A antropologia e os estudos etnográficos passaram a realizar uma descrição sistemática do homem, passando a investigar "a identidade orgânica da nacionalidade na morfologia facial ou craniana".[33] No século XVIII, os estudos da raça e do rosto buscavam "os sinais privilegiados da decrepitude";[34] no século XIX, "fundamentar-se-á na natureza das distinções históricas e culturais, ao ponto de querer torná-las irredutíveis".[35] O rosto deixava de ser a expressão da subjetividade, capaz de revelar o homem interior, para se tornar lentamente um organismo puro. O homem orgânico tornou-se então objeto da ciência. E seu corpo intimamente vasculhado. A invenção da fotografia veio excitar ainda mais os ânimos em busca da face primitiva porque passou a ser considerada a "cópia" incontestável das "fronteiras morfológicas dos tipos físicos".[36] Sobre ela, o peso de todo esse imaginário.

Algumas pessoas fotografadas tinham em sua pele marcas que referenciavam suas etnias, escarificações como signos de suas identidades mina, gabão, cabinda ou outras. O retrato mostra uma preocupação em destacar a marca tribal no rosto dessa mulher (Imagem 69). Ao fundo, apenas um painel cinza, nada concorre com sua imagem, obitida com uma luz homogênea, sem provocar contrastes. Foi escolhido o melhor ângulo e iluminação que, na fotografia, tem "a função de destacar ou omitir características físicas da pessoa. Era essencial combinar iluminação e ângulo para conseguir perfis insinuantes ou olhares singelos".[37] O rosto da mulher retratada por Christiano Jr. era nessa imagem signo da própria condição de escravidão em diáspora porque a marca tribal remete diretamente à África, para uma identidade forjada ainda em terra africana.

> O rosto era a parte mais importante nessas composições: era ele que retinha todas as informações e deveria sugerir, junto com a parte superior do corpo, as características físicas e sociais do fotografado. Em outras palavras, neste tipo de

---

33   *Ibidem*, p. 101.
34   *Ibidem* p. 100.
35   *Ibidem*, p. 101.
36   *Ibidem*, p. 101.
37   GRANGEIRO, 2000, p. 104.

retrato, era no rosto e no busto que residiam todos os códigos de representação do cliente, e nesse espaço o fotógrafo deveria reproduzir essa condição.[38]

Christiano Jr. conhecia bem tais códigos de representação. Os retratos de bustos trazem dois homens negros, sem camisa, fotos que integram o conjunto de *carte de visite* de pessoas negras de diferentes etnias.

O primeiro revela o vigor do corpo mais jovem; o segundo, à direita, deixa ver nas marcas de expressão um rosto aparentemente cansado. Seu corpo parece ainda mais magro, ao lado do homem que o acompanha, ao menos nesse exercício de interpretação.

Se, por um lado, esses são retratos de identidades, a fotografia passou também a contribuir na elaboração de determinados *paradigmas da identificação*. Uma multidão de fisionomias e tipos sociais promovidos pela popularização dos cartões de visita, mas também como método de observação, na intitulada fotografia criminal, para uso policial. Esses diferentes usos imagéticos denotam uma sistematização nos usos da imagem, num processo denominado por Fabris de *recenseamento social*, funcionando como um instrumento de controle.[39] Códigos estetizantes migraram discretamente da fotografia policial para os retratos etnográficos, numa comunhão facilmente acomodada.

> Dois anos depois da invenção do daguerreótipo, tem-se notícia da organização de um arquivo de retratos de suspeitos e delinqüentes pela polícia de Paris. O uso do retrato para fins policiais é documentado desde 1843-1844 no caso de Bruxelas e desde a década de 1850 em Birminghan e na Suíça.[40]

A polícia parisiense, já em 1860, segundo argumentação proposta por Fabris, fotografava pessoas consideradas perigosas usando semelhantes elementos da configuração das poses dos retratos pequeno-burgueses como corpo inteiro, meio corpo e busto, modelo de pé

---

38   *Ibidem*, p. 113.
39   FABRIS, 2004, p. 41-47-49. A autora analisa como a fotografia cria padrões de identificação e uma hierarquização dos grupos sociais.
40   *Ibidem*, p. 41.

ou sentado, braço apoiado numa mesinha ou em alguma poltrona, em pose frontal ou de meio perfil. Além da atenção dada à fisionomia, verifica-se "um certo cuidado estetizante na composição".[41] Não se pode deixar de ressaltar que teria sido essa uma consequência das próprias limitações técnicas da época, mas como aponta Fabris, tais retratos revelam também "uma interação do indivíduo com a sociedade, à qual não faltavam elementos ficcionais fornecidos tanto pela pose quanto pelo cenário no qual o modelo estava inserido".[42]

Foi com o "sistema Bertillon" que a fotografia policial abdicou de tais "apanágios". Alphonse Bertillon, na década de 1880, criou um código neutro para as fotografias de uso judicial-criminal, com iluminação, distância focal do indivíduo retratado, enquadramento, escala precisa que mantém a largura dos ombros uniforme e eliminação de retoques. Tentava-se garantir uma desejada objetividade da imagem. É importante pensar também como as fotos frontais eram tidas como expressão do homem natural, numa referência à cultura popular e campesina, enquanto os retratos de meio perfil eram considerados como expressão do homem civilizado, portanto, lateralidade mesmo que sutil constante nos retratos burgueses denominados por Fabris como "apanágio simbólico da elite".

Bertillon propôs "uma tripla forma de identificação": a antropometria, técnica criada em meados de 1850, o retrato falado "detalhado" e o "duplo retrato", com posição frontal e lateral direita.[43] Toda a estética de identificação antropométrica criada por Bertillon, chefe do Serviço de Identidade Judiciária da Polícia de Paris, foi emprestada aos retratos etnográficos: fotos frontais da face, de perfil, a exibição de marcas corporais, elementos explícitos de identificação. Na descrição rigorosa do retratado, aplicava-se toda uma técnica de mensuração antropométrica, medindo nariz, olhos, queixo, dedos, pés, orelhas etc. O corpo era fragmentado, medido, descrito e fotografado.[44] Esse sistema de identificação antropométrica criado por Bertillon, instituído em Paris em 1882, buscava uma maneira de fundamentar uma identidade individual irrefutável. Para Fabris, tal estratégia de identificação inscreve-se

---

41   *Ibidem*, p. 41.

42   *Ibidem*, p. 41.

43   KOUTSOUKOS, 2006. Somam-se no total 320 fotografias de prisioneiros compondo os dois álbuns da coleção D. Teresa Cristina, que pertencem à Fundação Biblioteca Nacional do Rio de Janeiro.

44   DUBOIS, 1994, p. 241.

"numa prática típica do século XIX: derivar da descrição de um corpo os sinais da identidade psicológica e do grupo social a qual pertence o indivíduo",[45] definindo assim a cultura visual de uma época. Contemplava-se ainda o paradigma "in face legitur homo", mas não mais como um ser único. O grupo também o definiria.

Se o retrato oitocentista, popularizado pelos cartões de visita, foi de fato um importante mecanismo detentor de importante função social, reconhecida por muitos autores e, segundo Fabris, "*a descoberta da fotografia dará um impulso decisivo a esse desejo de representação*", estendendo "*o direito de imagem não só a pequena burguesia, mas ao próprio proletariado*", não obstante, quando incorporados, como prática de representação, detentor de códigos precisos, tais retratos criaram um sistema de identificação fortemente hierarquizado e discriminatório, utilizado em seus usos judiciais e também apropriado pelos discursos científicos.

Ao pensar a fotografia como instrumento capaz de auxiliar uma proposta, uma intenção que é também política e objetivando diferenciar os grupos sociais, evidencia-se tanto o uso ideológico dessa linguagem específica, quanto a existência de uma trajetória processual em sua configuração. E indubitavelmente, as reflexões de Chiriboga e Caparrini contribuem enormemente na investigação deste gênero fotográfico:

> Desde épocas tempranas, la fotografía en Europa se provee de una metodología, aplicada a la fotografía, para usos judiciales. Fue utilizada para construir una tipologia de los delincuentes (comunes y políticos), a partir de las célebres observaciones de Lombroso, um supuesto científico que dictaminaría que todos los delincuentes tienem características físicas que corresponden a un catálogo de rasgos posibles de ser tipificados. Igualmente se utilizaría para formar uma tipología de los hospícios, o de los marginales.[46]

---

45 FABRIS, 2004, p. 43. O método de Bertillon foi adotado no Brasil apenas no final do século XIX. Segundo Koutsoukos, foi instalado em 1899 e, em 1890, um Gabinete de Antropometria na Casa de Correção da Corte (2006, p. 198).

46 CHIRIBOGA & CAPARRINI, 2005, p. 105.

Na tentativa de se criar uma tipologia social, um *recenseamento social*, como afirmou Fabris, o registro das características físicas de cada indivíduo adquire método comum, aplicado em diferentes usos da fotografia, seja judicial, médica ou etnográfica. São diferentes usos a partir da elaboração de representações, concomitantemente aprisionando o indivíduo num corpo social onde o rosto era um elemento a ser decifrado, prática de uma antiga cultura:

> *A Anatomia e a filosofia da expressão* (Bell, 1806), *A fisiologia ou o mecanismo do rubor* (Burgess, 1839), *Sistema Científico da mímica e fisionomia* (Piderit, 1859), *O Mecanismo da Fisionomia Humana* (Duchêne, 1862), *Sobre a fisionomia e os movimentos da expressão* (Gratiolet, 1865), além de *Os princípios da psicologia* (Spencer, 1855), estão na base de uma fundamentação de Charles Darwin, *A expressão das emoções no homem e no animal* (1874).[47]

Nos anúncios de escravos fugidos, eram comuns diferentes descrições faciais, mencionados desde o formato, aparência estética e expressões: "Rosto chupado, rosto fino, oval, comprido, 'bonito de cara', 'rosto grande e feio', escarnado, semblante carrancudo, 'mal encarado'". Elementos que demonstram um "esforço em compor a máscara facial" caracterizando um "tipo humano e até social",[48] revelado e traído acima de tudo pelo olhar:

> João, quando falava, "olha sempre por baixo", (...) Pedro tinha os olhos "muito acessos, como quem esteja espantado", (...) Sotero tinha "o olhar baixo quando fala com alguém"; (...) escravo Manoel que tinha "olhar triste e quando fala é com ar de riso"; (...) Agostinho era um escravo de "olhar sem expressão" e Patrício, de "olhar benzedeiro"(...).[49]

---

47 FABRIS, 2004, p. 43.
48 LAPA, 2008, p. 220-221.
49 *Ibidem*, p. 221-222.

Tentava-se assim revelar aspectos íntimos de cada escravo fugido, de forma vaga e imprecisa, como se por meio dessa construção da expressão fisionômica fosse possível atingir a alma, o pensamento, o caráter de cada um deles. Na elaboração dessas características psicossociais, buscava-se a descrição de qualidades como a sinceridade, a lealdade, se sonhador ou ameaçador:

> O gaúcho João era um escravo "meio songamonga"; (...) Caetano tinha uma fisionomia leal; (...) Felipe era muito cismado; (...) Gervásio, carrancudo e João, encarado; (...) Felix, fisionomia "velhusca"; (...) Adão tinha semblante "tristonho, natural, reservado". Antonio era "bem cobarde", tanto assim que olhava para baixo.[50]

A fotografia veio dar mostras desse rosto tantas vezes inquirido, especulado e investigado. Veio sanar antigos desejos e sustentar novas invenções. Trata-se, para Dubois, de uma tentativa de *ascender do corpo a alma*, como se fosse possível assim, alcançar as *disposições do espírito*.[51] Ideais que se colocaram em ampla difusão, valores que envolveram as fotografias de usos judiciais e também os registros etnográficos.

Lowe empresta importante reflexão teórica sobre a sociedade burguesa e a busca da razão objetiva que "continuou segmentando a vida corporal". Num esforço, como afirma o autor, de estudar as conexões entre corpo e mente, três disciplinas dividem a vida corporal e, mesmo que autônomas, formam uma unidade psicossomática humana. A biologia, a fisiologia e a psicologia estruturavam o pensamento científico da época. Os estudos de frenologia investigavam "os traços de caráter e personalidade em diferentes partes do cérebro". Estudos do corpo e da mente evidenciam uma "lógica científica de identidade e da diferença".[52]

---

50 *Ibidem*, p. 224.
51 DUBOIS, 1994, p. 242.
52 LOWE, 1982, p. 171. Sobre as novas percepções sobre o corpo, tanto como novas noções de higienização quanto da normatização da educação física nas sociedades burguesas, ver p. 186 e 187.

As ciências médica, jurídica e antropológica fizeram uso das fotografias etnográficas incorporando pressupostos originários das fotos policiais.[53] São retratos discriminatórios os de uso da antropometria, frenologia e também dos retratos compósitos, retratos de diversos indivíduos justapostos, considerados por Francis Galton retratos de "uma humanidade comum de um tipo inferior",[54] aplicados como métodos de retratos de prisioneiros, nas fotografias de trabalhadores, associando fotografia e estatística. Galton acreditava na existência de traços fisionômicos comuns entre os criminosos. Tal regularidade fisionômica revelaria o "homem médio" ou o "criminoso médio", originando "uma abstração teórica e visual".[55] Não seriam apenas as características do indivíduo postas em análise e julgamento, mas as do grupo. Se Bertillon buscou a imparcialidade, na invenção de novos códigos visuais para as fotos judiciais, Galton queria as generalizações, não isentando o primeiro de também tê-la feito.

Galton define a técnica criada por ele:

> Permite obter com precisão mecânica uma imagem generalizada, uma imagem que não representa nenhum homem concretamente, mas sim a uma figura imaginária que possui os traços médios de um determinado grupo de pessoas (...) trata-se do retrato de um tipo, não de um indivíduo (...) representam não ao crime, mas ao homem propenso a cometer um crime.[56]

Tal perspectiva indica como nessa visualidade tentava-se encontrar uma "predestinação biológica", ou ainda, um "delineamento da insanidade", como mostram os estudos da psiquiatria feitos desde 1851 por Hugh Welch Diamond. Ele afirmava ser possível tornar o retrato

---

53   FABRIS, 2004, p. 41-47. O retrato policial seguindo esse modelo de representação foi criado em 1854 por Eugène Beau para diferenciar os antigos retratos policiais, existentes logo depois da criação do daguerreótipo, que apresentavam os mesmos recursos retóricos da pose e encenação, semelhantes ao retrato burguês, já que a polícia utilizava os serviços de fotógrafos profissionais, p. 41-47.

54   *Ibidem*, p. 48.

55   *Ibidem*, p. 47. A autora afirma que Galton estava imbuído das ideias de Lombroso. Para ele, os retratos compósitos eram capazes de "generalizações reais", porque "eram regidos por médias derivadas de tabelas estatísticas" que possibilitariam mensurar a "tendência dos indivíduos ao desvio".

56   GALTON, 2006, p. 65-67.

fotográfico "compreensivo e conciso". Para isso, era necessário o uso de fundo neutro, pose frontal ou de semiperfil, com focalização dos rostos e das mãos. Foram essas, portanto, retóricas, ou "códigos iconográficos", como afirma Fabris,[57] igualmente pertinentes aos registros aqui em debate, não sendo apenas uma questão de estilo ou de necessidades técnicas da época.

A fotografia foi um ato de sociabilidade e não deixou de ser também utilizada na esfera judicial, científica e médica como um "instrumento de recenseamento generalizado, que tanto pode exaltar os feitos do indivíduo, quanto apontar a atenção pública àqueles que apresentam desvios patológicos". Usada, nessa esfera, como instrumento de controle, de caráter disciplinar, onde "o indivíduo era classificado como perigoso",[58] numa tentativa evidente de se criar a imagem verídica do delinquente, do fora da lei, dos excluídos da história.

Para Bertillon, a fotografia de uso judicial deveria assumir pré-requisitos próprios: "Em resumo, se as poses de perfil são preferível para a identificação linear, a experiência nos demonstra que os retratos de rosto se reconhecem melhor, tanto pelo próprio sujeito, quanto pelo público". E acrescenta: "A fotografia do rosto, contudo, deve se esforçar para conservar, sob a uniformidade da pose, a expressão natural da fisionomia e também, o porte habitual da cabeça.".[59]

As imagens dos condenados da corte carioca seguem de certa forma esses mesmos pressupostos. As poses inclinadas levemente à direita davam uma visão mais abrangente do rosto do prisioneiro. Koutsoukos, quando analisa tais retratos, indica também uma atenção para a "montagem do aparato" que estabelece uma "padronização da pose", mas também da vestimenta constatada na repetição do uso do capote escuro sobre camisa de colarinho branco, vista nos retratos de Fidélis e Benedito, ou apenas a camisa clara usada pela maioria dos galés, como se vê nos retratos de Vitorino e Amado.[60]

As semelhanças dos códigos iconográficos demonstram exatamente aquilo que indica Fabris: "a identidade do retrato fotográfico é uma identidade construída de acordo com

---

57 FABRIS, 2004.
58 *Ibidem*, p. 40-41.
59 BERTILLON, 2006, p. 108-109.
60 KOUTSOUKOS, 2006, p. 232.

normas sociais precisas".⁶¹ Tais códigos visuais demonstram o desejo de identificar os indivíduos exibindo características que os diferenciavam. Os sinais inscritos na pele da mulher negra fotografada por Christiano Jr. também foram ressaltados na fotografia do condenado Amado. A origem étnica do prisioneiro Amado foi dada como Mina, descrição que acompanha sua foto e ficha criminal apresentada individualmente a seguir. Entrou na Casa de Correção no dia 18 de agosto de 1870. Como destino, 20 anos de pena a ser cumprida. Em 1872, posou para o retrato.

O rosto de Amado inclinado à esquerda deixa em evidência a escarificação do lado direito da face, bastante semelhante à realizada na face, também direita, da mulher retratada por Christiano Jr. Retratos etnográficos e de usos judiciais seguiam, como se vê, premissas bastante próximas: "já que as cicatrizes, as rugas, as manchas pigmentares e também as pintas, são os mais úteis para a identificação; as fotografias não devem ser objeto de nenhum retoque sob nenhum pretexto".⁶²

A foto de Amado integra o álbum dos condenados, possivelmente apresentado na Exposição Universal de Philadelphia, realizada em 1876.⁶³ Condenados postos em exibição. "Exploração e exibição do exótico" para Koutsoukos, revelando dois diferentes aspectos: primeiro a "relação interessante entre o poder e a foto do preso como bem cabia a um país civilizado" que aprendia a disciplinar e normatizar a sociedade; para enfim, deixar saber ao mundo a "magnanimidade" de D. Pedro II, já que muitos dos condenados foram "perdoados, tendo suas penas comutadas" pelo bondoso imperador. No entanto, nem todas as fichas dos condenados sustentam essa idealização.

A ficha que acompanha o retrato de Symphronio, realizado em 1872, mostra que o condenado cumpria prisão perpétua de galés, preso no dia 4 de setembro de 1869. Condenado, portanto, a uma vida inteira de trabalhos forçados. Pena não cumprida porque, em 1876, foi registrada a fuga de Symphronio acompanhado de outro prisioneiro de nome Marianno,

---

61   FABRIS, 2004, p. 40-45.
62   BERTILLON, 2006, p. 109.
63   KOUTSOUKOS, 2006, p. 219. No relatório ministerial de 1877 foi encontrada pela autora a indicação de que a Casa de Correção da Corte teria enviado à Exposição Internacional da Philadelphia um álbum, na verdade, dois exemplares, com capas com molduras em arabescos dourados e o brasão do Império.

Imagem 72 | Foto: Casa de Correção da Corte. Fotógrafo anônimo. 1872. À esquerda, acima, Fidélis Pereira Barbosa, pena de dois meses; à direita, acima, Benedito (mina), pena de dois anos; à esquerda abaixo, Vitorino (Moçambique), pera perpétua; à direita abaixo, Amado (Mina), pena de 20 anos. Acervo da Fundação Biblioteca Nacional – Brasil

ambos trabalhadores na pedreira da Casa de Correção. Tal fuga teria incentivado o início de "um debate sobre segurança e culminou com a transferência de inúmeros galés (...) para o presídio da ilha de Fernando de Noronha" e a sugestão de passarem a trabalhar acorrentados. No despacho enviado pelo diretor da Casa de Correção, comunicando a fuga ao chefe de polícia, nota-se como além de "cercar os pontos que da montanha dão sahida para as ruas, e bater os Mattos",[64] a fotografia foi também uma estratégia à caça do prisioneiro fujão: foi entregue ao chefe de polícia, que a encaminhou em circulares para os "subdelegados das freguesias de fora da cidade com os 'signaes' característicos dos dois galés".[65]

Após esse episódio, foram distribuídas as devidas justificativas da fuga, inocentando sempre o diretor: falta de preparo dos guardas, má remuneração, poucos guardas, o único armado era o guarda da guarita, sendo arma impossível de ser utilizada, afinal "não tinha pólvora".[66]

Os arabescos desenhados moldam as páginas dos dois álbuns de criminosos montados no Brasil a partir de 1870, antecedendo às discussões de Bertillon e Galton, ressalta-se. O serviço de identificação policial na França[67] foi criado dois anos depois, mostrando como na prática do recenseamento citado por Fabris o Brasil destaca-se pelo seu pioneirismo.

Na ficha de cada condenado era indicado o nome, o crime, a condenação, o grupo étnico ao qual pertencia, a data de entrada na Casa de Correção, data de soltura e, como informa Koutsoukos, alguns casos de morte de condenados. Ao centro, no alto da ficha, a fotografia do condenado. Privilegia-se o rosto, levemente inclinado à direita ou à esquerda, oferecendo uma visão tridimensional da face do condenado. Somam um total de 320 imagens. A maioria dos retratados eram mestiços e negros. Entre os 142 negros fotografados, a maioria era de escravos, como Symphronio, o escravo fujão que aproveitou-se da ausência de pólvora. Seu dono era João de Bastos Pinheiro. Symphronio vivia na fazenda do Bom Retiro – Parahyba do Sul. Era natural de Sergipe, descrito como "crioulo, preto retinto, olhos pretos, dentes mui claros, nariz chato, boca grande, lábios grossos, barba pouca, cabellos carapinhos, cheio

---

64   *Ibidem*, p. 211.

65   No entanto, o retrato do condenado Marianno não foi encontrado na Galeria dos Condenados.

66   KOUTSOUKOS, 2006, p. 211.

67   Desde 1860, na França, muitos criminosos conhecidos foram fotografados, mas ainda não existia um serviço fotográfico policial com essa específica função.

Sujeitos Iluminados

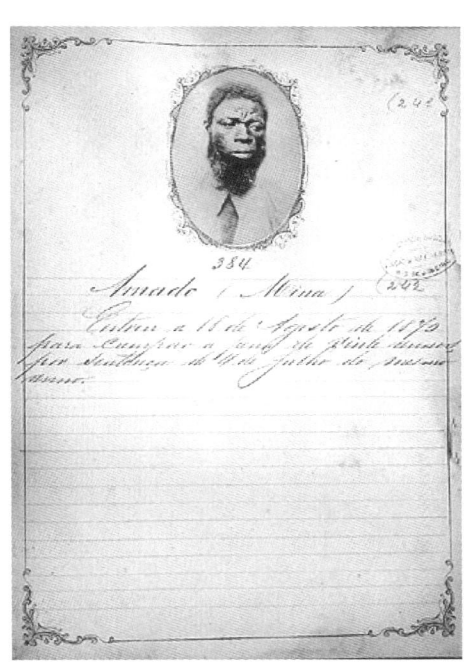

179

À esq. foto: Christiano Jr. 1865. MHN.
Imagem 73 | À direita: Ficha Casa de Correção. Fotógrafo anônimo. Acervo da Fundação Biblioteca Nacional – Brasil

Imagem 74 | Ficha Casa de Correção. Fotógrafo anônimo. Acervo da Fundação Biblioteca Nacional – Brasil

de corpo". Ainda em seus "signaes" constava como tendo "40 annos de idades, solteiro, de 5 pes e ½ pollegadas de altura".⁶⁸ Como se vê, o próprio retrato falado do "sistema Bertillon".

Foram fotografados prisioneiros que cometeram seus crimes entre 1850 e 1875. A Casa de Correção,⁶⁹ em julho de 1870, comprou máquina fotográfica e material para revelação. Em um dos relatórios dessa instituição há uma curiosa indicação sobre o fotógrafo: tratava-se de um preso sob custódia. O desafio seria aprender a fotografar lendo o manual que acompanhava a encomenda.⁷⁰

Entre as fotografias dos negros condenados apenas duas delas eram de mulheres, negras e escravas. Eram punidos com muito rigor os crimes cometidos contra os senhores de escravos, feitores ou capatazes. Koutsoukos, em sua tese de doutorado, apresenta a história de Isabel Jacintha, uma escrava que, durante 33 anos, ficou presa, acusada de ter envenenado seu senhor.

Sua fotografia foi realizada em fins de 1872, após 26 anos cumprindo sua pena. A história interessante é assim detalhada:

> Em outubro de 1846, na Corte, quando escrava e menor de idade, Isabel e seu irmão mais novo, foram acusados do envenenamento de seu senhor. Após o senhor ter sido enterrado, fora aberto o testamento e descobrira-se que Isabel e o irmão estariam alforriados. Pelo senhor ter sido morto repentinamente, os familiares deste suspeitaram dos dois escravos. Foi feita a exumação do corpo, quando um envenenamento foi descoberto e atestado por dois conceituados doutores da Faculdade de Medicina da Corte. Pressionados, os dois irmãos confessaram o feito; porém, Isabel logo se arrependeu, alegando que o irmão a "cutucara" para que também confessasse, além do fato de ela ter sido colocada, pelas autoridades na Casa de Correção da Corte, numa cela sem comida e sem

---

68   KOUTSOUKOS, 2006, p. 212. *Cit*. Minutas de ofícios – CCC – 1876 (1º semestre). III J 7-83 AN.
69   Primeira penitenciária construída no Brasil, inaugurada em 1850.
70   Ver KOUTSOUKOS, 2006, p. 213. A maior parte dos manuais era escritos em inglês ou francês. A pesquisadora sugere que o detento poderia ser um estrangeiro ou ter "penado" ainda mais em tal empreitada. A coleção com dois álbuns integra a Divisão de Manuscritos na Biblioteca Nacional do Rio de Janeiro, publicada recentemente pela editora Capivara.

Imagem 75 | Ficha Casa de Correção. Fotógrafo anônimo.
Acervo da Fundação Biblioteca Nacional – Brasil

água – sofrimento que, por fim, a teria induzido à confissão. Isabel alegou também que fora criada "como filha" pelo senhor, que aprendera a ler, a bordar, a coser e a marcar, e que, assim como as boas moças de família, era impedida de sair à rua – detalhe que a teria impedido de comprar o veneno junto com o irmão. Logo, "como é que havia de fazer isso?", completou ela em seu depoimento. Na dúvida de se houve mesmo, ou não, culpa por parte de Isabel, e também pelo fato de ser mulher, o júri não a condenou à forca, mas à pena perpétua. Isabel deu entrada na Correção em junho de 1859, quando se deu para lá a transferência de inúmeros presos.[71]

Pelo Código Penal do Império, Isabel não cumpriria a pena de galés perpétuas, raramente aplicada às mulheres. O código não a livraria, no entanto, da pena perpétua ou de morte. A dúvida sobre sua participação no crime cometido a livrou desta última, que se tornou rara apenas após 1875. A pena de morte, no Código Penal do Império, era chamada de "morte natural". Até 1830, antes "de ser sancionado o Código Criminal do Império do Brasil", era denominada como "cruel quando o réu era submetido a toda sorte de torturas, inclusive fratura dos ossos dos braços e das pernas a poder de bordoadas com cacête ou barra de ferro" ou como "atroz quando após o enforcamento ou a degola, esquartejava-se ou queimava-se o cadáver".[72] O imperador, apesar de afirmar não ser partidário da pena capital, a autorizava "sempre que há circunstâncias que o permitem".[73] Para não abalar a tentativa de se construir uma imagem da civilização nos trópicos, a partir de 1850 muitas das penas de morte foram revogadas, ou seja, "comutadas em prisão perpétua ou perpétua com galés".[74]

---

71 *Ibidem*, p. 247. Ver também, como indica Koutsoukos, RIBEIRO, 2000, p. 210-211 e p. 296.

72 KOUTSOUKOS, 2006, p. 202 *apud* GOULART, José Alípio. *Da Palmatória ao patíbulo*. Rio de Janeiro: Conquista, 1971, p. 143. É importante lembrar que após a aprovação do Código Criminal do Império do Brasil, a pena de morte se daria apenas pela forca e o corpo do criminoso entrega às famílias devendo ser enterrado sem "pompas". Ver também RIBEIRO, 2000, p. 12.

73 *Idem. No estúdio do fotógrafo*. 2006, p. 202. Trecho do diário do imperador escrito no dia 31 de dezembro de 1861. In: BEDIADA, Bergonha. (org.) *Diário do Imperador D. Pedro II: 1840-1891*. Petrópolis: Museu Imperial, 1999.

74 *Idem, No estúdio do fotógrafo*, 2006, p. 202.

A prisão perpétua era a pena imposta em muitas das fichas policiais verificadas. Outras incluíam também penas por galés. Essa foi a pena imposta ao escravo Symphronio, condenado a duras pedras. Os prisioneiros "trabalhavam juntos, em silêncio, em oficinas e faziam juntos, também em silêncio, as refeições, mas ficam em isolamento individual noturno".[75] A redenção pela fé permeava esse confinamento. Koutsoukos mostra como livros religiosos e a presença de capelão, responsáveis pelas pregações, eram comuns na Casa de Correção da Corte. O que causa certo estranhamento: livros oferecidos para uma maioria de analfabetos?

Mas os braços largos do perdão também não alcançaram Symphronio. O alívio da fuga durou pouco. Ele e Marianno, o outro escravo fugido, foram capturados na cidade de Bananal. Integraram o grupo dos 48 galés transferidos para o presídio em Fernando de Noronha. A presença de todos eles na Casa de Correção foi, pelo diretor, julgada como "nociva e perigosa".[76] No dia 26 de fevereiro de 1876 não houve redenção para Symphronio. Já Isabel Jacintha teve uma espera de 33 anos até conseguir o seu perdão. E ele veio como promessa de liberdade na Semana Santa, homenageada pelo imperador em 1879. Era o dia 11 de abril quando Isabel, a enfermeira do Calabouço a cuidar de outras detentas, após duas tentativas solicitando o pedido de perdão, foi finalmente atendida, não importa se pelos santos, pelas rezas ou pelo imperador. Quando o condenado recebia o perdão do imperador, não mais voltava à condição de escravidão. O que teria feito então Isabel Jacintha, "doente e idosa", com sua liberdade? E Symphronio? O que teria sido de seu novo e distante destino traçado pelos contornos da ilha de Fernando de Noronha? Os caminhos da resistência, como se vê, eram de fato intermináveis. Sabe-se ao menos que as imagens de ambos, Isabel e Symphronio, integraram o "gabinete das curiosidades" de D. Pedro II.

Não se sabe se tais retratos foram obtidos com o consentimento dos prisioneiros, se houve colaboração voluntária para a realização das fotos. Contudo, as escolhas deviam ser bem limitadas àqueles que cumpriam sua pena, que rogavam por perdão, ou com astúcia e coragem, simplesmente fugiam.

---

75 KOUTSOUKOS, 2006, p. 186.
76 *Ibidem*, p. 212.

Apesar dos esforços em aprender o novo ofício, o fotógrafo da Casa de Correção da Corte não conseguiu disfarçar seu amadorismo. O diretor dessa instituição, nos últimos meses de 1872, "enviou numerosos pedidos de desculpas ao chefe de polícia (que fizera pedidos frequentes de fotos de presos que haviam estado na penitenciária), constrangido com a imperícia do encarregado das fotos".[77] No entanto, tal documentação tem hoje grande valor histórico, revelando uma pragmática iconográfica de grande amplitude, porque se fez como prática de identificação, durante toda a segunda metade do século XIX na Europa, no Brasil e também nos Estados Unidos, tendo chegado a Moscou em 1867.[78]

É, a partir do percurso que revela a *dimensão essencialmente pragmática da fotografia*,[79] ou seja, dos sentidos dados pela sua produção e recepção, que se pode melhor compreender tamanha circulação de um mesmo código iconográfico compartilhado. Ao pensar no modo constitutivo da imagem, se tem uma aplicação teórica inspirada em Dubois e na sua proposta da fotografia como *foto-índice*,[80] a qual atesta a existência do que ela representa, mas que pode, nada dizer, tornando sua *significação enigmática*, caso sua *referencialização* não seja compreendida no *campo de uma pragmática irredutível: a imagem foto torna-se inseparável de sua experiência referencial, do ato que a funda*. Não está, portanto, descolada da dinâmica social. O objeto fotográfico, ao contrário, a integra e nela se constitui. Somente

---

77 *Ibidem*, p. 206. Em 1873, segundo a autora, muitos retratos foram refeitos.

78 Koutsoukos demonstra também como nos Estados Unidos, em Lausanne, em 1854, foram realizados inúmeros retratos de criminosos, que inclusive chegaram a circular. Em 1858, no departamento de polícia de Nova York, uma coleção de 450 ambrótipos apresentava a primeira "galeria de vagabundos", com fotografias de criminosos notórios. Tais galerias espalharam-se tanto nos EUA quanto na Europa, chegando a Moscou em 1867 (2006, p. 189).

79 DUBOIS, 1994, p. 52.

80 *Ibidem. Índice da imagem* é um conceito teórico idealizado pelo filósofo e semiótico americano, Charles Sanders Peirce, que em 1895 criou, segundo Dubois, *o estatuto teórico do signo fotográfico*. Tal categoria designa os signos da imagem com uma conexão, em algum momento, com o real, diferenciando-os de ícones (representações relacionadas com o universo da pintura e do desenho, da semelhança, real ou imaginária) e dos símbolos (sistemas propriamente linguísticos). Enquanto os signos assim se aparentam: fumaça, índice de fogo; sombra, indício de uma presença; cicatriz, marca de um ferimento; poeira, depósito do tempo etc. Ver p. 61.

assim Symphronio e Isabel estarão mais próximos, menos silenciados e esquecidos, porque o esquecimento é também um "ato" de conservar à distância o que não se quer recordar.[81]

A partir do conceito de foto-índice a fotografia não é entendida como uma interpretação transformadora do real, como uma formação arbitrária, cultural, ideológica e perceptualmente codificada.[82] Há, como aponta Dubois, um instante de esquecimento dos códigos, um índice quase puro, imaculado talvez, apenas "no momento de inscrição 'natural' do mundo sobre a superfície sensível". Instante este que, segundo o filósofo e teórico da fotografia, dura pouco. É nesse instante "quase puro" que a imagem ganhava status de realidade para os homens oitocentistas, onde depositavam as mais diferentes ideias, sendo a primeira a crença na própria imagem. Esse é o instante do registro, momento do status do documento.

Em seguida, a fotografia para Dubois será "tomada e retomada pelos códigos que não mais a abandonarão",[83] tornando-se representação. Os signos da imagem, junto com seu objeto referencial, constituem o índice na representação, sempre marcado, neste princípio teórico, por uma "conexão física, de singularidade, de designação e de atestação", levada, então, a funcionar como um testemunho, portador de um "sentido que lhe é exterior", porque é pelo olhar do outro que se efetiva. A singularidade e particularidade da fotografia são determinadas pelo fato de seu referente carregar sempre o traço de um real,[84] não como semelhança ou cópia absoluta, verossimilhança dada pelo automatismo da sua gênese técnica,[85] mas porque expressa

---

81 Ver MERLEAU-PONTY, 2006, p. 223.

82 Esta seria, no percurso histórico de estudos sobre a fotografia desenvolvida por Dubois, uma segunda corrente teórica. A primeira pensa a fotografia como *espelho do real*, e a terceira assume a fotografia como *traço do real*.

83 DUBOIS, 1994, p. 51. Barthes foi bastante criticado por muitos teóricos da fotografia por não ter reconhecido a existência de signos e tipos de códigos na imagem. Dubois, por sua vez, refuta estas proposições e afirma que Barthes foi o primeiro a saber que a imagem fotográfica é atravessada por todos os tipos de códigos. Segundo o autor, artigo publicado em 1961, "A mensagem fotográfica", e também no livro a *A Câmara Clara*, "é evidente que códigos vêm influenciar a leitura da foto". Ver DUBOIS, 1994, p. 49.

84 A concepção da fotografia como traço do real encontra-se em alguns autores tais como André Bazin e Peirce, onde o realismo não é negado, e o que mais interessa, segundo Dubois, é o próprio fazer da imagem, suas modalidades de constituição. Ver DUBOIS, 1994, p. 35.

85 *Ibidem*. Base do princípio teórico que vislumbra a imagem fotográfica como espelho do real.

> algo de singular, que a diferencia dos outros modos de representação [...] um sentimento de realidade incontornável do qual não conseguimos nos livrar apesar da consciência de todos os códigos que estão em jogo nela e que se combinaram para a sua elaboração.

Apesar das escolhas e intencionalidades, da não neutralidade técnica e estética,[86] Dubois propõe a ideia de *traço do real* para uma reflexão, não voltada apenas para o "resultado da imagem", mas para a sua *gênese*,[87] para aquilo que denomina como "ontologia da foto", buscando "a relação de contigüidade momentânea entre a imagem e seu referente, no princípio de uma transferência das aparências do real para a película sensível".[88] É preciso, no entanto, não deixar que o "'peso da realidade' irredutível que recai sobre a imagem fotográfica" acabe por bloquear um entendimento da fotografia, ampla em suas conexões culturais e simbólicas.

Quando aponta este perigo de observação e análise do objeto fotográfico, tenta impedir aquilo que denomina como gênero de absolutismo teórico e defende que um dos méritos da teoria pierciana do signo, permite "descrever com precisão a relação privilegiada que o signo fotográfico mantém com seu objeto, permitir igualmente, num mesmo movimento, relativizar esse 'domínio do real' no estatuto do meio".[89] Relativizar este domínio é chegar o mais próximo de uma possível reconstituição histórica, não apenas daquilo que está ali representado, colado à imagem em seu referencial, mas atingir aquilo que não está dado em formas, tons, grãos, ou seja, perceber pelo conteúdo imagético aquilo que seria o não dito na imagem, mas que, a partir dele, se constitui.

---

86 Barthes também reconhece essas interferências na imagem, já na câmara escura, com sua lente e poder organizador dos raios, um diafragma operado seguindo indicações do fotômetro e seu obturador, compatibilizando a velocidade com a abertura do diafragma, e um operador regendo tudo isso. Esta é uma citação de Barthes presente em *A Ilusão Especular*, dissertação de Arlindo Machado defendida na PUC-SP, em 1983. O autor, no entanto, faz uma crítica às análises e escritos de Barthes.

87 A gênese da imagem, para Dubois, pode ser "tanto um ato de produção propriamente dito a 'tomada', quanto um ato de recepção ou de difusão" (1994, p. 59).

88 *Ibidem*, p. 35.

89 *Ibidem*, p. 83.

São estes princípios privilegiados porque permitem que se pense a fotografia na medida em que fala de um referente marcado por uma singularidade, o tempo e espaço, mas sem ofuscar as possibilidades e necessidades de compreender suas significações, além de suas "aparências puras".[90] Ou, como expressa Dubois, a ordem do sentido, em contraponto, com a ordem da existência,[91] dada num "simples momento no conjunto do processo fotográfico". Na "antologia da foto", seria como encontrar aquilo que aproxima Symphronio de Isabel Jacintha e, ao mesmo tempo, explica a constituição de suas representações, não como condenados apenas, mas como sujeitos diante do fotógrafo, outro condenado, ambos construindo imagens que transbordam, ultrapassam o próprio retrato, porque quando tais fotografias foram postas em exibição, não compunham mais a representação de dois indivíduos, um homem e uma mulher condenados, mas carregavam toda uma nação discutida e repensada pelas diferenças raciais.

A potencialidade da imagem foi muitas vezes esquecida, porque utilizada como ilustração e não como documento, que deveria ser explorado, e "suas informações decodificadas, posto que, não raro, se encontram além da própria imagem",[92] além de sua "evidência testemunhal".[93]

> Quaisquer que sejam os conteúdos das imagens devemos considerá-las sempre como fontes históricas de abrangência multidisciplinar. Fontes de informação decisivas para seu respectivo emprego nas diferentes vertentes de investigação histórica, além, obviamente, da própria história da fotografia. As imagens fotográficas, entretanto, não se esgotam em si mesmas, pelo contrário, elas são apenas o ponto de partida, a pista para tentarmos desvendar o passado. Elas nos mostram um fragmento selecionado da aparência das coisas, das pessoas, dos fatos, tal como foram (estética/ideologicamente) congelados num dado momento de sua existência/ocorrência.[94]

---

90   John Berger *apud* DUBOIS, 1994, p. 84.
91   *Ibidem*, p. 84.
92   KOSSOY, 2002, p. 21.
93   KOSSOY, 2001, p. 22.
94   KOSSOY, 2002, p. 21.

Verifica-se aqui a existência de um sistema de representação, capaz de dar nuances às diferentes visões sobre o negro e, consequentemente, sobre a escravidão, presente não apenas na estrutura econômica, mas, também, permeando os sentidos e percepções da época, fortemente vinculada à imagem do negro em sua representação, onde inscreveram-se valores afetivos, científicos e culturais propulsores desta específica forma de representar o negro, sujeito social marcado pelo estigma da escravidão, do atraso, da doença, do exótico. Da condenação.

Ocorreu definitivamente uma abrangente demanda de fotografias no século XIX. Enquanto Christiano Jr., em 1865, na corte carioca, realizava inúmeros registros de negros para comercializar imagens como souvenir, mostrando pelos *cartes de visite* a cara em que se fazia o Brasil, o naturalista suíço Louis Agassiz impunha sua invenção sobre a hierarquia das raças. Diferentes demandas, portanto. Uma com interesse comercial pelo pitoresco, pelo exótico; outra científica. A encomenda de fotografias de negros, feitas por Agassiz ao fotógrafo Augusto Stahl, eram parte de uma demonstração de teorias racialistas, causando um efeito bastante próximo quando comparadas aos registros etnográficos, que também buscavam *classificações, comparações e reagrupamentos,* a partir dos traços fisionômicos.

Tais elaborações partem das próprias fotos policiais. Como descreve Dubois, este gênero fotográfico acabou por "amplificar e estender o esquadrinhamento do corpo numa verdadeira rede sociocoercitiva, uma rede administrativo-policial jogada no mundo e nos seres e que sempre trará alguma 'caça'."[95] As representações etnográficas, em meados do século XIX, tentavam explicitar uma configuração do mundo dada pelas raças, com o hibridismo configurado como uma "maldição",[96] porque a miscigenação[97] abriria as portas para a degenerescência. Agassiz

---

95 DUBOIS, 1994, p. 242.

96 Ver MACHADO, 2005. O marinheiro norte-americano William Herndon, que entre 1851-52 peregrinou dos Andes ao Pará, propunha "derrubar a floresta, se livrar dos índios, enforcando-os e povoar a Amazônia com negros escravos" do sul dos EUA que melhor se aclimatariam num país tropical. Acreditava assim livrar-se da "maldição das raças" (ver p. 7).

97 O termo miscigenação foi uma palavra apropriada pelos cientistas racialistas para condenar as relações inter-raciais. Até 1830, amalgamação tratava-se da mistura entre diversos grupos, e depois se dá a atribuição às relações inter-raciais entre brancos e negros de miscigenação, ganhando assim um sentido de negatividade. Ver HODES, 2003.

estava à caça de provas materiais que demonstrassem esse risco. Provas capazes de mostrar como as características físicas e biológicas determinariam o "destino dos povos".[98]

Foi encomendado ao fotógrafo Augusto Stahl a realização dos registros dos "tipos raciais puros",[99] classificação essa de Agassiz. O indivíduo é fotografado sob diversos ângulos, incluindo uma exposição de costas, prática frequente nas fotografias antropométricas. Neste gênero fotográfico, o objetivo é a busca de uma descrição total do indivíduo, num registro detalhado, quase microscópico,[100] onde o estudo do corpo do negro dava suporte para teorias racistas em voga. Seus ecos embalaram o segregacionismo racial, além, é claro, de seguir padrões precisos de observação: "retratos de cuerpo entero, tomados exactamente de cara, col el sujeto de pie, a ser posible desnudo, y con los brazos colgando a cada lado del cuerpo".[101]

O corpo é aqui o próprio objeto do desejo de conhecer, dissecar, classificar. A pura expressão das invenções que passava a carregar. Essa materialidade documental reflete não somente o pensamento científico de uma época, mas revela-se como memória cultural, como expressão de sentimentos vivenciados, codificados na linguagem fotográfica. A raça passava a definir a própria totalidade do sujeito. As intenções de Stahl, nesta específica configuração de representação, contam pouco, pois, como bem nos lembra Sontag, "as intenções do fotógrafo não determinam o significado da foto, que seguirá seu próprio curso, ao sabor dos caprichos e das lealdades das diversas comunidades que dela fizerem uso".[102] Christiano Jr.

---

98 SANTOS, 2002, p. 48.

99 MACHADO, 2005, p. 68 Foram realizadas fotografias em diferentes coleções de negros, chineses e populações amazônicas, com o objetivo de retratar "raças puras e raças mistas" (p. 71). As fotos das raças mestiças foram realizadas pelo fotógrafo Walter Hunnewel e pertencem ao Peabody Museum, Harvard University.

100 FABRIS, 2004, p. 47. A autora utiliza a ideia de registro microscópico em oposição aos registros macroscópicos referentes aos dados estáticos desses estudos, o que promove uma ligação entre estatística e arquivo. São métodos de análise dos estudos desenvolvidos por Bertillon, que queria um tipo em termos estatísticos. A confluência da Fotografia e Estatística, de acordo com Fabris, inaugura uma nova modalidade fotográfica, o retrato compósito, considerado como tipológico, criado por Francis Galton. Segundo ele, os criminosos tinham traços fisionômicos semelhantes, característicos de determinados grupos, encontrados com imagens justapostas, passíveis de generalizações a partir de dados estáticos comparativos, mensuráveis.

101 BROCA, 2006, p. 80.

102 SONTAG, 2003, p. 36

e Stahl talvez quisessem apenas sobreviver de seus ofícios. As imagens produzidas por cada um deles não mais lhes pertenciam, depois de contabilizados os ganhos da venda da imagem. Elas então revelam muito mais sobre o pensamento daqueles que delas fizeram uso. E foram muitos:

> Durante uma prolongada permanência em Manaus, o senhor Hunnewell fez muitas fotografias de índios e negros, assim como de mestiços dessas raças e de cada uma delas com brancos. Em todos esses retratos, os indivíduos selecionados aparecem em três posições tipificadas: de frente, de perfil e de costas. Espero ter a oportunidade, mais cedo ou mais tarde, de publicar essas ilustrações, como também as dos negros puros que o senhor Stahl e o senhor Wahnschaffe, fizeram para mim no Rio.[103]

Agassiz percorreu o interior do Brasil na missão científica Thayer[104] para reunir provas materiais da degeneração provocada pela miscigenação. Tal empreendimento estava vinculado à criação, entre 1857 e 1861, do Museum of Comparative Zoology, instituição concebida por Agassiz e inspirada nos museus europeus de história natural.[105] Como chefe dessa missão, publicou *Voyage ou Brésil, 1865-1866*, com "retratos de negros de puro sangue tirados para mim no Rio pelos Srs. Stahl e Wahnschaffe".[106] O escravo, o negro livre, o mestiço brasileiro

---

103   AGASSIZ, 2006, p. 41.

104   Vale dizer que o imperador D. Pedro II estimulou muitas dessas iniciativas "mantendo contato direto com quase todos esses cientistas". Teria financiado a publicação da *Flora Brasiliensis* (a primeira parte), de Kaul FrieDerich Von Martius. Após a morte deste botânico, D. Pedro II comprou a "biblioteca americana" doada ao IHGB. Outro cientista que manteve contato com a Icorte foi o geólogo canadense Charles Hartt, que no sul do país encontrou calotas cranianas levadas ao Museu Nacional e depois a Berlim, discutidas e analisadas na Sociedade de Antropologia. Ver DE FIORE, 1987. O nome da expedição liderada por Agassiz deve-se ao nome da família afortunada de Boston que a financiou. O filho Stephen V. R. Thayer foi um dos estudantes que acompanhou a expedição.

105   Ver MACHADO, 2005, p. 22.

106   KOSSOY, 2002, p. 302. O endereço do estúdio foi anunciado no Laemmert anualmente entre 1863 a 1870. Segundo George Ermakoff, a parceria com Wahnschaffe durou até o fim da vida de Stahl, que retornou à

foram considerados como elemento fraco, degenerado, menos capaz. Se escravos, incapazes até de conhecer o sentido da própria liberdade.[107] São fotografias antropométricas que, encomendadas sob orientação de Agassiz, tentaram reforçar a teoria criacionista, de forte fundamentação religiosa. Seriam analisadas diferenças físicas entre as raças, denunciadoras de um pensamento em defesa da superioridade racial dos brancos.

Adotando métodos de estudos empíricos, sob a influência do naturalista francês Georges Cuvier, Agassiz defendia uma diferente origem entre as espécies, resultantes de uma criação divina, uma base teórica fundamentada numa visão religiosa, negação evidente do evolucionismo. A existência de tipos ideais e de um "plano divino sobre a realidade do mundo natural"[108] eram as premissas estruturantes do pensamento de Agassiz, adepto das teorias poligenistas, defensor, portanto, de origens separadas das espécies.

A viagem ao Brasil tinha como meta "confirmar a teoria criacionista, cujo princípio escorava-se na ideia da existência de uma distribuição peculiar das espécies por região do globo, distribuição esta que espelhava os desígnios divinos quanto à vocação de cada região da terra".[109] A cada raça "caberia um lugar no mundo", tendo cada uma delas "um direito deter-

---

Europa vítima da sífilis. A citação é de Kossoy (p. 302), tirada de AGASSIZ. Germano Wahnschaffe, pintor e sócio de Stahl, em Recife, e também no estúdio na rua do ouvidor 117, no Rio de Janeiro.

107 Sociólogos e historiadores como Florestan Fernandes, Roger Bastide e Caio Prado Junior rebateram o paternalismo freyriano. Se por um lado essa historiografia reonheceu a violência existente na escravidão, denunciando preconceitos e opressão nessa forma de trabalho compulsório, sendo o escravizado propriedade privada de seu dono, que impunha trabalho sob coação física, por outro, ela também o colocou na história como um ser sem história. Em meados de 1960, o escravo ganhava status de vítima somente com a teoria da coisificação/reificação do escravo. O modo de produção escravista, sob essa perspectiva, tornava o escravo incapaz de qualquer ação autônoma, segundo a qual criavam uma autorrepresentação como não homem, assim descrito por Fernando Henrique Cardoso, porque incorporaram também uma autorrepresentação de sua reificação, apontados como "testemunhas mudas de uma história para a qual não existem senão como uma espécie de instrumento passivo sobre o qual operam as forças transformadoras da história". Ver GORENDER, 1991, p. 21.

108 MACHADO, 2005, p. 26.

109 MACHADO, 2007, p. 68-75. Segundo Machado, Agassiz nunca abdicou de sua crença poligenista e defendia a degeneração resultante da miscigenação. Ao defender o abolicionismo nos Estados Unidos, defendia a segregação das raças. Atacava o hibridismo ou o chamado *mulattoism* (mulatismo). Sugeriu ao conjunto da

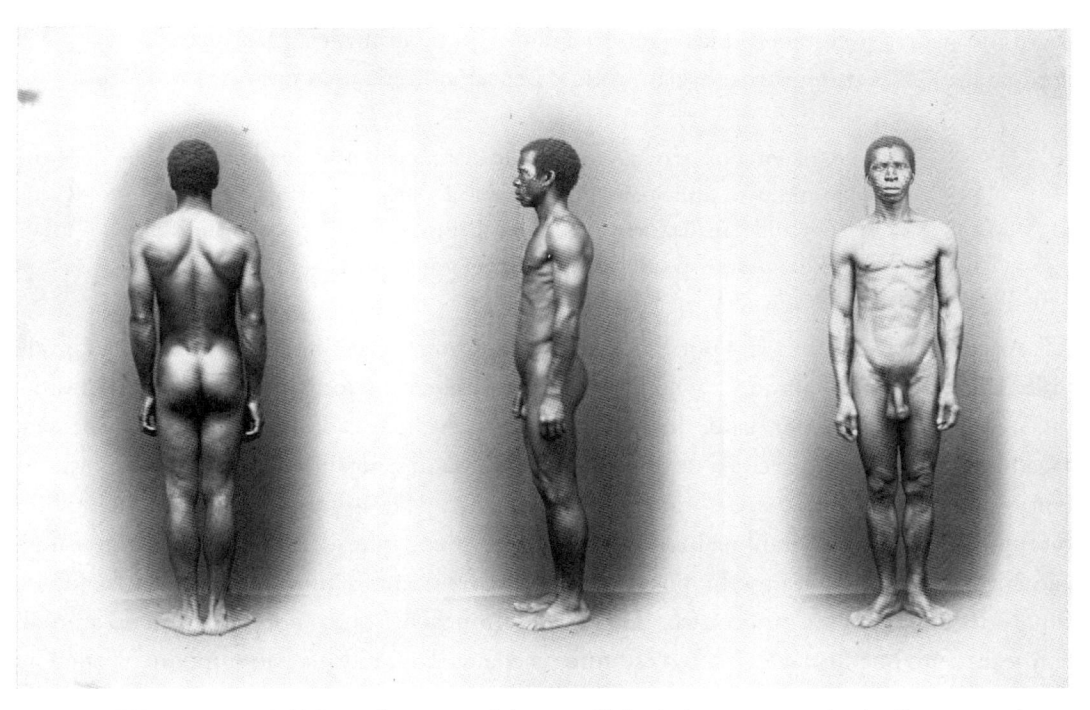

Imagem 76 | Foto: Augusto Stahl. Fotografias antropométricas com objetivo de dar suporte a estudos científicos comparativos sobre as raças. Fotos encomendadas pela Expedição Thayer, organizada por Jean Louis Rodolphe Agassiz. 1865. Cortesia do Peabody Museum of Archaeolegy and Ethnology, Harvard University

minado por sua natureza".[110] Em tal empreitada, Agassiz queria refutar o evolucionismo proposto por Charles Darwin que, em 1859, publicou *Origens das Espécies*, defendendo nessa obra a origem da espécie humana baseada em ancestrais comuns, fundamento originário daqueles que defendiam a teoria monogenista, a qual Agassiz, poligenista, veementemente refutava.

Nas fotografias que integram a pesquisa de Agassiz vê-se que de fato "foram realizadas seguindo pautas preestabelecidas que servissem para padronizar a informação e facilitar a comparação".[111] Seus registros revelam todo o pensamento de uma época:

> A maioria das características que distinguem as diferentes raças humanas encontram-se principalmente na cabeça. Assim, o antropólogo fotógrafo deverá, sobretudo, realizar retratos (...) sabemos que as raças inferiores diferem totalmente neste aspecto das demais.[112]

As fotografias produzidas por Stahl denunciam uma necessidade de "observação etnográfica do homem longínquo".[113] No corpo e no rosto de cada indivíduo, estariam depositados os traços de sua identidade. Buscava-se assim desvendar cada traço que diferenciasse a raça branca da negra. A técnica de identificação criada por Bertillon em meados de 1850 foi emprestada a esses retratos, colocando o retratado em posição frontal e lateral direita. Sob orientação de Agassiz, Stahl realizou imagens para serem aplicadas as técnicas de mensuração antropométrica, para medir, por exemplo, o nariz do homem retratado na Imagem 78. Sinais de humanidade eram confrontados com significações que o aproximavam do animal; conhecimento que firmava-se sob o estatuto da ciência baseando-se tão somente na aparência e em tantas incompreensões.

---

raça negra norte-americana uma emigração coletiva para a África, América Latina (Amazônia) e Caribe, afinal estariam destinados às áreas tropicais, salvando assim a nação norte-americana. Para Machado, era uma proposta de "expulsão dos negros do país com tons róseos de filantropia".

110   SANTOS, 2002, p. 49.
111   NARANJO, 2006, p. 14.
112   TRUTAT, 2006, p. 86. Trutat foi um cientista naturalista e também fotógrafo.
113   COURTINE & HAROCHE, 1995, p. 223.

Segundo Machado, ambas as fotos (77 e 78) integram a coleção de fotografias promovidas pela Expedição Thayer, contendo três diferentes álbuns: Box 1, com fotografias das "raças mistas" feitas em Manaus, pelo fotógrafo Walter Hunnewel, mostrando "tipos amazônicos mistos"; Box 2, composto por *portraits* de "tipos africanos e seus descendentes no Rio de Janeiro", fotografados por Stahl; e o álbum África, com 30 fotografias de negros e negras, identificando suas respectivas etnias, fotografados nus de frente, de perfil e de costas.[114] Além de mensurados os traços de seu rosto, numa clara demonstração racialista, a fotografia do homem à direita, também integra o álbum África. A sequência de seu corpo nu também fotografado revela um corpo encarnado de significação; nele reside a violência que ocupa a intenção de conhecimento da ciência, que Agassiz tinha a certeza de alcançar porque, a ele, não parecia nada estranho mostrar tais fotografias nas palestras que fazia para explicar os planos de Deus na formação da humanidade.

Diante dessa tarefa de hierarquizar o homem pela raça, não poderia faltar a presença do fotógrafo: "A fotografia é uma arte especial que exige uma educação especial. Sabe-se que qualquer grande expedição científica deve levar um fotógrafo".[115] Agassiz contratou o serviço dos profissionais que no Brasil residiam, e soube agradecer "as facilidades" e "a amabilidade" recebidas de "vossa majestade em minhas explorações."[116] Todo apoio era dado para o cientista Agassiz, que assim apresenta suas conclusões:

> O principal resultado ao que cheguei é que as raças se comportam entre si como espécies diferentes, ou seja, que os híbridos que nascem do cruzamento de indivíduos de diferenças raças são sempre uma mescla de ambos os tipos primitivos e nunca a simples reprodução de características de um ou de outro progenitor, como ocorre, por outro lado, com as raças de animais domésticos.[117]

---

114 Ver MACHADO, 2005, p. 72.
115 BROCA, 2006, p. 81.
116 AGASSIZ, 2006, p. 42.
117 *Ibidem*, p. 42.

O corpo desvendado explicaria as diferenças, também estabelecidas no continente da mesma cor de pele, irmão, ou, quem sabe, pai, mãe daquilo que virou o Brasil. Sob as lentes de Desiré Charnay, a África também exportou suas representações. A descrição dos corpos de negros africanos eram imagens que, pela lente do fotógrafo europeu, descreviam diferenças sob o eco das teorias raciais que se propagavam. Mulheres descalças, escondendo suas genitálias, sob a luz natural que fixava suas imagens, revelam-se para um mundo como representação de todo um continente, visto e definido fora de suas fronteiras.

Nesse campo de percepção e intencionalidade dos fotógrafos do século XIX, Charnay, cientista, arqueólogo e fotógrafo, compartilhou dos mesmos critérios de identificação de Augusto Stahl, ao retratar essas mulheres de frente, de costas e de perfil. Charnay participava da Missão da Companhia de Madagascar, organizada em 1863 pela Sociedade Fundiária, Industrial e Comercial, com fortes interesses científicos e comerciais. Numa única chapa fotográfica caberia todo um continente.

"Investigações sobre os tipos raciais tomam a Europa".[118] Inúmeras teorias passaram a explicar os diferentes tipos humanos, inferiorizando o negro africano, originário de uma "terra de pecado e imoralidade; Homens corrompidos; povos de clima tórridos com sangue quente e paixões anormais". A cultura africana foi "encarada como signo da barbárie".[119] As fotografias de Charnay apresentam, de certa forma, esse imaginário europeu recaindo negativamente sobre a África. Em 1839, com a criação da Sociedade Etnológica, em Paris, as diferenças entre os povos passaram a ser mais estudadas. Nessa dinâmica a fotografia firmou-se, como afirma Naranjo, "uno de los médios de representación gráficos con una mayor penetración social".[120]

O século XIX não trouxe apenas independência para os homens da ciência e a crença em suas afirmações. Foi, de fato, como definiu Schwarcz, o século das especializações, das grandes sínteses. O "discurso científico evolucionista como modelo de análise social", quase um dogma no Brasil, se transfigurou num "imperialismo interno", reconhecendo diferenças

---

[118] SANTOS, 2002, p. 49.

[119] *Ibidem*, p. 55

[120] NARANJO, 2006, p. 12.

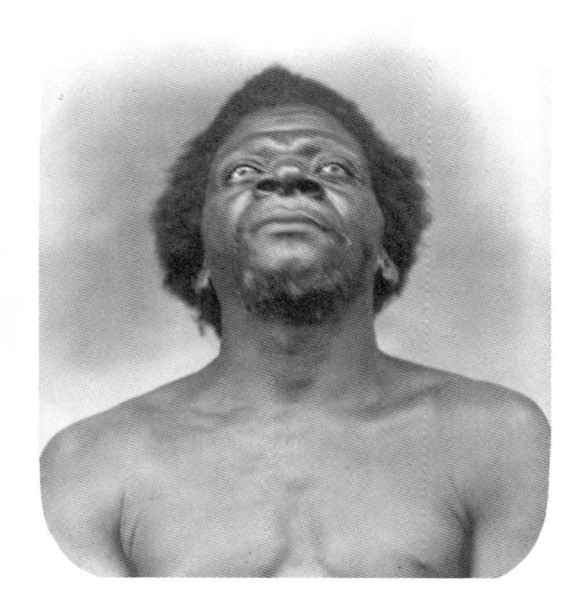

Imagens 77 e 78 | Fotos: Augusto Stahl. 1865.
Cortesia do Peabody Museum of Archaeolegy and Ethnology,
Harvard University

e também determinando inferioridades,[121] contando amplamente com a fotografia. Stahl e Charnay, cada qual com sua câmera fotográfica, sintetizaram também uma época, um mundo, criaram uma "identidade ilusória"[122] desvendando de forma significativa dilemas e tensões que atravessaram África e Brasil, como num grande mural a exibir suas dimensões mais profundas, redimensionadas em suas formas corporais, postas em exibição. Coube à fotografia a tarefa de "representar com agilidade e segurança tipos exóticos e os que tenham em seu próprio país alguma boa renda para sentir o desejo de partir em direção a lugares selvagens e bárbaros.".[123]

Tratar dessas ideias doutrinárias (porque a ciência também se sustenta em bases dogmáticas) foi opção escolhida para se compreender aquilo que Merleau-Ponty aponta como a "fórmula de um comportamento único em relação ao outro, à natureza, ao tempo e à morte, uma certa maneira de pôr forma no mundo (…) não há uma palavra, um gesto humano, mesmo distraídos ou habituais que não tenham uma significação".[124] O fotógrafo, ao apontar sua câmera para homens e mulheres, posicionava-se também para dar forma a um mundo em representação.

Sob a nudez do corpo exposto, encoberto parcialmente por rudimentares panos, as três mulheres revelam as formas que definiam então todo um continente. Os panos que compõem a imagem à esquerda foram retirados da fotografia que agora a acompanha. O fotógrafo preocupou-se em inverter as posições. A retratada ao centro, na imagem à direita, aparece de costas e despida – na imagem à esquerda, ganha forma que revela seu corpo ainda menina.

Os *cartes de visite* de Christiano Jr. ou as fotografias feitas por Stahl são imagens que revelavam uma curiosidade em relação ao Brasil, pensado e imaginado, e formam junto às produções de Desiré Charnay um *corpus* documental pertinente a um período marcado não apenas pelo desejo de ver o outro, mas, antes, e agora pela linguagem visual, dominá-lo pela segunda vez, pela ótica da cultura. Sem fugir das adjetivações, são até, de certo modo,

---

121 SCHWARCZ, 1993, p. 28. Segundo a autora, as teorias racistas chegam ao Brasil por volta de 1870, mas já faziam parte do contexto europeu.
122 NARANJO, 2006, p. 11.
123 FRITSCH, 2006, p. 58.
124 MERLEAU-PONTY, 2006, p. 16.

Imagem 79 | Foto: Desiré Charnay, 1863. Acervo da Fundação Biblioteca Nacional – Brasil

perversas,[125] porque não eram únicas, isoladas pelas suas especificidades locais. Eram parte de um todo onde o ser exótico era tratado como uma aberração. Duas realidades em comunhão: a concretude das relações de dominação economicamente impostas, atreladas às subjetividades que se revelam pela cultura. É claro que essa dominação não se efetivou pela fotografia, que, no entanto, ajudou a cristalizar uma forma de ver e pensar o negro que podia ser tanto o brasileiro quanto o africano.

O consumo da imagem, para Roger Chartier, é também parte integrante da produção, já que o sentido assumido pela obra, em sua recepção, constitui a própria obra, seu significado, variável, porque transformado de acordo com a época por seus consumidores, que constituem os agentes participantes e codeterminantes dos produtos da cultura.[126]

A representação do negro, na proposta de Agassiz, para ser apresentado em palestras e exibições, mostra como essa específica apropriação foi configurada a partir de uma visão etnocêntrica, incorporada em estudos científicos associados a instituições norte-americanas, determinante na realização dessa produção.

Nos registros dos tipos raciais puros, encomendados por Agassiz, estudos fisionômicos foram realizados, produzindo ilustrações para se comprovar o "perigo da miscigenação".[127] As imagens etnográficas das populações negras, em diferentes províncias do Brasil, percorrem toda a produção do século XIX como caracterização de um tipo social, para legitimar e reafirmar diferentes posições sociais, aqui e além das águas do Atlântico, cruzadas por cada cartão de visita enviado à Europa. As fotografias etnográficas passaram a representar o país além de suas fronteiras, atravessadas pelos fotógrafos-viajantes. O mundo passou a ser visto e as posições sociais definidas ou, ainda, reafirmadas. Representações criadas para definirem os tipos sociais existentes. Visões possíveis por todo o aparato tecnológico desenvolvido. É o momento da burguesia e da própria fotografia popularizada pelos *cartes de visite*, onde ver e ser visto tornava-se cada vez mais barato. Prática criadora de um sistema de *representação*

---

125   MAUAD, 1997.

126   CHARTIER, 1990.

127   MACHADO, 2005, p. 71.

SUJEITOS ILUMINADOS

Imagem 80 | À esquerda. Foto: Desiré Charnay, 1863. Acervo da Fundação Biblioteca Nacional – Brasil

da realidade.[128] As paisagens e as classes populares são interesses comuns da fotografia que investigava e definia lugares e posições.

Alguns autores apresentam um campo teórico com grandes contribuições, oferecendo categorias de análises que vão de encontro a questões coladas pela pesquisa. Chiriboga e Caparrini defendem o pressuposto de que essas fotografias reforçaram uma ampla exclusão social. Há, para Mary Louise Pratt, o que cabe perfeitamente para essa interpretação, uma "normalizadora e homogeneizadora retórica da desigualdade".[129]

Ao considerar o fato de essas imagens atravessarem várias temporalidades, num intenso processo dialógico com outras representações, feitas desde o início do século XIX, e até mesmo, durante o século XVIII, com os inúmeros relatos de viagens sobre o continente africano e americano vê-se a conformação da existência de "políticas de exotização" associadas a uma política identitária, que objetivava descrever para diferenciar, resultando em representações que acabam por criar uma classificação social e racial, numa tensão entre o que era o "auto e hetero-reconhecimento", criando assim "referências culturais de identificação" que configuram uma "gênese social" carregada de historicidade, reveladoras de políticas de naturalização e reconhecimento do poder e da autoridade.[130]

A fotografia espelha uma clara divisão social nos trópicos. De um lado, uma elite em pose e gestos senhoriais, a própria "personificação do poder",[131] oposta à imagem dos pobres mestiços de pés descalços, sob o chão da África ou sob os panos cenários dos ateliês fotográficos no Brasil, personificação do mundo do trabalho, do mundo da exclusão. São estes os paradigmas presentes também nas fotos de Christiano Jr. em toda a série de negros e seus ofícios.

Na contribuição teórica sobre o retrato feita por Fabris, são apresentadas algumas reflexões mostrando como as identidades se formam na esfera do reflexo, ou seja, o retratado

---

128 CHIRIBOGA & CAPPARRINI, 2005, p. 25.
129 PRATT, 1999, p. 264.
130 CHIRIBOGA & CAPARRINI, 2005, p. 14, 15 e 16.
131 Chiriboga e Caparrini analisam como nos retratos das elites as pessoas retratadas "asumen gestos de grande poder", como um "direito natural", afirmados tanto por uma postura formal quanto pelos símbolos de conquista como medalhas, brasões, tecidos finos, livros etc.

se reconhece no próprio retrato, "permitindo assegurar-se da própria identidade", formando uma "consciência social de si" mesmo configurada a partir da imagem do outro. Consciência sustentada na experiência vivida e na prática de imagens compartilhadas.[132]

A fotografia não se prestou apenas ao burguês, reconhecendo-se quando enxergava sua própria imagem, que idealizava em pose sua posição social em ascensão, mas também confere uma percepção burguesa de quem eram os outros, percepções definidoras, tanto daqueles que se encontravam como grupos pertencentes das elites quanto daqueles que compunham as classes populares empobrecidas e desqualificadas. A fotografia pode ser pensada como elemento constitutivo dessa experiência social, marcada por disputas de lugares, perspectivas e valores morais, irrefutável prova de que a luta se dá também pela cultura.

A apropriação de tais imagens não esconde, por sua vez, o caráter abusivo que envolve essa produção. Maria Helena P. T. Machado, ao pesquisar o diário e cartas do jovem William James, aluno de Agassiz, que acompanhava a expedição Thayer, mostra como a experiência fotográfica aqui exibida podia ser marcada por uma "violenta apropriação de corpos e de almas, intentada em nome da ciência".[133] Há no relato um "constrangimento expresso por James frente a cena na qual pairava a suspeita de manipulação e abuso de poder". Duas mestiças, convencidas por Agassiz, foram fotografadas nuas como legítimas "índias puras". No entanto, como aponta Machado, para James tratavam-se de mulheres "refinadas, estavam vestidas elegantemente (...) e parcialmente indígenas, portanto, em parte brancas". O "hibridismo-degeneracionismo" não era visto negativamente por James, como pode-se ver na seguinte citação:

> (...) de qualquer modo não libertinas, elas consentiram que se tomasse com elas as maiores liberdades e duas delas, sem muito problema, foram induzidas a se despir e posar nuas. Enquanto nos estávamos lá chegou o Sr. Tavares Bastos e me perguntou ironicamente se eu estava vinculado ao Bureau d'Anthropologie.[134]

---

132 FABRIS, 2004.
133 MACHADO, 2005, p. 69.
134 MACHADO, 2005, p. 70.

Para Machado, o importante é perceber a autonomia de pensamento e crítica de James ao perceber e "relativizar as nuances da sociedade nos trópicos" com uma noção de civilidade não restrita à cor da pele. Tem-se preservado o registro de uma percepção do que se passava no interior do estúdio fotográfico, onde a persuasão era parte da representação, constituída por estratégias de convencimento: "encontrei o Prof. ocupado em convencer 3 moças, que ele se referia como sendo índias puras, mas as quais eu percebi, como mais tarde se confirmou, terem sangue branco".[135] Estratégias que deveriam vencer o medo de muitos indígenas, que "relutavam em se deixar fotografar porque acreditavam que a fotografia roubava-lhes a alma ou a energia vital, podendo produzir a morte do fotografado".[136] Se, no primeiro capítulo, levantou-se a hipótese dos negros na corte terem procurado o estúdio como forma de obterem algum ganho, afinal, o mesmo homem negro retratado por Christiano Jr. retornou ao estúdio de Henschel cinco anos depois, agora se faz pertinente a sondagem de como essa experiência era marcada também por estratégias de persuasão e convencimento. Fotografia não é somente um fenômeno técnico, é também um acontecimento social, um aparato técnico-mecânico sob domínio do homem que dele fez uso e a partir dele reflete-se preso no jogo de espelhos que julga por completo dominar.

A zoologia, a biologia, a botânica, especificidades das ciências naturais, foram amplamente utilizadas como verdades comprobatórias das teorias filosóficas sobre o conceito de raça, matizes do pensamento intelectual do século XIX, geradoras de um pensamento racista com status de ciência. À fotografia cabia constatar essa conquista. A Europa, a partir do século XVIII, olhava para aquilo que estava além de suas fronteiras como objeto de estudo, para não dizer apenas de dominação. Foi neste século que o termo raça passou a integrar o debate científico em defesa das diferenças físicas entre o homem europeu, branco, não miscigenado e os outros, aqueles historicamente dominados desde o século XVI – o negro africano, brasileiro, os povos miscigenados, objetos de estudo de um amplo projeto legitimado pelo status da ciência em

---

135 *Ibidem*, p. 70.
136 *Ibidem*, p. 69.

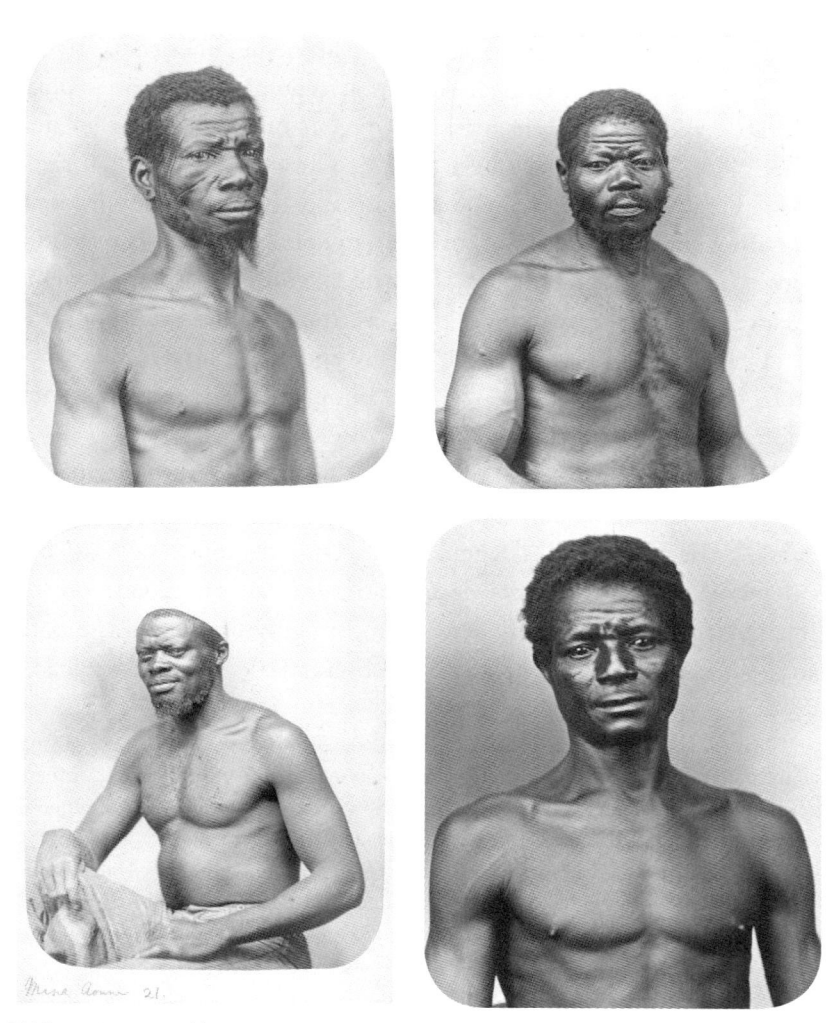

Imagem 81 | Fotos: Augusto Stahl. 1865. Cortesia do Peabody Museum of Archaeolegy and Ethnology, Harvard University

comprovar as diferenças genéticas e físicas, morais e intelectuais, pondo fim à ideia do "bom selvagem", "da humanidade una" e de uma possível "universalização da igualdade".[137]

As noções de negatividade e inferioridade do continente americano, marcadas por visões etnocêntricas, começaram a edificar-se com as seguintes teses: a "infantibilidade do continente", tese de Buffon, naturalista francês, precursor da chamada "ciência geral dos homens"; e a teoria da "degeneração americana", de Cornelius De Pauw, jurista, altamente antiamericanista. Para ele, os americanos "não eram apenas imaturos, eram decaídos".[138]

As visões monogenista e poligenista rivalizaram conceitos sobre a origem do homem, duas visões opostas, que fundamentaram o debate estendendo-se incansavelmente, tanto na Europa, quanto na América. Inspiradas pelas escrituras bíblicas, na visão monogenista, a humanidade era pensada como uma totalidade, proveniente de uma fonte comum, com desenvolvimento/evolucionismo semelhantes, mas com possíveis diferenças mentais e morais, hierarquizando raças e povos, justificando, assim, diferenças.

Os homens seriam, portanto, "desiguais entre si". Aqueles com maior perfeição, os virtuosos, estavam mais próximos da "perfeição do Éden". Os "menos perfeitos" e, portanto, menos virtuosos, "mais próximos da degeneração". Opondo-se a essa visão, os pensadores poligenistas defendiam "vários centros de criação", uma ancestralidade pré-histórica comum, mas separadas pelo tempo, "suficiente para configurarem heranças e aptidões diversas", explicando-se assim as "diferenças raciais observadas". Nesta concepção, as espécies

---

137 O conceito de raça começou a ser utilizado no final do século XVIII, muito presente na literatura de Georges Cuvier, tornando-se um conceito racializado no século XIX; antes disso, raça era entendida como uma categoria da civilização, não conceituada ainda no campo da biologia. Pouco definiram a diferença entre raça e espécie. São teorias que devem ser relativizadas porque repletas de contradições e obscuridade. O problema central apontado por esses teóricos voltou-se para a mistura, a amalgamação, somente denominada miscigenação após a década de 1860. No momento das abolições é que o conceito de raça entra em cena de forma classificatória e ainda mais imprecisa diante das tentativas em se definir os não brancos. Sobre a noção de "perfectibilidade" na teoria de Rousseau, ver SCHWARCZ, 1993. A partir de uma visão humanista, Rousseau defendia que todos os indivíduos têm a capacidade de "sempre se superarem". A noção do bom selvagem é na verdade uma crítica à civilização ocidental: "se há uma bondade original da natureza humana: a evolução social corrompeu-a".

138 GERBI *apud* SCHWARCZ, 1993, p. 46. Segundo Schwarcz, Buffon, com sua teoria, rompeu com os paradigmas de Rousseau, caracterizando o continente americano como símbolo da carência.

estariam "para sempre marcadas pelas 'diferenças'". Os estudos biológicos, da frenologia e da antropometria ganharam força a partir desse último pressuposto.[139] Nessas concepções teóricas, não havia possibilidade de regeneração. A raça era um fator determinante no sucesso ou insucesso de um povo e seu desenvolvimento. A fotografia era, portanto, o olho mecânico, o olho da ciência que revelaria o homem, sua herança e aptidões.

A antropologia criminal, de Cesere Lombroso, e os estudos sobre a loucura foram paradigmas cada vez mais em voga nos meados do século XIX. Com os estudos dessa "craniologia técnica"[140] e da descrição exterior e interior do cérebro, buscava-se conhecer "a superfície do corpo e a profundeza de seu espírito". Corpo e mente foram investigados como meio de se desvendar aspectos morais dos indivíduos, definindo-se assim a "inferioridade física e mental", classificando-se "tipos" sociais e "raças puras".[141]

Sobrepondo-se às duas teorias, Darwin publicou em 1859, *A origem das espécies*. "Foi uma espécie de paradigma de época", ressalta Schwarcz, tendo significado "uma reorientação teórica consensual". Esse pressuposto teórico, ao ser aplicado em diversas disciplinas das ciências humanas, apesar de ser um estudo sobre as mudanças das espécies animais e vegetais, popularizando o conceito de seleção natural nas várias publicações subsequentes, sofreu, assim como ocorreu com a maioria das teorias, inúmeras interpretações que, quando não alteravam seu conteúdo original, trataram de modificar seus objetos específicos de análise. Do original, lia-se: "Dei o nome de seleção natural ou de persistência do mais capaz à preservação das diferenças e das variações individuais favoráveis e a eliminação das variações nocivas". A partir das compilações mal-entendidas ou conscientemente apropriadas, foram

---

139 Os estudos de etnologia, segundo Schwarcz (1993), mantêm-se ligados a uma orientação humanista e de tradição monogenista.

140 A frenologia, técnica desenvolvida por Andrés Ratzius no século XIX, propunha a medição (tamanho e proporção) do cérebro de indivíduos de diferentes raças. O principal elemento de análise das diversidades entre as raças para Paul Broca, anatomista e craniologista, fundador da Sociedade Anthropológica de Paris, era o crânio.

141 SCHWARCZ, 1993.

precipitadamente reinterpretadas como "competição, seleção do mais forte, evolução e hereditariedade", como conceitos para analisar as relações sociais em toda a sua amplitude.[142]

Não tardou a se constituir como uma míope justificativa política, numa perspectiva dualista, opondo imperialismo europeu a povos dominados, metrópoles a colônias, ou melhor, neocolônias, civilizado a selvagem, branco a negro, superior a inferior, positividade a negatividade absoluta e agora cientificamente explicada. Assim como os monogenistas e seus conceitos evolucionistas passaram a inflamar as discussões sobre etnografia cultural. Da lente dos fotógrafos-viajantes se fez o foco em todas essas questões.

A mestiçagem racial foi apontada de uma forma determinante como causa da degeneração das raças consideradas impuras. Seus vícios, seus males, seus corpos, seus hábitos, seus gestos, sua cultura e suas mazelas sociais foram resultado da mistura das raças e representavam tudo aquilo que deveria ser evitado, como pensavam Renan, Le Bon, Taine e Gobineau, adeptos das teorias raciais poligenistas. O primeiro defendia, por exemplo, a existência de três raças, branca, negra e amarela; os dois últimos argumentavam: "*povos inferiores não por serem incivilizados, mas por serem incivilizáveis não perfectíveis e não suscetíveis ao progresso*". Gobineau[143] afirmou que "o resultado da mistura é sempre um dano".[144] Quanto maior a miscigenação, maior degeneração ocorreria. São pesquisadores que levaram o determinismo ao extremo, negando a capacidade de autonomia dos indivíduos, que estariam, segundo eles, marcados eternamente pelos seus grupos de origem racial. Por mais que alguns tentem negar a Biologia como uma ciência estruturante das diferenças raciais, tentando-se negar até mesmo o próprio conceito de raça, a História desarma mãos tão atreladas com estruturas dominantes que pela violência sempre encontraram meios de se impor, também pela ciência.

Percebe-se claramente que não pensavam somente em espécies com suas características biológicas, e sim em raças marcadas pelas diferenças, das quais não se poderia evitar, tampouco pela miscigenação. Gobineau chegou a afirmar que dela resultariam apenas populações

---

142 Schwarcz (1993, p. 56) mostra como essas interpretações foram aplicadas no campo da psicologia, pedagogia, linguística, na literatura naturalista, na sociologia evolutiva de Spencer e na história determinista de Buckle.

143 Para Laura Moutinho, Gobineau não pode ser considerado o pai do racismo porque já existia uma bibliografia existente antes dele. Ver MOUTINHO, 2003.

144 Para mais informações sobre as teorias dos outros cientistas, ver SCHWARCZ, 1993, p. 63.

"desequilibradas e decaídas". A teoria da degeneração preponderava nessas conclusões que partiam das "características ruins" exclusivamente herdadas.[145] Acreditava-se, portanto, na existência de pessoas inferiores, que rapidamente se procriavam. Francis Galton, por exemplo, propôs um controle intervencionista objetivando eliminá-las.[146]

Dentro dessa dinâmica social de uma intensa produção e apropriação de imagens, como se posicionavam os intelectuais nacionais diante do debate racial? Como reagiu a nação diante da proposta dos cientistas naturalistas em fazer do Brasil, país tropical, um lugar propício para dar abrigo aos negros, ex-escravos norte-americanos, como propunha Agassiz? O interessante seria demonstrar o pensamento de diferentes gerações de intelectuais para assim, talvez, compreender mais as ideias racialistas que se desenrolaram por todo o século XIX.

Se a princípio, como afirma Skidmore, "os brasileiros foram encorajados na sua ideologia de 'branqueamento' por estrangeiros de visita", com muito vigor ressalta, tornou-se que essa uma "teoria peculiar no Brasil".[147] Não havia espaço no projeto de nação que se configurava para a população negra. Mas, dentro dessa temporalidade complexa, as mentalidades e as justificativas teóricas não eram somente importadas, eram ressignificadas. Na visão de Schwarcz, eram redefinidas "não como uma cópia desautorizada", mas com um traço de originalidade ao ser aplicada a particularidades internas, brasileiras. O Brasil "incorporou o que serviu e esqueceu o que não se ajustava".

---

145   *Ibidem.*

146   Nascia, assim, o conceito de eugenia, que poderia ser positiva, promovendo-se o cruzamento de seres superiores, ou a negativa, a qual exigia que se evitasse a reprodução dos seres inferiores. O termo eugenia foi criado em 1883 por Francis Galton, método para intervir na reprodução das populações, visando o "aprimoramento da espécie". Ver MOTA, 2003, p. 14. O conceito este que invadiu o século XX. Chegou à Suécia, com a aprovação da esterilização em 1907; dominou a Alemanha, deu fôlego aos discursos políticos e ideológicos em defesa do arianismo, estende-se pela ex-União Soviética; faz plateia nos Estados Unidos. As bases para uma teoria eugênica teriam sido lançadas em 1869, quando Galton publicou *Hereditary genius*. Ver SCHWARCZ, 1993, p. 60. Desde 1865, Galton já teria defendido "que as qualidades mentais seriam herdadas, tal como as físicas".

147   SKIDMORE, 1976, p. 81-84. A teoria do branqueamento baseava-se, segundo o autor, na presunção da superioridade branca, sendo a miscigenação um meio que produziria naturalmente uma população mais clara, uma população mestiça sadia cultural e fisicamente.

No Brasil, evolucionismo combina com darwinismo social, como se fosse possível falar em "evolução humana", porém diferenciando as raças; negar a civilização aos negros e mestiços, sem citar os efeitos da miscigenação já avançada. Expulsar "a parte gangrenada" e garantir que o futuro da nação era branco e ocidental.[148]

Schwarcz afirma que os intelectuais verdadeiramente buscavam entender as diferenças entre os homens. O fim do século para eles foi marcado por "uma grande dose de desilusão", afinal, "finda a escravidão", a República se anunciava sob a bandeira do liberalismo e democracia, carregando a sombra de um povo negro e branco, mestiço e brasileiro, ainda faminto, ainda descalço, em meio a moléstias e epidemias, sob a ilusão de um vir a ser melhor.

Os intelectuais nacionais, segundo Santos, insistiram em não reconhecer a integridade do negro: "Essas ideias foram responsáveis por uma forma de representar os negros como objetos do discurso e da bondade dos brancos (intelectuais, políticos, senhores); uma forma de pensar o país como destituído de povo e repleto da mais baixa gentalha".[149] As teorias iluministas, para Santos, impuseram a seguinte ordem: "Os homens brancos ocupavam o topo do mundo e os negros, a base". E a terrível comparação destes últimos com animais foram frequentes em vários depoimentos da época: "Sua linguagem é estranha e assemelha-se a um ruído animal, as mulheres apresentam deformidades físicas (...) São selvagens".[150]

Muitos dos intelectuais nacionais condenavam o trabalho escravo e a manutenção das relações de produção, baseadas no sistema escravista. O pensamento de José Bonifácio, por exemplo, foi marcado por muitas ambiguidades. Defendia a monarquia e condenava a democracia, o republicanismo. Defendia uma emancipação gradual dos escravos, caso contrário estaria comprometida "a construção do Estado Brasileiro", mas por outro lado, deixava ver, em suas palavras, uma preocupação bastante reveladora: "mas como poderá haver uma

---

148 SCHWARCZ, 1993, p. 242.
149 SANTOS, 2002, p. 164.
150 *Ibidem*. Compartilhando do mesmo ponto de vista de Santos, há outros importantes autores. Todorov, por exemplo, afirmou terem sido os "filósofos das luzes os primeiros a desenvolver teorias racionalistas".

constituição liberal e duradoura em um país continuamente habitado por uma multidão de escravos brutais e inimigos?".[151]

A escravidão para José Bonifácio era a responsável pela decadência moral dos brasileiros. Ele não fugiu das comuns descrições do escravo sempre como preguiçoso, vagabundo, inferior, chegando a afirmar que "a lavoura no Brasil, feita por escravos boçais e preguiçosos, não daria os lucros que homens ignorantes e fanáticos se iludem".[152] Ao defender a introdução de novas técnicas para a produção, defendia também uma mão de obra qualificada e afirmava como o Brasil, sem a liberdade individual, nunca "firmará a sua independência nacional e, seguirá e defenderá a sua liberal constituição; nunca aperfeiçoará as raças existentes (...)".[153] Deixou explícito em seu discurso como as diferenças raciais eram postas em debate no âmbito nacional, já nas primeiras décadas do século XIX. Se por um lado, defendia a liberdade e a emancipação, explicitava também sua crença na necessidade de aperfeiçoamento racial no Brasil.

Outro adepto da emancipação gradual foi Louis Couty, médico francês que chegou ao Brasil em 1874 para lecionar na Escola Politécnica e no Museu Paulista. O abolicionismo, por ele defendido, vinha da crença de que a escravidão explicava a "caótica"[154] sociedade brasileira. A superação desse mal viria com a implantação da mão de obra estrangeira. Segundo Santos, teria ele ajudado a difundir no Brasil as "teses racistas que transitavam pela Europa", prevendo como no Brasil "esta forma inferior de mão de obra aproxima-se de seu fim; mas sua transformação constitui, para esta nação, o problema mais difícil e mais urgente".[155]

Couty foi outro intelectual a apontar a preguiça do escravo como algo dado de seu comportamento irreversível. O negro escravo no Brasil, para esse autor, "não quer senão uma facilidade, senão um direito que é o de não fazer nada, é sempre um grande preguiçoso e esta preguiça faz o insucesso de todas as relações individuais e sociais".[156] O futuro da nação,

---

151   SANTOS, 2002, p. 61.
152   *Ibidem*, p. 69.
153   *Ibidem*, p. 81.
154   *Ibidem*, p. 83.
155   *Ibidem*, p. 84.
156   *Ibidem*, p. 95.

na visão de Couty, estava por certo ameaçado, afinal chegou a afirmar "A situação funcional dessa população pode se resumir em uma palavra: O Brasil não tem povo".[157]

O autor mostrou, em outro depoimento, as influências de Spencer em sua observações:

> O negro ou mestiço são mais aptos a realizar certas funções sociais, por exemplo, as que Spencer tão bem reuniu sob o nome de funções distributivas ou funções de relação. Mas são inábeis para funções mais importantes, funções de produção que demandam um trabalho seguido e regular.[158]

Negros e mestiços são dados, portanto, como seres improdutivos, herdeiros de uma raça propensa ao vício, dada a todos os desvios morais, sobretudo o vício da cachaça, para tê-la "ele rouba, ele se arriscará na noite; ele sacrifica mais a esta paixão do que à liberdade ela mesma".[159] Continuar insistindo na mão de obra negra era para Couty "dar continuidade a esse processo de degeneração por seu caráter primitivo".[160]

A apropriação das teorias evolucionistas resultou no darwinismo social, não teorizado por Darwin, mas como conceito emprestado do campo biológico aplicado ao campo das humanidades. As diferenças entre as raças e sua natural hierarquia funcionaram como "justificação de uma espécie de hierarquia natural à comprovação da inferioridade de largos setores da população", numa "apropriação tardia", porque a partir de 1870, enquanto no Brasil essas teorias eram modismos, na Europa já eram pressupostos teóricos questionados.[161]

Do evolucionismo social foi propagada a ideia de aperfeiçoamento. A interpretação pessimista e negativa da miscigenação seria no Brasil solucionada com "sucesso". Ao projetar o futuro do Brasil com o sonho de progresso, vindo com a velocidade dos vagões sobre

---

157   *Ibidem*, p. 98.
158   *Ibidem*, p. 99.
159   *Ibidem*, p. 96.
160   *Ibidem*, p. 99.
161   SCHWARCZ, 1993, p. 41.

os trilhos de trens, refletia-se também a sombra do ideal de branqueamento da população brasileira,[162] não apenas da população negra, mas também indígena e mestiça.

Tavares Bastos, deputado atuante na Câmara, ao defender a livre navegação do Amazonas, águas que levaram Agassiz ao encontro dos tipos raciais puros e mestiços, mostrou seu pensamento liberal-conservador, "que passava a procurar na América do Norte, no yanquismo, as saídas para o desenvolvimento e integração dos sertões nacionais".[163] Em "Carta a uma Comissão de Manaus, a bordo do Ycamiaba", no dia 17 de novembro de 1865, Tavares Bastos escreveu:

> Eu não imagino aplicável a esta região da América senão a medicina que tanto se recomenda a toda ela: a imigração de indivíduos das raças vigorosas do norte do globo... Este país parece na verdade moribundo. Mas nem toda a esperança esta perdida [164]

Era o encontro com Agassiz que levava Tavares Bastos ao norte brasileiro para uma confraternização com a Expedição Thayer. Pensar a expansão do Brasil trazia como desafio acabar com a "barbárie corruptora e a deteriorização precoce do homem nos trópicos".[165] A imigração para a substituição dos trabalhadores negros no Brasil foi indicada como saída para o sertão. Nessa preocupação com o destino nacional, índios, mestiços e negros foram apontados como os culpados pelo atraso do Brasil, porque não suficientemente vigorosos, nem se configuravam como um povo, recordando palavras de Couty.

---

162   Muitos discursos parlamentares no período apresentavam ideias semelhantes às dos autores citados. Sobre isso, ver obra MENDONÇA, 2001. Nina Rodrigues, por exemplo, em *Os Africanos no Brasil*, texto que chama a atenção pelo rigor com uso de variada documentação, defende claramente a ideia da presença da raça negra como fator determinante da inferioridade do povo brasileiro. O autor ressalta a influência negativa do negro no mestiço brasileiro, comprometendo a possibilidade de um dia atingir-se o estágio de um povo civilizado. Para Nina, "a morosidade é o ponto fraco da civilização dos negros" (1977, p. 265).

163   MACHADO, 2005.

164   MACHADO, 2005, p. 101. Cit. *O Vale do Amazonas. Estudo sobre a livre navegação do Amazonas, Estatísticas e Produções, Comércio e Questões fiscais no vale do Amazonas*. Rio de Janeiro: Garnier, p. 317.

165   MACHADO, 2005, p. 105.

Para Machado, foi a partir da década de 1850 que se iniciou a construção de um projeto político nacional contemplando a "possibilidade do enraizamento da civilização nos trópicos", constituindo-se a europeização como saída para os males nacionais:

> foi na cena política e social do II reinado, e em decorrência das crises ligadas à proibição do tráfico de escravos de 1850 e os subsequentes debates e movimentos sociais em torno da abolição e do binômio integração/exclusão que os problemas da identidade nacional e da concretização de um projeto político nacional e nacionalista se colocaram mais claramente.[166]

Então o que fazer com a população escrava? Para Joaquim Nabuco, o mal era o próprio sistema escravista. A partir de 1870, o império viveu um momento de quebra do paradigma ideológico chamado por Joaquim Nabuco de nova consciência, com uma sociedade não indiferente diante da opressão e violência impostas pelo cativeiro e maus tratos diários. Essa nova consciência apareceu, sobretudo, na imprensa, que passava a falar de trabalho livre; na polícia que passava a atuar com menos rigor na captura de escravos fugidos, fato evidenciado quando o próprio exército solicitava à princesa Isabel a dispensa da "captura de pobres negros que fogem a escravidão"; no aparato jurídico oferecido também aos escravos como *habeas corpus*, concedidos, algumas vezes, antes do aparecimento de seus respectivos donos. Como se vê, "o paradigma colonial era um tecido roto".[167]

Entretanto, a emancipação, para Joaquim Nabuco, deveria ser proferida pelo Estado e "jamais ser entregue às mãos dos escravos". O medo desse renomado e influente intelectual, nos primeiros anos da década de 1880, era que não acontecesse a abolição pelas vias legais e sim revolucionárias. O medo era, portanto, que o negro se tornasse o sujeito a conquistar a sua emancipação por revoltas, como no temido Haiti. Acreditava na necessidade de se forjar a inexistência de conflitos sociais, fato que colocaria em silêncio a existência de embates raciais, pondo em risco "a noção de paraíso social".[168] Mas é preciso apontar como a relação

---

166 *Ibidem*, p. 114.
167 REIS & SILVA, 1989, p. 73 e 74.
168 Ambas as citações são de SANTOS, 2002, p. 106.

senhor-escravo foi percebida por Nabuco, caso contrário corre-se outro risco: pensar esse intelectual como alguém incapaz de compreender os conflitos e disputas de seu tempo. Quando Nabuco afirmava como nas senzalas "centenas de milhares de entes humanos vivem embrutecidos e moralmente mutilados pelo próprio regime a que estão sujeitos",[169] não se fazia míope perante os males e opressões do sistema escravista, apesar de defender a não participação da população negra no movimento abolicionista, para evitar assim "instillar no coração do opprimido um ódio que elle não sente".[170]

A partir dessas diferentes percepções constata-se que ou o Brasil não tinha povo, como sugeriu Couty, ou ele não era convidado a participar da vida política. Contudo, Nabuco estava com seus olhos voltados para o futuro e colocou-se à frente de seu tempo, porque propôs a participação da população negra, não na emancipação efetivamente, mas na obra, na construção do futuro da nação, sendo "ainda preciso desbastar por meio de uma educação civil e seria, a lenta estratificação de trezentos annos de captiveiro, isto é, de despotismo, superstição e ignorância".[171] No entanto, timbres racistas marcaram também a voz de Nabuco, revelando não apenas as ambiguidades presentes no pensamento desse intelectual, mas como parte de toda uma época. Santos afirma que não há dúvidas "sobre a localização de Nabuco entre os muitos partidários da teoria da superioridade da raça branca" e indica, a partir das palavras de Nabuco, a origem de tal observação: "muitas das influências da escravidão podem ser atribuídas a raça negra, ao seu desenvolvimento mental atrazado, aos seus instinctos bárbaros ainda, ás suas superstições grosseiras".[172] E, se por um lado, pensava em preparar via educação o ex-escravo como homem livre, expressou também o desejo de uma mão de obra mais viril: "O trabalho livre, dissipando os últimos vestígios da escravidão, abrirá o nosso paiz à imigração europeia, será o annuncio de uma transformação viril, e far-nos-á entrar no caminho do crescimento organico e portanto homogêneo".[173]

---

169 Nabuco, 1938, p. 4-5. *Apud* SANTOS, 2002, p. 108.

170 Nabuco, 1938, p. 6. *Apud* SANTOS, 2002, p. 108.

171 SANTOS, 2002, p. 6.

172 Nabuco, 1938, p. 140-141. *Apud* SANTOS, 2002, p. 115.

173 Nabuco, 1938, p. 226. *Apud* SANTOS, 2002, p. 116.

Nessas poucas percepções aqui apresentadas, vê-se como em inúmeras descrições recaíram sobre o negro e seu corpo, características depreciativas, desqualificando-os por vezes, não apenas como força produtiva, mas como indivíduos. Pouco viris, com desenvolvimento mental atrasado, instintos bárbaros, brutais e inimigos, dados à preguiça, à cachaça e às superstições grosseiras, embrutecidos e moralmente mutilados, pouco vigorosos, de caráter primitivo, moribundos enfim. Entender estas concepções teóricas é um importante e revelador caminho das condições de submissão impostas aos escravos, ex-escravos, homens pobres livres negros e mestiços, mas, ao mesmo tempo, apontar como foram propagadas, incorporadas ou até redefinidas porque foram fortemente alicerçadas e integradas à mentalidade das elites nacionais, as quais historicamente sempre fizeram prevalecer seus interesses políticos e econômicos.

Os intelectuais nacionais voltaram-se para o indivíduo, tendo como questão fundamental o bom funcionamento da nação. A partir da década de 1860, surgiu uma vontade que se transformou em tendência, atravessando as décadas seguintes, de se entender o corpo individual como garantia da saúde de um conjunto. O corpo individual espelharia, então, o corpo coletivo. A vontade de ordenar o espaço urbano carregava toda uma discussão sobre os indivíduos que nele se inseriam. Apresenta-se nesse contexto, como afirma Foucault, "o complemento de um poder que se exerce, positivamente, sobre a vida, que empreende sua gestão, sua majoração, sua multiplicação, o exercício sobre ela, de controles precisos e regulações de conjunto". No século XIX tal poder, ainda segundo o mesmo autor, "se situa e exerce ao nível da vida, da espécie, da raça e dos fenômenos maciços da população".[174]

Salvaguardar a sociedade, centrando-se no corpo-espécie, foi uma prática iniciada a partir da segunda metade do século XVIII, "mediante toda uma série de intervenções e controles reguladores: uma bio-política da população", segundo Foucault, onde estruturaram-se os estudos dos "nascimentos e da mortalidade, saúde pública, a duração da vida, da longividade, habitação, migração", constituídos por "técnicas diversas e numerosas", como elementos de uma "administração dos corpos e pela gestão calculista da vida". Uma era do "bio-poder", onde se sujeitavam os corpos e se controlavam as populações. Na busca do ordenamento do corpo social, proliferaram estudos de anatomia e biologia, "individualizante

---

174 FOUCAULT, 1988, p. 149-150.

e especificante, voltadas para os desempenhos do corpo e encarando os processos da vida" e, posteriormente, estudos de demografia e estimativas, estes últimos reguladores da população. Tais discursos, no século XIX, não se deram de forma especulativa, "mas na forma de agenciamentos concretos que constituíram a grande tecnologia do poder no século XIX".[175] E foram utilizados, como afirma Foucault, por "instituições bem diversas" como "a família, o Exército, a escola, a medicina, individual ou a administração das coletividades (...) operaram, também como fatores de segregação e de hierarquização social (...) garantindo relações de dominação e efeitos de hegemonia", mostrando como o "biológico reflete-se no político".[176]

O interesse que começou por decifrar o rosto chegou, nas fotografias encomendadas por Agassiz e nas fotos da Galeria dos Condenados, e todas demonstraram esse interesse, esse "investimento sobre o corpo vivo", atuando "no campo do controle do saber e de intervenção do poder". Mas não foram únicas. Christiano Jr., quando fotografou homens doentes da corte carioca, e o fotógrafo J. Menezes, quando fotografou homens com deformidades nos membros inferiores, também deixaram provas de como o saber médico estava integrado "num contínuo de aparelhos", reguladores e normalizadores da sociedade. Afinal, para o século XIX, não se tratava tão somente do homem e sua especificidade, mas do homem em relação aos outros homens. Era essa a "epistêmê clássica" para Foucault: uma nova relação entre a História e a vida: "já não se trata de pôr a morte em ação no campo da soberania, mas de distribuir os vivos em um domínio de valor e utilidade. Um poder dessa natureza tem de qualificar, medir, avaliar, hierarquizar, mais do que se manifestar em seu fausto mortífero".[177]

A ciência, "reconhecida como essencial à autoridade material e moral do Ocidente",[178] fortalecia-se ainda mais diante da crescente pobreza, das enfermidades e epidemias contagiosas – como a tuberculose – infecções venéreas, ou do alcoolismo. E quando, no século XIX, estruturou-se o seu conjunto de práticas (parâmetros, hipóteses, tentativas de compro-

---

175   *Ibidem*, p. 152-153.
176   *Ibidem*, p. 153-155.
177   Citações no parágrafo são de FOUCAULT, 1988, p. 155-157.
178   *Ibidem*, p. 49.

vação e verificações), mal supôs que apesar do pouco aprofundamento epistemológico e com tantas ambiguidades, chegaria tão longe:

> Uma afirmação posterior da tese do branqueamento foi feita pelo sociólogo de mentalidade aristocrática F. J. de Oliveira Vianna. Chamando Joseph Arthur de Gobineau e Georges Vacher de Lapouge homens de "grande gênio" por sua insistência na significância da raça para a civilização, ele argumentou, em seu livro Populações meridionais do Brasil (1920), que, no Brasil, graças a uma "influência regressiva de atavismos étnicos" e do cruzamento de mulatos com brancos, a linhagem mulata seria filtrada e eliminada ao longo do tempo, enquanto os brancos desenvolveriam clara predominância biológica sobre negros e mestiços.[179]

Conhecimento que firma-se sob estatuto da ciência, mas logo cambaleava em suas próprias contradições. Se o elemento branco, em outras contingências e temporalidades, foi considerado o elemento fraco, vulnerável,[180] aqui, no otimismo intelectual nacional, tornou-se a saída para os males da nação. E os males do Brasil, para muitos desses homens de

---

179 STEPAN, 2005, p. 166. Para Laura Moutinho, Gobineau não pode ser considerado o pai do racismo porque já existia uma bibliografia existente antes dele. Ele tornou-se o principal nome sobre a degenerescência da "mistura" entre as raças. A mistura racial era, para Gonineau, o elemento da degenerescência, já que enfraqueceria a raça branca porque, na sua concepção, prevalece o elemento inferior: a raça negra, associada às paixões não refreadas, mais primitivas, associadas à infância, "soando como uma espécie de animalização". Não simpatizava com os brasileiros, considerando-os como malandros e degenerados. Mostrando os caminhos tortuosos do saber científico, vê-se que Gobineau exerceu grande influência no pensamento de Oliveira Vianna, considerado como "um dos principais teóricos do branqueamento da raça". Vianna, no entanto, defendia a miscigenação para o Brasil atingir um depuramento do sangue visando a raça pura. A mestiçagem era apresentada por Gobineau como um mal, e depois, por Vianna, como a solução. Este último defendia a imigração como uma política institucional específica, uma abordagem de cunho salvacionista. Ver MOUTINHO, 2003, p. 56-75.

180 Ver HODES, 2003. Hodes discute como a miscigenação foi entendida como um grande mal, havendo pensadores que consideravam que apenas uma gota de sangue negro era suficiente para contaminar o homem branco e seus descendentes. Isso gerou uma quase angústia de desaparecimento do branco. Apesar das grandes diferenças entre a sociedade americana e a brasileira, diversas questões coincidiam. O curioso dessas prerrogativas, ditas científicas, é que apesar de defenderem uma suposta superioridade do branco,

ciência, como Agassiz, podiam ser exibidos pela fotografia. As lentes dos fotógrafos deram vazão às ideias sobre raça e deixaram entrever as incertezas e ambiguidades de uma ciência que tentava ostensivamente se impor.

No capítulo que segue, veremos como o corpo deixava de ser apenas um elemento da cultura, da expressão da alma, para se tornar definitivamente puro organismo. Se doente fosse, colocaria em risco o desenvolvimento social e econômico vislumbrado. A partir das últimas décadas do século XIX, o retrato fotográfico ganhava uma "base científica", tornava-se "uma imagem disciplinar à qual toda a sociedade deverá se sujeitar, a princípio, para circunscrever anormalidade e desvios, e, posteriormente, para atestar o pertencimento do indivíduo ao corpo social".[181]

Os investimentos sobre o corpo doente chegaram também no estúdio fotográfico de Christiano Jr., onde a ciência do corpo e a sua própria representação demonstram uma dada visão sobre o corpo doente, revelando toda uma *consciência de diferenças*,[182] como parte de políticas "indiscutivelmente racistas" que originaram uma exclusão, resultante "de uma atuação coerente apoiada por um racismo científico".[183] São esses os próximos passos da pesquisa.

---

  o colocavam, de certa forma, como o indivíduo mais vulnerável no processo de miscigenação, indício das inúmeras contradições que marcam essas concepções racialistas.

181 FABRIS, 2004, p. 46.

182 Georges Vigarello e Roy Porter, em "Corpo, saúde e doenças", verificaram como se deu a compreensão do corpo doente, mostrando que são visões que se modificam "de acordo com os meios material e social em que se vive (…)". CORBIN; COURTINE; VIGARELLO, 2008.

183 CORRÊA, 1998, p. 56.

Capítulo 3

Corpo visível e inteligível:
As diferenças sentidas como falha

O desenvolvimento da fotografia durante o século XIX deve ser entendido como parte do próprio desenvolvimento tecnológico e industrial, marcas do século XIX. Citada também como uma "revolução fotográfica",[1] introduziu uma nova interação, mediada no campo da visualidade, com uma ampliação de informações e percepções integradas também à prática médica. Uma tecnologia utilizada pela ciência como método de observação e descrição, codificando o corpo como expressão máxima do sujeito.

A informação fotográfica, para Lowe, fazia ver algo que ocorreu em outro lugar e tempo. Trazia uma maior consciência sobre a velocidade, dando ao indivíduo a ilusão de poder controlá-la. Empregada na prática médica, passou a trazer uma consciência da dor, expressão pura do sofrimento e o desejo de dominá-los, demonstrando três medos muito antigos, como disse Sant'Anna: "o medo da doença, o medo da dor e o medo da desumanização das aparências".[2]

A fotografia é uma *experiência mecânica*,[3] descontínua, fragmentada em cada fotograma. Experiência que traduzia o avanço industrial, urbano, mas também o próprio avanço da medicina como ciência no Brasil, modificando, como apontou o autor, as expectativas daqueles que naquele tempo viviam. "Dispunham de provisões de água potável e de encanamento; difundiu-se o uso da eletricidade e se popularizaram os ideais de saúde e de limpeza".[4] A fotografia estava presente nesse movimento.

---

1 LOWE, 1982, p. 78.
2 SANT'ANNA, 2001, p. 5.
3 LOWE, 1982, p. 79.
4 *Ibidem*, p. 89.

Partindo dessas reflexões, as fotografias para uso médico constituem-se como materialidade capaz de evidenciar parte dessas novas expectativas, o progresso como ideal maior, a formulação de um pensamento intelectual e científico, genuinamente nacional, mas com a mente voltada para a Europa. Para isso, *higienizar, classificar, diferenciar* eram verbos que traduziam a cultura da época. E se palavras também traduzem culturas, imagens também conduzem a ela. É a sua materialidade em si mesma.

A fotografia nasce e atende a um momento onde "toda a diferença é sentida como falha".[5] Ela vem revelar, por luz, a esse sentido percebido por Todorov. É filha astuta em seduzir, faceira em iludir, esperta e rápida em inventar.

A fotografia etnográfica era uma produção intrínseca e concomitante ao uso dessa tecnologia também para fins médicos.[6] Conclusão resultante não por hipóteses previamente estabelecidas, mas como resposta da aquisição das fontes, a partir das quais busca-se compreender os significados assumidos por essas imagens, ao representarem o corpo visivelmente doente.

As séries fotográficas de Christiano Jr. e J. Menezes encontradas na Biblioteca Nacional no Rio de Janeiro, da coleção D. Thereza Christina Maria, impuseram uma nova frente analítica à pesquisa: a fotografia também como base documental a serviço dos doutores da nação. No verso de cada cartão *cabinet*, produzidos por J. Menezes, Christiano Jr. & Pacheco aparecem como antigos donos do ateliê fotográfico, onde J. Menezes retratou indivíduos, brancos e negros, portadores de deficiência nos membros inferiores.[7] Já Christiano Jr. tornava visível

---

5 TODOROV, 1993.

6 Essa perspectiva não surgiu apenas do estudo historiográfico, mas como feliz descoberta na pesquisa realizada na Biblioteca Nacional, onde essa documentação foi encontrada.

7 O nome completo do fotógrafo é João Xavier de Oliveira Menezes. Foram no total 23 fotos encontradas, formato cartão cabinet, papel albuminado, P&B, 14x10cm, cartão suporte 17x11cm, produzidas em 1880. Segundo Boris Kossoy, os primeiros registros da atividade de J. Menezes como fotógrafo são de 1876. Até 1882, manteve sociedade com seu irmão Carlos Xavier de Oliveira Menezes e com Bernardo Jose Pacheco, este último antigo sócio de Christiano Jr. Em 1882, Pacheco não constava mais como sócio. Em 1885 J. Menezes trabalhava sozinho em seu estabelecimento. Ver KOSSOY, 2002. A indicação de que o estabelecimento fotográfico pertenceu a Christiano Jr. não aparece apenas no verso do cartão, mas também em anúncio publicado na *Gazeta de Noticias*, no dia 6 de agosto de 1875. O nome de Christiano Jr. era conhecido pela

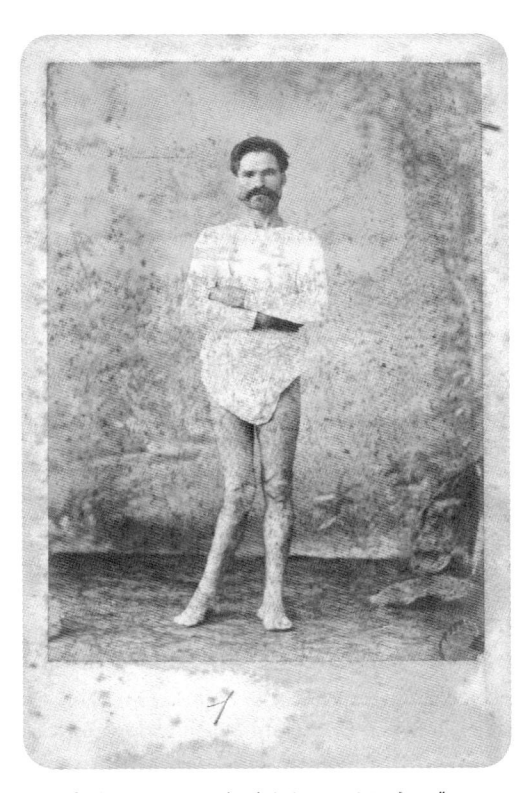

Imagem 82 | Fotos: J. Menezes, no verso encontramos: "fotógrafo da Antiga Casa de Christiano Jr. & Pacheco". Acervo da Fundação Biblioteca Nacional – Brasil.

o corpo vitimado pela elefantíase,[8] indicando que, além dos registros etnográficos, atendeu a outras demandas, supostamente a encomenda de algum médico pesquisador.[9]

Infelizmente, as imagens feitas por J. Menezes encontram-se num estado precário de conservação. A química do papel albuminado espalha leves e contínuas manchas sobre a superfície fotográfica, deteriorando também o papel do cartão suporte. A opção foi por manter a condição real da documentação e não fazer nenhum tratamento na imagem, explicitando assim a ação do tempo, da própria história do documento.

Com o mesmo painel de fundo usado por Christiano Jr., alguns enaltecendo as matas, a flora e fauna nacionais, J. Menezes realizou seus retratos sem trocar o fundo, utilizando-se do mesmo cenário dos retratos etnográficos realizados por Christiano Jr. nos registros de negros e seus ofícios. Ignorou, contudo, a recomendação dada pelo fotógrafo francês Alphonse Lièbert, para o qual os fotógrafos deveriam possuir "fundos móveis para que pudessem ser trocados de cliente para cliente, com o objetivo de alcançar maior harmonia entre retrato e retratado".[10]

---

sua clientela: Retratos a 50$ a dúzia. Pacheco, Menezes & Irmão, sucessores de Christiano Jr. & Pacheco, photographos, rua da Quitanda, 39. O anúncio mostra como Christiano Jr. era ainda reverenciado.

[8] A filariose, também conhecida como elefantíase, é causada pelos parasitas nematoides Wuchereria bancrofti, Brugia malayi e Brugia timori, denominados filaria. Eles se alojam nos vasos linfáticos, causando linfedema. É conhecida como elefantíase devido ao aspecto de perna de elefante que o paciente pode acabar adquirindo. Tem como transmissor os mosquitos dos gêneros Culex, Anopheles, Mansonia ou Aedes, presentes nas regiões tropicais e subtropicais. Quando o nematoideo obstrui o vaso linfático, o edema é irreversível. O mosquito é infectado quando pica um ser humano doente. Dentro do mosquito as microfilárias modificam-se ao fim de alguns dias em formas infectantes, que migram principalmente para a cabeça do mosquito. Depois da picada, o mosquito transmite as larvas do verme para o corpo hospedeiro; estas gravitam em torno dos nódulos linfáticos onde crescem e se transformam em vermes filamentares que podem ter mais de 10 cm de comprimento. O corpo reage produzindo inflamação que interrompe o fluxo de fluido linfático. A consequência disso é que braços, pernas e genitálias se incham em proporções monstruosas que atinge mais de 120 milhões de pessoas no mundo.

[9] Não há referência documental sobre essa a suposta encomenda. Presume-se isso, já que muitos dos trabalhos eram realizados sob encomenda de clientes.

[10] GRANGEIRO, 2000, p. 106. Segundo o autor, a recomendação era para a utilização de dois tipos de fundos, ou pintados, recriando um cenário imaginário, ou apenas lisos.

Depois da década de 1870, os médicos da corte carioca participaram ativamente do debate em torno das questões sociais da época, pela necessidade de intervenção em benefício da nação, tais questões, amplamente presentes nas revistas especializadas então publicadas, vinculadas às instituições de ensino de medicina, foram centrais para esses médicos que não só exigiram, mas partiram para uma efetiva disputa pensado-se capazes de ajudar a redefinir o futuro do país. A decadência hereditária e a degeneração racial seriam então superadas pela ciência.

Antes de deixar o Rio de Janeiro, Christiano Jr. realizou uma série de doze imagens de pessoas com elefantíase, "uma das primeiras utilizações da fotografia no Brasil para ilustrar casos médicos".[11] Se as fotos de J. Menezes foram produzidas na década de 1880, Christiano Jr. as produziu em 1865, demonstrando o início de uma demanda que não mais cessaria: ser a tecnologia da imagem um instrumento para a observação, descrição e usos científicos, incorporadas pelos "homens da sciencia",[12] ligados a centros de estudos e pesquisa nacionais, quando se voltaram às pessoas portadoras de deficiências, que se diferenciavam da "normalidade" então considerada, tornando-se objetos de pesquisas, a partir de uma perspectiva interna de considerações testemunhada pela fotografia:

> A imagem do homem revela o que os distingue dos outros seres: sua habilidade de observar a si próprio. É a sina do homem que ele não só se contenta com o que vê, mas que se aborreça com suas imperfeições físicas e morais. A imagem do homem é testemunha desta ambição.[13]

A fotografia a seguir retrata um homem negro com doença evidentemente colocada em destaque, não apenas pela frontalidade da pose, mas pela gravidade do estágio já alcançado da elefantíase. Frontalidade que não produz silêncios. Pura eloquência dizer que choca. O mais perto: assusta. Esta é a imagem de onde surgiram as primeiras indagações sobre a utilização da fotografia como recurso de observação e descrição nos estudos e pesquisas médicas.

---

11   Ver LAGO, 2005, p. 140

12   SCHWARCZ, 1993.

13   Ver documentário *Homo Sapiens*. Direção Peter Cohen, 1998.

Ela integra a série com doze fotografias produzidas por Christiano Jr., sendo possivelmente a única até então publicada. Se antes o corpo era apresentando a partir de diversas representações simbólicas carregando panos, marcas étnicas, roupas rasgadas, pés descalços em precárias condições sociais, vê-se agora, em contraste, o corpo doente, organismo puro e simples, disposto ao estudo, à observação.

De braços cruzados, olhando diretamente para a lente do fotógrafo, tem-se talvez um possível escravo retratado com ausência de qualquer cenário, com painel de fundo totalmente liso, nenhum objeto. Nada que concorra com aquilo que se queria destacar. Seu corpo enfermo, deformado pelo inchaço dos membros inferiores, faz quase sumir seu pé esquerdo. Quando se observa os primeiros sintomas da doença, "primeiramente o doente sente uma dor na direção dos vasos lymphaticos notando-se um cordão bem sensível, que se termina nos ganglios lymphaticos então dolorosos, sendo estes symptomas acompanhados de febre, frios, e dores de cabeça",[14] talvez o doente não tenha se dado conta do agigantamento que o acometeria.

No momento de permanência do fotógrafo no país, de 1862 a 1866, ainda não era essa uma prática comum da medicina, a de retratar os doentes da nação, sendo, portanto, essa série uma das primeiras com essa finalidade. J. Menezes, na "antiga casa de Christiano Junior e Pacheco", possivelmente já na década de 1880, se beneficiava mais com essa atividade comercial, dado aos novos rumos tomados pela medicina, que passou a incorporar a fotografia como base de documentação de seus feitos e estudos. Nas últimas décadas do século XIX e pelas próximas do século XX, tornou-se comum o registro de campanhas de saúde realizadas por inspetores sanitários pelo interior do país, incorporadas em monografias, registros de atividades de pesquisas, álbuns de divulgação de instituições de saúde, laboratórios, relatórios destinados ao governo e também publicadas em revistas médicas.

Apesar da pesquisa não abranger os campos de representação anteriormente citados, vale ressaltar que muitas dessas produções fotográficas documentaram tanto o desenvolvimento da ciência nacional quanto o das próprias instituições científicas, mesmo que, como aponta Silva, não tivessem, a princípio, o desejo de exaltar ou propagandear essas instituições.[15]

---

14   LOBO, 1858, p. 15.

15   SILVA, 1998.

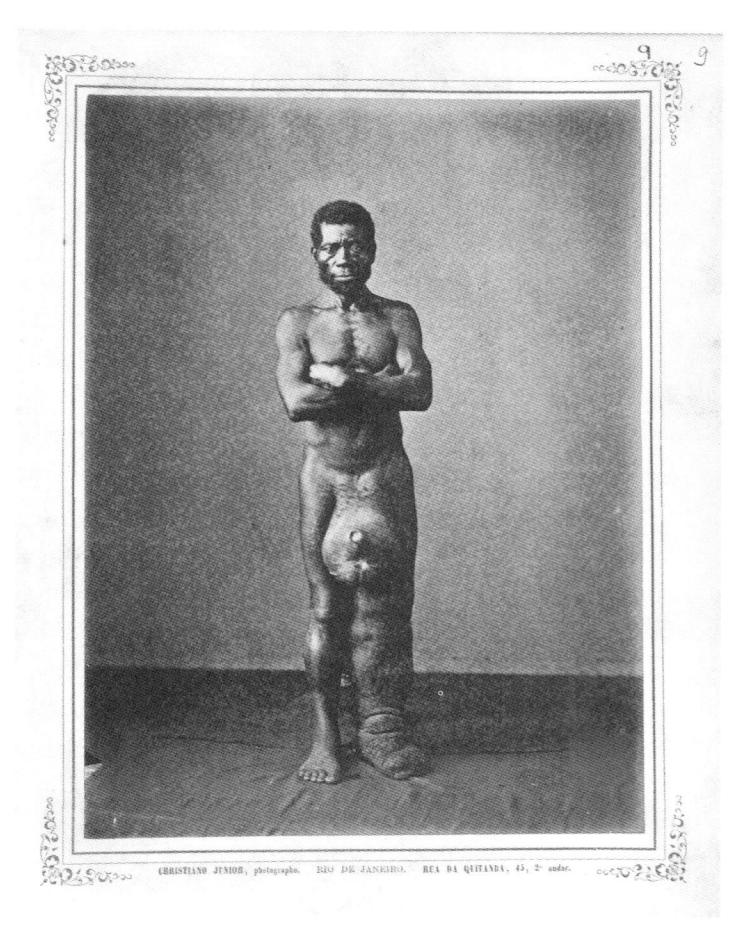

Imagem 83 | Foto: Christiano Jr. 1865. Acervo da Fundação Biblioteca Nacional – Brasil

Nos séculos XVI ao XVIII, o corpo doente permeava no imaginário da época como abrigo dos castigos impostos por Deus. Esse Deus que punia, o fazia pela salvação das almas que colocaram o corpo em pecado, afinal, "a enfermidade era vista por muitos pregadores e padres, e também por médicos da época, como um remédio salutar para os desregramentos do espírito". A ciência, vista pelos olhos da Igreja, mergulhou este período numa estagnação, "carente de profissionais, desprovidos de cirurgiões, pobre de boticas e boticários, Portugal naufragava em obscurantismo, e levava a colônia junto".[16]

Obscurantismo que começaria a ser superado em meados dos oitocentos. Segundo Silva,[17] desde a primeira metade do século XIX criaram-se medidas voltadas para questões de saúde. Vacinações e a própria criação de escolas médicas, em 1810,[18] no Rio de Janeiro e Bahia, comprovam essa preocupação que se estendeu, fortalecida durante toda a segunda metade do XIX, "não só pelo caminho da intervenção técnica sobre a cidade em boa parte desenvolvida dentro do pensamento médico e higienista, como também devido à convergência de epidemias, de fluxo imigratório, de mudanças políticas e de interesses econômicos".[19] Cura, doenças, população ficaram então sob a guarda das classes dominantes. Sob a tutela da ciência.

De fato, era este um momento marcado pelo forte interesse em conhecer o interior e o exterior do corpo humano. Na revista *Brazil Medico*, encontram-se inúmeros artigos sobre diferentes tratamentos e procedimentos cirúrgicos, com descrições até minuciosas sobre o comportamento do paciente, assinadas por médicos, que se dedicavam não somente à efetiva prática de atendimento aos doentes, mas em tornar a medicina nacional uma prática também de pesquisa.

---

16 PRIORE, 2002, p. 80.

17 SILVA, 1998, p. 138.

18 No Hospital Militar do Morro do Castelo, funcionava desde 1809 a *Escola Anatômica, Cirúrgica e Médica do Rio de Janeiro*. Quando, em 1813, foi transferida para a Santa Casa de Misericórdia, passou a ser chamada de *Academia Médico Cirúrgica do Rio de Janeiro*. Após o projeto de reforma do ensino médico a pedido do governo regencial, como afirma Magali Engels (1989), tornou-se, em 1832, a Faculdade de Medicina do Rio de Janeiro. Inspirada, nos moldes franceses, ofereceu três cursos: medicina, farmácia e partos.

19 SILVA, 1998.

Os doutores da nação que se propuseram a tal empreitada fizeram das revistas *Brazil Medico* e *Gazeta Medica da Bahia* um importante espaço de diálogo de ampla abrangência. Artigos publicados nesta última foram reproduzidos na primeira. Em artigo assinado pelo Dr. Nina Rodrigues, no *Boletim Bibliographico*, intitulado "Do Prognostico das Molestias do Coração", tradução da monografia do professor Leyden "enrequecida de annotações substanciosas", há uma crítica exigindo os médicos brasileiros que desenvolvessem uma literatura nacional, em tom de desabafo: "sem litteratura medica propria, o Brazil vive e pensa em medicina pela litteratura francesa".[20]

O nome de Nina Rodrigues foi, sem dúvida, um grande destaque na revista *Gazeta Medica da Bahia*,[21] que, assim como a revista carioca, estava preocupada com as epidemias que faziam vítimas também em Salvador. Epidemias eram associadas diretamente às questões raciais, numa clara associação do corpo doente com o corpo mestiço. Mestiçagem foi condenada como um diagnóstico que poderia comprometer o futuro da nação. Para Nina Rodrigues, a inferioridade trazida pela hibridização era dada como certa. O médico maranhense não acreditava no branqueamento da população como saída para o país de seus males, e afirmava ser "erro deplorável reconhecer a utilidade relativa do cruzamento afro-lusitano, em que se vai absorvendo o elemento negro da nossa população";[22] denomina como utopias de filantropia, ou ainda como divagações sentimentais[23] as crenças no branqueamento.

A partir dessa crença na incapacidade dos negros em se constituirem como "povo civilizado", Nina Rodrigues defendeu sua "convicção científica sincera e preocupação com o futuro da pátria" para, em seguida, reafirmar: "no sangue negro havemos de buscar, como fonte matriz, com algumas das nossas virtudes, muitos dos nossos defeitos", para assim defender a intervenção administrativa nas políticas imigratórias. Se, em alguns momentos,

---

20 Revista *Brazil Medico*, 1892, p. 271. Biblioteca de Medicina da USP.

21 Pacifico Pereira, médico responsável pela direção da revista, mantinha como temática central, as questões de higiene e saneamento como parte das campanhas em prol da erradicação de males considerados endêmicos. Ver SCHWARCZ, 1993, p. 206.

22 CORRÊA, 1998, p. 59. A autora trata especificamente sobre o médico Nina Rodrigues e sua escola, que reunia seus intelectuais seguidores.

23 Ver CORRÊA, 1998, p. 63. Essa crítica proferida por Nina Rodrigues recaiu, sobretudo, em Silvio Romero.

Nina Rodrigues criticou o sistema escravista, em outros, com menos compaixão, afirmou que os povos africanos não são aptos a uma civilização futura, constituindo-se como "povos fracos e retardatários" sendo a "morosidade o ponto fraco da civilização dos negros". A partir dos estudos da ossificação do cérebro o nome de Nina Rodrigues vinculou-se à medicina legal, tornando-a "um ramo autônomo da medicina brasileira".[24] Os estudos de morfologia, craniologia e fisiologia eram métodos comprobatórios em defesa da inferioridade negra e prova de seus crimes.[25] Corrêa apontou como, desde meados do século XIX, a craniometria, a craniologia e a antropometria foram áreas específicas do conhecimento médico, fato que ajudou a definir a antropologia como a ciência do homem[26] e, como aponta a autora, o médico antropólogo Cesare Lombroso foi criador da antropologia criminal:

> não satisfeito em pesar e medir o crânio e seu conteúdo, criou toda uma taxonomia de traços faciais e corporais, os estigmas, que permitissem detectar o que subsistia de nossos ancestrais primitivos nos homens e mulheres contemporâneos, levando-os ao crime e à loucura.[27]

Nina Rodrigues aplicou suas conclusões a toda a sociedade mestiça brasileira, tentando comprovar como se cristalizou, pela mestiçagem, um suposto atraso cultural nacional. Crime e mestiçagem eram as categorias privilegiadas por ele.

A raça negra se constituiu, sob essas premissas, como um "elemento patológico na composição de nossa população". A degeneração era então dada como certa para este teórico, afinal o comportamento era pré-determinado pela contingência biológica, formadora de um "eu hereditário", de uma "lembrança orgânica", mas associada a uma "memória psíquica", a um "eu adquirido", ambos transmissíveis aos descendentes,[28] bem ao estilo de Gobineau,

---

24   *Ibidem*, p. 13.
25   As demais citações no parágrafo são de RODRIGUES, 1977.
26   CORRÊA, 1998, p. 88.
27   *Ibidem*, p. 89.
28   *Ibidem*, p. 152 Essas reflexões de Nina Rodrigues o separam de Lombroso ao ter ampliado essas noções para as questões raciais e estudos das tradições culturais dos povos africanos. Ver p. 92.

insistente em defender que "o resultado da mistura é sempre um dano".²⁹ Explica-se assim a vontade de Nina Rodrigues de "intervenção na realidade social"³⁰ como propagada pela *Gazeta Medica* da Bahia, dando amplitude à sua voz. Se a partir dessas publicações se tem representado o tenso debate intelectual sobre o futuro do país, tensão marcada também pela disputa entre diferentes áreas do conhecimento – medicina e direito, por exemplo – as fotografias de Christiano Jr. e J. Menezes constituem um importante *corpus* documental, evidenciando como essas representações revelam nuances de certas visões que, pelo método da descrição e observação dos corpos, foram cedo arraigadas. Materialidade que possibilita a reconstrução de específicas relações sociais e abre fendas para se verificar como as atividades científicas foram também instrumentos políticos de controle social, onde interesses políticos se irmanavam com os fundamentos teóricos da ciência.

A *Gazeta Medica da Bahia* foi um veículo que explicitou não somente as novidades científicas nacionais, mas também as formuladas na Europa, trazendo informações, no setor "Imprensa Medica Estrangeira", sobre tratamentos, noticiando seus bons resultados e outros ainda não alcançados. A mestiçagem brasileira é na *Gazeta Medica* razão para os males nacionais. Lombroso talvez não pudesse imaginar que suas ideias chegariam tão longe. Os ventos do Mediterrâneo se fizeram sentir também em Salvador.

Para os médicos pesquisadores, a inevitabilidade da degeneração exigia um combate às doenças associado a "projetos higienistas e saneadores". Prova de como as discussões raciais das décadas de 1860 e 1870 influenciaram, no fim do século XIX, as discussões sobre a nação brasileira, "porque a eugenia utilizaria todos os dispositivos já experimentados pela higiene".³¹

> Há também registros de que, já em fins do século XIX, na Academia Nacional de Medicina do Rio de Janeiro, medidas eugênicas eram defendidas por Souza e Lima, quando reiterava a necessidade de uma legislação que obrigasse a

---

29   Ver SCHWARCZ, 1993, p. 63.
30   CORRÊA, 1998, p. 103. Para a autora, as observações empíricas de Nina Rodrigues compunham uma "análise estrutural da sociedade brasileira que ele estava interessado". O médico foi por alguns anos redator-chefe da Revista *Gazeta Medica da Bahia*.
31   MOTA, Andre. *Quem é bom já nasce feito. Sanitarismo e eugenia no Brasil*. Rio de Janeiro: DP&A, 2003, p. 16.

realização do exame pré-nupcial (1892) e, posteriormente, que proibisse o casamento entre sifilíticos e tuberculosos contagiantes.[32]

Aí está uma clara indicação do quanto os cientistas nacionais não apenas ressiginificavam os conteúdos racialistas em voga, mas firmavam suas teorizações não com menos violência.

Às "classes ilustradas", como define Corrêa, coube a tarefa de teorizar, no mundo acadêmico e em jornais e revistas especializadas, a realidade brasileira marcada por desigualdades históricas. À fotografia, contraditoriamente, coube a tarefa de tornar visível tudo aquilo que não mais queriam ver. Estranha contradição porque coloca a nu e revela o que queriam tornar invisível, apagar das cenas citadinas: a doença, a pobreza, a ferida brasileira. O Brasil negro se queria apagar pela rejeição.

Entre 1845 e 1890, as condições de salubridade na cidade do Rio de Janeiro tornaram-se temática central. Muitas abordagens situaram o Rio de Janeiro como uma "cidade doente (...) objeto construído pelo saber médico".[33] Estudos sobre as moléstias como a tuberculose, beribéri, febre amarela e sífilis entraram em pauta, relacionando o clima e solo com meios propagadores de doenças. Estudos sugeriam "a necessidade de criação e adoção de uma medicina brasileira; os progressos e conquistas da cirurgia no Brasil; a elaboração de um tratamento de doenças típicas ou frequentes no Brasil".[34] A fotografia de Christiano Jr. atende a uma demanda do saber médico que se constituía invadindo também o estúdio fotográfico.

A década de 1870 foi um "momento de guinada no perfil e na produção científica das escolas de medicina".[35] Rio de Janeiro e Bahia sediavam essas instituições, financiando publicações e organizando novos cursos, fatos que redefiniram a "atuação médica no Brasil".

---

32   *Ibidem*, p. 14.

33   ENGELS, 1989. Aspectos de higiene do casamento, das relações sexuais, da mulher e da criança foram outros temas recorrentes no período.

34   *Ibidem*, p. 41.

35   SCHWARCZ, 1993. A autora analisa a prática médica desde o Brasil colônia e seu desenvolvimento durante o século XIX, a partir de depoimentos de cronistas, artigos publicados em revistas especializadas (p. 198). Esta guinada deve-se também ao fato de terem surgido, após a década de 1870, novas especializações como higiene pública, medicina legal e medicina nervosa, ou neurologia.

Antes praticada por barbeiros, sangradores,³⁶ curandeiros ou práticos "sob a fiscalização dos 'cirurgiões-mores' do Reino",³⁷ a medicina profissionalizava-se como espaço garantido aos filhos das elites nacionais.

De castigo divino, as mazelas do corpo passaram a ganhar outros entendimentos, não menos obscuros. No Brasil, imagens retratando o corpo como lugar da doença e da moléstia apresentavam individualmente cada pessoa, mas o que se queria fazer ver e evitar era o corpo social considerado como fraco, dada a sua incapacidade ou inferioridade biológica. As revistas *Gazeta Medica* na Bahia, fundada em 1866, e *Brazil Medico*, fundada em 1837, no Rio de Janeiro, publicaram artigos visivelmente associando doença e mestiçagem.³⁸

Enquanto a primeira tentava ser um centro aglutinador de ideias desses profissionais que buscavam, sobretudo, autonomia, a segunda abusou em "referências a anormalidades físicas de pacientes, relatos de doenças deformatórias eram ainda mais constantes (...) sendo ampla a utilização de pacientes negros e mestiços".³⁹ Com certa frequência, diferenciavam

---

36   Sangradores são aqueles que realizavam sangrias, pequenas operações, aplicações de sanguessugas, extração de dentes. Ver KARACH, 2000.

37   Até a década de 1870, a medicina era marcada pela precariedade quase absoluta. Em 1808, com a chegada da família real, foram criados, na Bahia e no Rio de Janeiro, dois curso médicos-cirúrgicos, não para diplomar em medicina, possível apenas em Coimbra, mas somente para tornar os profissionais mais aptos já que o atendimento era "insuficiente e pouco profissional". Em 1872, foi criada a *Junta Perpétua do Proto-Medicato*, que dava cartas de autorização habilitando quem quisesse exercer esse ofício – chamados de prático ou proto-médico –, geralmente "(...)mestiços, analfabetos e cuja atuação não levava a qualquer posição de maior prestígio social". Eram na maioria "parteiros, curandeiros, boticários dentistas e sangradores". Mesmo depois das escolas terem se transformado em academias muitos profissionais, ainda podiam trabalhar como cirurgião barbeiro ou sangrador, diferenciando-se do aprovado (aquele que completou 5 anos de curso) e do formado (aquele que, além dos 5 anos, continuou por mais dois, refazendo os dois últimos anos antes cursados). Em 1832, via decretos, as academias médico-cirúrgicas transformaram-se em faculdades de medicina. Em 1829, organizada nos moldes da Academia Francesa, foi fundada a Sociedade de Medicina.

38   SCHWARCZ, 1993, p. 204-205. A autora apresenta um quadro com os principais temas publicados pela *Gazeta Medica da Bahia*: higiene pública, epidemiologia, saneamento, demografia e meteorologia e, ainda, a chamada medicina interna, com as seguintes especificações: oftalmologia, ginecologia, pediatria, odontologia e clínica geral, com o ideal de "prevenir antes de curar".

39   *Ibidem*, p. 221. Estudos clínicos e artigos que visavam auxiliar "os colegas da profissão" eram os grandes assuntos tratados pela revista. Dirigida pelo Dr. Azevedo Sodré, médico no Hospital da Misericórdia e professor

aquilo que chamavam de "pathologia tropical" numa possível indicação de que acreditavam no meio como determinante dos diferentes tipos de doenças.

A faculdade no Rio de Janeiro inicialmente trazia como defesa de seus médicos o projeto de higienização para combater doenças como febre amarela e o mal de Chagas. De forma contundente, os médicos se posicionavam de maneira bastante crítica em relação à situação social vigente. O boletim da semana, intitulado *Saneamento do Rio de Janeiro*, publicado na revista *Brazil Medico*, em 1892, tratava das novas medidas governamentais (treze no total) propostas pelos médicos sanitaristas para a cidade, que se autodenominavam como "conselhos dados pela sciencia em bem da sociedade".[40] Não se esconde a descrença em relação à administração pública, pronunciada na finalização do boletim que assim se iniciava:

> Convocado pelo ministro do interior, reuniu-se a 1 de agosto o Conselho Superior de Saúde Pública, para mais uma vez emitir opinião sobre as medidas a adoptar com o fim de melhorar o deplorável estado sanitário desta cidade. Ao que parece, foram aprovadas as seguintes medidas:
> 1° Esgoto completo no systema moderno
> 2° Extensão do abastecimento d'agua (...)
> 3° Reconstrução do calçamento com boas fundações e juntas estanques
> 4° Melhoramento da limpeza das ruas
> 6° Augmento conveniente do numero de hospitaes
> 9° Fechamento de cortiços
> 10° Prohibição da immigração por 4 annos pelos portos do Rio de Janeiro e Santos.[41]
> 11° Collocação das latrinas fora das casas

---

de Clínica Médica, Patologia Interna e Clínica Propedêutica. A revista debatia os impasses e problemas da profissão, tentando até mesmo garantir uma reserva de mercado aos médicos doutores autorizados.

40   *Brazil Medico*. Publicação de 1892, p. 231. *Boletim da Semana*. Documentação consultada na Biblioteca de Medicina da Universidade de São Paulo.

41   Sobre esse caráter xenófobo, ver ENGELS, 1989. A autora avalia que, apesar do aumento das possibilidades de emprego, dado o desenvolvimento do núcleo urbano da cidade, era grande a defasagem entre oferta e procura de mão de obra. Quadro agravado devido à crise da escravidão, pelo advento de muitos libertos provenientes das zonas rurais e pelo aumento significativo de imigrantes, sobretudo portugueses. Esses últimos eram

13° Revisão de esgotos e drenagem do solo.
E, actualmente urgente: Desinfecção de todos os prédios em que se deram casos de febre amarela.

Na conclusão do boletim expressou o pessimismo e a forte crítica à histórica não ação governamental diante dos problemas sociais citados:

> Já, porem, innumeras vezes temos sido dotados pelas eminencias profissionaes de nosso paiz com bellissimos projectos, sem que infelizmente nenhum delles se realise, produzindo assim a descrença na perseverança do governo e autorisando a ironia com que é acolhida pelos chronistas cada nova tentativa deste gênero[42]

No primeiro ano de existência da revista *Brazil Medico*, 1887, o mesmo descrédito já percorria as linhas do artigo "A Tuberculose no Rio de Janeiro", em Assumptos de Hygiene Publica:

> Seja por deficiência ou má organização das instrucções regulamentares que tolhem a inspectoria toda a iniciativa, seja por incompetência do pessoal, seja por qualquer outro motivo de igual importância, o facto é real e indiscutível: a hygiene na capital do império é uma burla, uma ilusão (...) entretanto ninguém desconhece hoje a importância que cabe á hygiene publica e privada, ninguém pode ignorar as conquistas brilhantes que diariamente vai este ramo de medicina adquirindo[43]

Em seu discurso na Academia Imperial de Medicina no Rio de Janeiro, o Dr. José Pereira Rego, médico e conselheiro sanitarista, declarou também como o desempenho e o

---

acusados como causadores do desemprego na cidade, concepção presente tanto entre as classes dominantes quanto nas populares. A xenofobia era caracterizada pela associação do imigrante à desordem da cidade.

42 *Revista Brazil Medico*. 1892, p. 231. *Boletim da Semana*. Documentação consultada na Biblioteca de Medicina da Universidade de São Paulo.

43 *Revista Brazil Medico*. 1887, p. 326.

"zelo de nossas municipalidades" relativas à higiene pública, "se conserve estacionaria, senão retrogada".⁴⁴ Apontou, devido à "consciencia do dever" e da "posição que occupo", as condições precárias de higiene que assolavam a corte carioca:

> Vos o sabeis tão bem como eu, e parece-me que vos ouço dizer que é uma irrisão e um escarneo ao bom senso desta capital affirmar-se que ha limpeza publica, quando as ruas estão constantemente cheias de pó, envolvendo restos de pequenos animaes nellas abandonados e triturados pelos vehiculos de conducção, quando as suas sargetas estão obstruídas por terra e lixo, quando as ladeiras, praças e grande parte das ruas menos centraes, estão cobertas de capim e pequenos arbustos como se fôssem reservadas para pastagem, quando enfim as immundicias e o lixo são removidos de uns para outros pontos da cidade já bastante povoados, e empregados como aterro por consentimento da Ilma. Camara.⁴⁵

Nas queixas e apontamentos do Dr. Rego, explicitou-se a preocupação com a "purificação da atmosphera". Por isso, critica a "indifferença" das autoridades municipais, ao autorizarem

> a collocação das latrinas e mijadouros publicos (...) receptáculos das materias excrementiciais, o solo que assentão, colloca-las no centro das praças com uma entrada commum (...) pôr os mijadouros sobre os passeios com a porta de entrada para a frente dos edifícios fronteiros e abandonando os cuidados de limpeza e asseio áquelles que delles se servem.⁴⁶

---

44 *Annaes Brasilienses de Medicina – Jornal da Academia Imperial de Medicina do Rio de Janeiro*. Tomo XXIII. Junho de 1871. Discurso pronunciado no dia 30 de junho de 1871, p. 54.
45 *Ibidem*, p. 57.
46 *Ibidem*, p. 58.

Para o médico, "o exame e estudo deste factos sorprehen de áquelles que buscão a sua explicação, e por mais sceptico que seja o investigador, não pode deixar de crer que há na execução deste serviço uma incognita".[47] Tão familiares às vezes parecem as incógnitas.

Refletem-se aqui discursos médicos, que se traduzem também em discursos político-sociais, não somente apontando problemas estruturais da cidade, como promovendo um ataque a habitações, evidentemente voltando-se contra os cortiços, fortemente associados ao mundo da miséria, à sujeira, à doença. Neles residiam um mundo em expansão, afinal, os cortiços surgiram por toda a cidade carioca.[48] Expressa-se, obviamente, uma vontade de curar as doenças, mas também uma vontade de ordenamento social. A doença passou a ser vista como uma ameaça, inclusive à própria ordem médica. Não controlá-las seria o mesmo que denunciar o próprio fracasso da medicina.

As medidas propostas refletem como no espaço urbano recaíram ações e noções da área médica que nada deixaram escapar:

> Matas, pântanos, rios, alimentos, esgotos, água, ar, cemitérios, quartéis, escolas, prostíbulos, fábricas, matadouros e casas foram alguns dos inúmeros elementos urbanos atraídos para a órbita médica. A higiene revelava a dimensão médica de quase todos estes fenômenos físicos, humanos e sociais e construía para cada um deles uma tática específica de abordagem, domínio e transformação.[49]

As discussões sobre higiene pública mobilizaram, segundo Schwarcz, boa parte das atenções até os anos de 1880, "que implicava uma grande atuação médica no dia-a-dia das populações contaminadas por moléstias infecto-contagiosas".[50] Os médicos, tomados então por essa problemática, lançaram mão de seus ideais e passaram a implementar programas higiênicos.

---

47 *Ibidem*, p. 58.
48 Ver CHALHOUB, 1996. O médio Dr. José Pereira Rego fez duros ataques aos cortiços. Ver *Annaes Brasilienses de Medicina – Jornal da Academia Imperial de Medicina do Rio de Janeiro*. Tomo XXIII. Junho de 1871. Discurso pronunciado no dia 30 de junho de 1871, p. 59-62.
49 COSTA, 1989, p. 30.
50 SCHWARCZ, 1993, p. 190.

A preocupação dos médicos com a higiene pública era de tal ordem que a *Gazeta Medica da Bahia* publicou, em setembro de 1866, um artigo assinado pelo Dr. José de Goes Siqueira, "que se tem dedicado ao estudo das questões d'hygiene publica, de mais importancia, e de mais immediata applicação pratica". Preocupado com as "formidáveis epidemias, que assolaram o nosso paiz, em 1849 e 1855", sugeriu como eficaz na tentativa de se atenuar os efeitos da cholera-morbus "visitas medicas preventivas nos domicílios, com o fim de reconhecer e atalhar o mal nos seus symptomas precursores".[51]

O discurso médico da época carregava uma questão central, que não era somente diagnosticar possíveis doenças, mas entendê-las pelo prisma da temática racial. A faculdade baiana não foi a única a considerar a doença associada à miscigenação. O ainhum, "chamada vulgarmente de frieira, que se torna fibrosa, constrictor, fazendo degenerar os tecidos lenta e progressivamente", foi considerada como uma doença comum entre os escravos, afetando seus dedos dos pés, muitas vezes amputados, indicada, nos discursos médicos, como uma doença de origem "própria da raça negra africana e seus descendentes".[52] A doença começava, segundo relato médico, com uma ligeira depressão, ocupando as faces interna e externa da raiz do dedo, criando aparentemente um afastamento entre eles, "parecendo formar um angulo ao nível d'aquella depressão ou sulco"; essa cavidade "ulcera-se algumas vezes", tornando-se "áspera e escabrosa como lixa", conferindo ao dedo "o aspecto de uma batata"; a unha volta-se para fora e quando "o rego é circular e muito profundo, o dedo adquiri grande mobilidade, podendo-se inclinal-o em qualquer sentido, e mesmo imprimir-lhe, até certo ponto, um movimento de rotação".[53]

Esse "tão singular padecimento", que afetava os dedos mínimos somente dos pés provocava a "cahida" do dedo, rara entre os "creolos e pretas".[54] As causas da moléstia eram desconhecidas, mas suposições eram alvitradas:

---

51   Inspetor de saúde pública e professor na universidade de medicina em Salvador. Ver *Gazeta Medica da Bahia*, 1866, tomo I, p. 59.

52   *Revista Brazil Medico*. Rio de Janeiro, 1892, p. 161.

53   *Gazeta Medica da Bahia*, 1867, p. 147.

54   *Ibidem*, p. 147. O Dr. Silva Lima afirma ter conhecido dois casos entre mulheres negras afetadas pelo ainhum. Citou também que muitos doentes relataram casos de mulheres que sofriam da doença nos países

Duas theorias (…) ou se trata de uma lesão traumática commum, tomando caracter especial pelas condições anatomo-pathologicas da pelle do pé do negro, ou se trata de um tropho-nevrose particular aos negros africanos ou seus descendentes próximos.⁵⁵

Na seção Trabalhos Originaes, no artigo "Estudo Sobre o – Ainhum – Molestia ainda não descripta, peculiar á raça ethiopica, e affectando os dedos mínimos dos pés",⁵⁶ assinado pelo Dr. J. F. da Silva Lima, médico do Hospital da Caridade, o ainhum foi descrito mais uma vez como uma moléstia a que estão "particularmente sujeitos os pretos". Segundo o médico, é assim chamada pelos "pretos Nagôs, e vertem o vocábulo em frieira, que está muito longe de dar a mínima ideia do mal".⁵⁷ Nesse artigo se constata como as causas da moléstia eram ainda desconhecidas pelos médicos, "envolvida em profundo mysterio a etiologia d'esta degeneração". Ao indagar-se "o que é Ella então?", o médico deu mostras de como a medicina oficial era cercada de incertezas: "Esta é que é a maior dificuldade da questão. Dizer o que uma moléstia não é, custa menos, de certo, do que dizer o que Ella seja".⁵⁸ Incertezas que por certo estão ainda às voltas da ciência tão sisuda de si.

Esse relato médico deixa indícios da falta de nutrição como causa da doença e refuta uma hipótese sugerida por outros: "Uma outra causa, que ouvi mencionar a um distincto collega, é ainda menos sustentável, isto é, que os escravos estrangulam de propósito os dedos para se isentarem do trabalho".⁵⁹ Julgava o médico, a princípio, tratar-se de uma doença que atacava

---

africanos de origem.

55 *Brazil Medico*. Rio de Janeiro. 1892, nº 17, p. 163. Esta documentação foi consultada na Biblioteca de Medicina da Universidade de São Paulo.
56 *Gazeta Medica da Bahia*. 1867, p. 146.
57 *Ibidem*, p. 146.
58 *Ibidem*, p. 176. Esse artigo teve uma continuação publicada no dia 10 de fevereiro de 1867, de onde a citação foi analisada.
59 *Ibidem*, p. 147.

os pés devido ao fato de os negros andarem descalços. No entanto, declara: "vi depois que os libertos, que usam quasi sempre de calçado soffrerem egualmente como os outros".[60]

Mas é na descrição do paciente "Joaquim, africano, escravo, marinheiro, há mezes fora do serviço, um homem robusto de estatura alta", neste mesmo artigo, que se mostram vestígios da concepção racialista do Dr. Silva e Lima, não escapando da mentalidade de sua época. O paciente informou ao médico que, há dez anos, começou a sofrer do dedo mínimo do pé direito:

> Doia-lhe a cabeça do dedo, a qual augmentara gradualmente de volume à proporção que um rego quase circular que se formara, pouco a pouco, ao nível da dobra digito-plantar, ia sucessivamente se aprofundando; este rego se ulcerou-se depois, e d'aquella ulcera linear de vez em quando reçumava algum liquido purulento, em pequena quantidade. Curava-a com fios, e com vários unguentos que lhe aconselhavam. Consultou-me, diz elle, há cerca de dous annos, (do que eu já mal me lembrava) e diz que eu addiara a amputação do dedo, por elle estar ainda muito firme, isto é, por haver ainda continuidade na primeira phalange. Há três para quatro annos, começou a soffrer da mesma doença no dedo mínimo do pé esquerdo, exactamente do mesmo modo que no direito.[61]

Diante do mal do qual padecia, Joaquim recorreu à prática do curanderismo, ao saber popular, muitas vezes com mais prestígio entre a população: "muitos dos individuos que a soffrem nem sempre recorrem ao cirurgião, preferindo ou deixa-lo ir seu curso natural, até terminar na infallivel perda do orgão, ou entregar-se aos cuidados de curandeiros, seus conterraneos".[62] Dr. Silva Lima explica seu lamento: "Eu conto uns 10 casos em que tenha feito a mesma operação (…) e poucos dos nossos collegas da Bahia terão deixado de

---

60 *Ibidem*, p. 147.
61 *Ibidem*, p. 148.
62 *Ibidem*, p. 146. Sobre prática do curandeirismo, ver MONTEIRO, 1985.

encontrar occasiões de a praticar (...) porque nos hospitaes raras vezes se encontram doentes por motivos d'esta moléstia unicamente".[63]

O testemunho do escravo Joaquim mostra o alcance ainda limitado da ciência médica oficial, que tinha como rival a promessa da cura proferida por homens que também dedicavam-se a ela, sem contar, no entanto, com autorização oficial, acusados de charlatanismo. Curandeiros, boticários, espíritas, leigos fabricantes de remédios ou até farmacêuticos que não informavam as fórmulas dos remédios, médicos estrangeiros, homeopatas em disputa com a alopatia, parteiras, ervateiros, eram muitos os "charlatães", perseguidos "no decorrer de todo o Império (...) quando começaram a se formar os primeiros grupos de médicos nacionais";[64] médicos oficiais orgulhosos de sua posição estiveram preocupados não somente com o fortalecimento da corporação médica, mas em disputa pela concorrência de pacientes pagantes.

A alternativa de Joaquim deixaria o doutor Imbert enfurecido, porque praticamente há trinta anos, em 1837, já esbravejava contra tais "fios e unguentos":

> não é licito aos enfermos dar preferência a um destes pós variados, desses elixires sem número, dessas diversas pomadas e unguentos, com que os seus inventores, mais sábios de que os médicos, pretendem curar radicalmente a maior parte das enfermidades, que estes (ignorantes!) não podem domar. [...] Onde está, pois, neste mundo o que se conveio em chamar – bom senso? [...].[65]

A imprensa foi, como aponta Sampaio, porta-voz na "luta contra o charlatanismo".[66] O jornal *Diário de Noticias*, em 1888, na luta contra o curandeirismo atacou Eduardo David Rey, o famoso Marius, curandeiro de Niterói, conhecedor de plantas medicinais, atendendo ricos e pobres. Antes de comunicar-se com espíritos, era relojoeiro. Depois de dominar tal dom passou a curar doentes e "atribuiu-se também a Marius a realização de diversos mila-

---

63 *Gazeta Medica da Bahia*. 1867, p. 176. Esse artigo teve uma continuação publicada no dia 10 de fevereiro de 1867, de onde a citação foi analisada.
64 Ver SAMPAIO, 2001, p. 24-28.
65 *Ibidem*, p. 50. Cit. J. B. A. Imbert. *Uma palavra sobre o charlatanismo e os charlatões*. Rio de Janeiro, 1837, p. 23.
66 SAMPAIO, 2001, p. 25.

gres, como o ter feito uma paralítica voltar a andar".[67] Para o jornal, Marius não passava de um "agente de 'práticas indecentes', era um 'ignorante velhaco', pois não tinha estudos ou qualquer conhecimento da 'verdadeira medicina'".[68] Para os médicos sisudos de seu saber, Marius não passava de um impostor.

Em 1890, *A Gazeta de Notícias*, sobre o exercício ilegal da medicina, publicou o fato de provas documentais terem sido enviadas pelo delegado de polícia "Sr. dr. Thomaz Delfino" ao inspetor geral da Higiene Pública, acusando "Ignácio Teixeira, morador à rua Largo de São Joaquim, n° 156, de exercer ilegalmente a medicina, tendo ultimamente tratado, à rua Senador Eusébio n°137, de uma criança que veio a falecer".[69] No mesmo ano, "foi preso Laurentino Inocêncio dos Santos, que tem casa de 'dar fortuna' e 'zungu' no lugar denominado 'Pendura saia', no Cosme Velho, onde é conhecido como curandeiro".[70]

Se por um lado, como demonstra Sampaio, os médicos "trabalhavam em conjunto com os delegados de polícia", em "diligências magníficas", evidenciando estratégias conjuntas de repressão, por outro, essas notícias evidenciam, além da perseguição, a continuidade do curandeirismo, mesmo sendo sempre apresentada em tais notícias as vítimas da cura não oficial: o "envenenamento praticado em João Rodrigues Bastos, pelo curandeiro de nome Tito";[71] o menino de seis anos que sofria de vermes e teve "horríveis convulsões" e morreu depois de cinco horas "após ingerir o remédio indicado" pelo curandeiro Luiz Ramalho Cardoso.[72]

Associaram-se as práticas de cura não científicas com a bruxaria, como ações demoníacas: "Foram todos levados à presença do subdelegado Teixeira da Costa, que dirigira aquela

---

67 *Ibidem*, p. 23.
68 *Ibidem*, p. 22. Cit. *Diário de Notícias*, 22/03/1888, p. 1.
69 *Ibidem*, p. 81. Cit. *Gazeta de Notícias*, 04/06/1890.
70 *Ibidem*, p. 81. Cit. *Jornal do Commercio*, 03/03/1890.
71 *Ibidem*, p. 82. Cit. *Gazeta da Tarde*, 20/08/1889.
72 *Ibidem*, p. 87. Cit *Gazeta de Notícias*, 25/02/1889, p. 1. Gabriela Sampaio indica também como a perseguição ao charlatanismo não se dava de forma totalmente coesa. O Centro Positivista do Brasil, por exemplo, era a favor do progresso da ciência, no entanto acreditava que isso seria possível se o conhecimento fosse divulgado e não ficasse restrito aos círculos acadêmicos. Defendiam um desenvolvimento livre da ciência e a liberdade da arte de curar (p. 95-99).

magnífica diligência. (...) A rainha chama-se Luiza. É negra como os mistérios a que preside no interior de seu templo de feitiçarias", sendo apreendido inclusive "o trono da Bruxa".[73]

Outro a esbravejar contra curandeiros e charlatães foi o médico Dr. João Damasceno Peçanha da Silva. Em seu pronunciamento na Academia Imperial de Medicina do Rio de Janeiro, em 30 de junho de 1871, deixou explícita sua indignação ao afirmar que estavam "espalhados no vasto Império".[74] Minuciosamente ressaltou primeiro a conquista da ciência para em seguida também lamentar: "como o medico tem em sua vida momentos, que são verdadeiros triumphos da sciencia, nem por isso é menos verdade, que a sua posição é também as vezes em extremo dolorosa".[75] E ataca:

> Difficuldade maior se apresenta, é a quasia nenhuma garantia no exercício da medicina, contra os abusos inqualificáveis, desses perniciosos curandeiros e charlatães, que impávidos invadem o templo magestoso da sciencia, sacrificando em seu sanctuario grande numero de victimas innocentes, que de boa fé prestão-se às explorações fataes desses negociantes da saúde humana.[76]

Depois acusa de exploradores e perniciosos os que atreveram-se a invadir o "templo magestoso da sciencia". Condena aqueles que ousaram participar das negociatas às voltas da dor, atrapalhando assim as ambições daqueles que julgavam-se detentores do saber e do poder da cura.

A prática de cura, considerada como ilegal, foi duramente combatida durante todo o século XIX,[77] o que não evitou o escravo Joaquim de passar oito anos tentando curar "com fios, e com vários unguentos que lhe aconselhavam", o ainhum que tanto incômodo provocava. Prova de como a medicina reconhecida pelo Império não era a mais vitoriosa. Durante esse

---

73   *Ibidem*, p. 83. Cit. *Gazeta de Notícias*, 10/09/1889.
74   *Annaes Brasilienses de Medicina – Jornal da Academia Imperial de Medicina do Rio de Janeiro.* Tomo III, jun. 1871, p. 70.
75   *Ibidem* p. 68.
76   *Ibidem*, p. 70.
77   A perseguição aos curandeiros intensificou-se após 1880.

tempo, Joaquim confiou no tratamento com os unguentos indicados. Sem resultado, chegou a procurar o Dr. Silva e Lima: "consultou-me, diz elle, há cerca de dous annos, (do que eu já mal me lembrava)".[78] Entregue ao esquecimento, Joaquim demorou mais dois anos para recorrer outra vez ao saber de Silva Lima, talvez mais desesperado do que esperançoso, já que a medicina autorizada não o tinha livrado do ainhum que corroía seus dedos, alastrando-se pelo outro pé: "talvez os médicos realmente não conseguissem domar os males e a maior parte das enfermidades, (…) ou seja, provavelmente sua ciência ainda estava longe de se mostrar mais eficiente do que as práticas concorrentes",[79] afirma Gabriela Sampaio sobre o saber médico de 1840. Entretanto, para Joaquim, diante de tamanha urgência, valia uma segunda tentativa.

Com seu sofrimento pouco diminuído e temeroso em ver seu dedo do pé esquerdo também enfermo, Joaquim, quando ia completar dez anos com a doença, entregou-se resignado ao Dr. Silva Lima. Este, com mais interesse desta vez, dado o estágio já avançado e proliferado do ainhum, iniciou um efetivo tratamento, chegando a fotografar os pés do paciente antes do processo cirúrgico.

A técnica de reprodução de imagem não possibilitava ainda a impressão da fotografia tirada para a publicação do caso. O desenho a partir da foto foi opção única para dar mostras do pé deformado pelo ainhum, acompanhado de uma extensa descrição de todo o tratamento. Verifica-se a premissa dos usos da fotografia nos estudos médicos então realizados.

Se, por um lado, o médico deixou uma prova bastante irrefutável dos usos da fotografia como método de observação e descrição do corpo doente, por outro, e não menos importante, imprimiu também, em sua consideração sobre o relato dado pelo escravo Joaquim, um diagnóstico, que atesta valores não nas entrelinhas, mas nos seus arranjos nitidamente explicitados: "Esta narração não deve merecer grande confiança quanto à exactidão de datas, attenta a profunda ignorância do doente, ignorância que é commum a quasi todos os seus compatriotas que vivem na triste e degradante condição d'escravos".

Desvela-se aqui como o doente era visto pelo médico. Na "profunda ignorância do doente" revela-se não apenas o olhar do branco sobre o negro e "todos os seus compatriotas", mas

---

78 *Gazeta Medica da Bahia*. 1867, p. 148.

79 SAMPAIO, 2001, p. 51.

Imagem 84 | Reprodução do desenho publicado na *Gazeta Medica da Bahia*. 1867

a afirmação e convicção daquele que possuía conhecimento, o homem da ciência, contrapondo-se àquele representado como o "ignorante", o homem doente, o "sujeito paciente".[80] Nessa relação desigual, desqualificado até mesmo sob a perspectiva de contar sobre o mal que o afligia, acusado de não saber sequer pisar com cuidado, Joaquim foi assim culpabilizado, mesmo tendo o próprio médico antes argumentado que andar descalço não explicaria a origem da doença: "a ponta do dedo cae por seu próprio peso, e tende a arrastar-se pelo chão a cada passo, não tendo o doente o cuidado de assentar primeiro o calcanhar; pois este preto, como todos os de sua condição, anda sempre descalço".[81]

Joaquim, depois de alguns anos vitimado pelo ainhum, fez ciente sua vontade ao médico, sua derrota diante da dor:

> À vista de tal incommodo, e das dores que sentia com qualquer movimento um pouco menos geitoso do pé, o doente instava para que eu lhe acabasse de cortar aquele dedo, o que fiz no dia 2 de março (1866), tendo mandado tomar na véspera um transumpto photographico de ambos os dedos affectados, de que é cópia a gravura junta.[82]

Ou teria sido mais uma vontade do próprio médico de livrar-se de qualquer complicação, atribuindo a Joaquim a escolha pela amputação? Sabe-se, pela publicação de alguns estudos sobre o ainhum, que esse era o fim comum entre aqueles que arrastavam seus dedos afetados pela doença, mas não isenta-se aqui outras intenções.

Se esse depoimento deixa ver a coragem de Joaquim em buscar a solução para o fim de seu sofrimento, vê-se também os próprios limites da ciência médica da época. O médico descreve a cena cirúrgica, indica os procedimentos adotados e relata, em detalhes, a reação do paciente: "A operação consistia em ajustar os gumes de uma tesoura ordinaria e pequena de estejo d'algibeira ao fundo do sulco e dividir bruscamente, e de um só golpe, os tênues

---

80   SAMPAIO, 2001, p. 69.
81   *Gazeta Medica da Bahia.* 1867, p. 149.
82   *Ibidem.*

tecidos interpostos, o que causou uma dor viva".[83] Depois de amputado o dedo, o médico informa, em descrição detalhada e não menos eloquente, as condições e dores terríveis às quais Joaquim foi submetido: "por cautella cauterisei a superfície traumática com nitrato de prata, com o que o paciente sentiu dor tão viva que largou-se a correr pela sala aos gritos".[84]

O Dr. Silva Lima explica a origem do nome ainhum: "Prefiro, portanto, conservar-lhe o nome africano ainhum que, segundo ouvi a alguns pretos mais intelligentes, quer dizer serrar".[85] Essa "denominação especial" expressa-se, de certa maneira, nos gritos de Joaquim e demonstra como, apesar da descrição desqualificadora dos "pretos" feita pelo médico, bem entendiam os sentidos de suas aflições, bem conseguiam atribuir sentidos, numa evidente sofisticação linguística, apreendendo o significado da palavra, emprestando uma sonoridade que remete à própria experiência da dor.

O ainhum, que atacava o dedo mínimo do pé, era uma doença "lenta, gradual, e prolongada"; como descreve o Dr. Silva Lima, de sua manifestação inicial até "a destruição da phalange, medeia um espaço de tempo que varia de um a dez annos". Joaquim então percorreu todo esse tempo arrastando o dedo doente, "sugeito a topadas extremamente dolorosas; e é então que os doentes reclamam a amputação como único alivio". A dor era como se vê vivenciada de outro modo: presente no cotidiano das pessoas, exigindo-se uma tolerância maior, que levava à quase resignação. No corpo, então, expressavam-se outras forças, muitas vezes num calvário compartilhado: "quem se der ao trabalho de reparar nos pés dos pretos africanos nos logares públicos onde elles se reunem, encontrará alguns á quem faltam ou um ou ambos os dedos mínimos

---

83   *Ibidem*, p. 176. Esse artigo teve uma continuação publicada no dia 10 de fevereiro de 1867, de onde a citação foi analisada.

84   *Ibidem*, p. 149.

85   *Gazeta Medica da Bahia*. 10 jan. 1867, p. 146. Reimpressão. Tomo I. Braziliense Documenta, consultada na Biblioteca de Medicina da Universidade de São Paulo.

dos pés".[86] O médico, por sua vez, parecia ciente do sofrimento causado: "excisar o dedo não é, certamente, curar a molestia; cural-a seria antes evitar esta mutilação".[87]

Joaquim foi operado no dia 2 de março de 1866. No dia 5, o Dr. Silva Lima visitou-o. As duas noites anteriores ele tinha passado mal e, no dia 9 de março, a cicatrização já era dada como completa. No entanto, o dedo mínimo do pé esquerdo "está affectado da mesma moléstia, é mais volumoso do que é natural". Joaquim, ao relatar ao médico suas lembranças trazidas da doença, mostrou como reagiam num ato de desespero e coragem diante da dor:

> Disse-me este doente, que a molestia é comum na Costa d'Africa, onde homens e mulheres sofferem d'ella indistinctamente (...) na sua língua nagô é designada ainhum (...) na sua terra costuma amarrar um fio no rego circular com o fim de apressar a queda do órgão affectado, e que quando elle esta móvel cortam n'o com uma faca.[88]

Os médicos autorizados a exercerem a medicina deveriam ser formados ou autorizados a exercer tal ofício, pelas faculdades de medicina do Império. A experiência de Joaquim, mesmo diante de tais exigências, deixa indícios reveladores de como numa sala de cirurgia, quando o doente não se deparava com erros e falhas graves, não estaria isento de muito sofrimento. Se Joaquim "largou-se a correr pela sala aos gritos", o Sr. Rosenwald, paciente operado em 1888, teve uma sonda esquecida na bexiga, após processo cirúrgico feito no Rio de Janeiro, pelo médico Dr. Figueiredo Magalhães, conhecido como "doutor Fura-Uretras",[89] duramente acusado pelo médico Henrique Monat, que retirou a sonda supostamente deixada pelo Dr. Magalhães. O drama do paciente Rosenwald é hoje conhecido porque os dois médicos citados trocaram inúmeras acusações nos jornais da época. Monat, por ter sido

---

86 *Gazeta Medica da Bahia*. 1867, p. 147.

87 *Ibidem*, p. 176. Esse artigo teve uma continuação publicada no dia 10 de fevereiro de 1867, de onde a citação foi analisada.

88 *Ibidem*, p. 150.

89 SAMPAIO, 2001, p. 31.

intimado a comparecer numa delegacia, devido às acusações contra o Dr. Magalhães, fez questão de publicar a ofensa sentida:

> O cirurgião duas vezes despedido do Hospital da Sociedade Portuguesa de Beneficência, depois de me haver chamado a juízo, recuou prudentemente e foi ontem ao Jornal do Commercio deixar o seu retrato moral [...] Desejei que fosse vista e apreciada [...] por todos os meus colegas e pelo maior número possível de cidadãos decentes dessa cidade e do Império; ficariam conhecendo bem uma individualidade repugnante [...] Por bem da humanidade, vai ser posta em evidência sua inépcia e ignorância.[90]

A imprensa também denunciava que "as falhas e os absurdos que os doutores tanto recriminavam quando se referiam aos praticantes de outras atividades de cura, os chamados 'charlatães', eram também cometidos, e muito, por eles mesmos".[91] Não era raro, como aponta Sampaio, médicos em acusações recíprocas de terem matado seus pacientes: Monat acusa Magalhães de ser o doutor "arrebenta-uretras" ou "mata-gente" e ressente-se: "entre muitas outras acusações torpes e falsas fez o sr. Figueiredo Magalhães a de ter eu matado o fotógrafo Manoel de Araújo Freire de Andrade";[92] Monat foi ainda acusado de ter deixado "ocorrer uma infiltração de iodo na bexiga de um doente, seguida de um 'pequeno esfacelo'" e argumenta em sua defesa: "tal acidente tem sucedido a quase todos os cirurgiões, senão a todos".[93] Os erros, como se vê, aferiam a ambos. A muitos.

Tais acusações evidenciavam "nas palavras dos próprios médicos o reconhecimento de que cometiam muitos erros e imprecisões, deixando seus pacientes no mínimo inseguros quanto aos procedimentos a que eram submetidos".[94] A desconfiança em relação aos médicos aparece ironicamente publicada na seção de piadas do jornal *O paiz*: "— Então como vai

---

90 *Ibidem*, p. 32. *Cit. O Paiz*, 06/01/1888, p. 2.
91 *Ibidem*, p. 33.
92 *Ibidem*, p. 33-34. *Cit. O paiz*, 27/01/1888, p. 2.
93 *Ibidem*, p. 35. *Cit. O paiz*. 14/01/1888, p. 2.
94 *Ibidem*, p 33.

nosso doente? diz o médico ao amigo à entrada do quarto de um cliente. — Foi-se 'agorinha' mesmo. Parece que, se o sr. Doutor tivesse vindo a mais tempo, há mais tempo ele teria ido".[95]

Se entre os doutores Monat e Magalhães ocorreram denúncias públicas de deslizes e erros cometidos por ambos, o médico que operou o escravo Joaquim não precisou de inimigos para apontar situações inseguras na sala de cirurgia ele próprio a descreveu na *Gazeta Medica* da Bahia, em 1867. Apesar dos gritos de Joaquim não terem se transformado em marchinha de carnaval, muito se assemelham às experiências dos doentes tratados por Monat e Magalhães, relembrados nas rimas que embalaram a capital do Império, duas décadas depois, indicando o "alcance social dessas polêmicas",[96] porque chegaram e foram ouvidas nas ruas da corte, que já começava a cambalear como um bêbado de carnaval.

> Da sonda a grande contenta
> Um ponto final vos pede
> Parece briga de venda
> E já fede...
> [...] Nestas questões incandescentes
> os que mais sofrem são os doentes
> Um de ferida muito moderna
> Vê que lhe cortam a melhor perna
> La esquecidos eles já são;
> Nem mesmo tomam a sua poção.
> Esses desastres em tais momentos
> são resultados de esquecimento[97]

Apesar das desconfianças ou restrições em relação aos médicos, ainda assim eles eram procurados, mesmo que essa fosse uma procura bastante adiada, como no caso de Joaquim. No entanto, nem o médico oficial nem curandeiros conseguiram diminuir as dores de

---

95   *Ibidem*, p. 79. *Cit. O paiz*. 16/02/1888, p. 2.
96   *Ibidem*, p. 37.
97   *Ibidem*, p. 36. *Cit. O paiz*. 15/02/1888, p. 2.

Joaquim e tampouco livrá-lo da amputação do dedo, prática que segue nas décadas seguintes, cantada de certa forma nessa rima carnavalesca. Era preciso, para esses médicos, curar um país enfermo, amputar sua parte gangrenada. E apesar dos fracassos em sua prática, os médicos obviamente intuíam para se evitar a morte, mesmo que sob tropeços, afinal, como aponta Schwarcz, "a nova prática médica, em lugar de anunciar a morte procurará intervir nas epidemias, calcular o seu perfil, induzir à cura".[98]

Estava presente nessa batalha porque vencer a morte é sempre um combate – a noção de "enfraquecimento biológico" da população nacional, que na ótica desses profissionais padecia de um mal causado pela miscigenação. Tal premissa era ainda mais inflamada diante de uma situação alarmante: as várias epidemias de "cólera, febre amarela, varíola, entre tantas outras, chamavam a atenção para a missão higienista que se reservava aos médicos".[99] Eram muitas as feridas abertas cobertas de pus, infecciosas. Aos médicos cabia a tarefa e o desejo de curá-las.

Na corrida para o progresso rumo à civilização, ganhavam fôlego as discussões sobre as diferenças raciais, fazendo sombra à preocupação com o futuro do país.

> O tema racial é ainda relevante, pois integra o arsenal teórico de ambas as escolas. Na Bahia é a raça, ou melhor, o cruzamento racial que explica a criminalidade, a loucura, a degeneração. Já para os médicos cariocas, o simples convívio das diferentes raças que imigraram para o país, com suas diferentes constituições físicas, é que seria o maior responsável pelas doenças, a causa de seu surgimento e o obstáculo à "perfectibilidade" biológica.[100]

À medicina e aos médicos uma incumbência: salvar a nação. Os doutores seriam, então, os grandes heróis salvadores. E pensar a raça era parte dessa missão. Foi criado pelo governo, em 1850, a Junta Central de Higiene Pública, um lugar onde médicos higienistas dariam seus conselhos e pareceres técnicos sobre a saúde pública, "para indicar os caminhos a serem

---

98   SCHWARCZ, 1993, p. 191.
99   *Ibidem*, p. 198.
100 *Ibidem*, p. 191.

seguidos na administração do país".[101] Estava em jogo definir um campo de atuação para seu saber e uma tentativa em participar das políticas públicas em discussão.

A nação era concebida como "um 'corpo doente'(...) cabendo ao médico a responsabilidade de 'sanal-a de seus males, cural-as de suas doenças mais arraigadas."[102] Na década de 1870, o tema da necessidade de reformas urbanas no Rio de Janeiro estava presente nos debates políticos, explicitando evidentes preocupações em relação ao crescimento urbano, à insalubridade, ao temor das epidemias, mas também ao desejo de se atrair mão de obra estrangeira, "em substituição à mão-de-obra escrava",[103] como aponta Sampaio:

> Modernizar a cidade significava não apenas realizar reformas urbanas, mas também medicalizar toda a sociedade, ou seja, intervir nos hábitos e costumes das pessoas, ditando novas formas de relações familiares e novos padrões de comportamento. Seria tarefa da medicina produzir um novo tipo de indivíduo e de população, para combater a periculosidade social, normatizando-o.[104]

A questão racial ganhou força nesse projeto intensificado nas últimas décadas do século XIX, mas presente durante toda a segunda metade dos oitocentos. Os médicos higienistas, quando aplicavam suas primeiras interferências urbanas pelas políticas públicas implementadas, tocaram o dedo também na ferida, nos hábitos considerados "bárbaros e primitivos de grande parte da população",[105] imprimindo, muitas vezes, ambíguas concepções racialistas, como discutido no capítulo anterior. Viam no corpo doente dessa população empobrecida

---

101 SAMPAIO, 2001, p. 112.
102 SCHWARCZ, 1993. A autora investiga como o conceito de raça foi aplicado e redefinido nos museus, nos institutos históricos, no direito, na área médica; assim mostra como essa foi uma temática presente tanto nas teses científicas do século XIX, quanto atuantes de maneira otimista, nas concepções culturalistas.
103 SAMPAIO, 2001, p. 42.
104 *Ibidem*, p. 43.
105 *Ibidem*, p. 42.

a denúncia de um perigo, de um risco, afinal, como expressa criticamente Chalhoub, "os pobres ofereciam também perigo de contágio (…) no sentido literal mesmo".[106]

Retratar o indivíduo doente tornava-se uma prática cada vez mais comum porque ele era parte de uma "coletividade", parte de um povo sujeito à degeneração; exemplo disso encontra-se no livro de óbitos da Santa Casa de Misericórdia do Rio de Janeiro. Degeneração era também *causa mortis*. O escravo de nome David, propriedade do Sr. Francisco Ignácio Carvalho M., falecido no dia 22 de abril de 1854, na Casa de Correção, teve na "degeneração" o diagnóstico que o levou ao óbito.[107]

Empresta-se às fotografias de Christiano Jr. e às de J. Menezes a oportunidade de se chegar mais perto desses doentes, observar ao menos como seus corpos eram investigados, mutilados. Schwarcz afirma que a doença foi exposta como lugar do espetáculo. Para isso, era preciso que o corpo as exibisse em demasia. Precisavam "ter alguma visibilidade, como sinais na pele, no corpo ou afetar a aparência ou a coordenação motora do paciente".[108] Tanto a fotografia de Christiano Jr. quanto a série de J. Menezes focam "anomalias, protuberâncias e erupções explícitas".[109]

Alguns são negros. Alguns são brancos, velhos e outros tantos jovens. Todos nitidamente pobres, vulneráveis diante da dor e bravos na luta em extirpá-la. A representação, aqui posta em observação, não revela apenas um olhar para a raça. As diferenças de classe eram também postas em cena. O corpo doente era um incômodo porque representava também o corpo social.

A corrente levada ao peito pelo retratado da Imagem 86 não o protegeu da doença, tampouco da vulnerabilidade pregada inevitavelmente à exposição de seu corpo enfermo e nu, posto aos olhos da ciência. Sem medo ou restrições, fixou seus olhos diante da lente que o enfrentava e observava sem censura, sem pudor. Nos braços cruzados, depositava a postura digna de rei que ainda lhe restava, parecendo não temer tal enfrentamento. Em sua representação parece não ceder a nenhuma imposição ou vigilância. Ao seu lado, mais

---

106 CHALHOUB, 1996, p. 29
107 Livro de óbitos. 1854. Santa Casa de Misericórdia do Rio de Janeiro. Documentação fotografada pelo departamento de pesquisa *Doenças e Escravidão*. Fiocruz. Organizadora: Angela Porto.
108 SILVA, 1998.
109 *Ibidem*. Ver capítulo "A produção fotográfica na imprensa médica paulista".

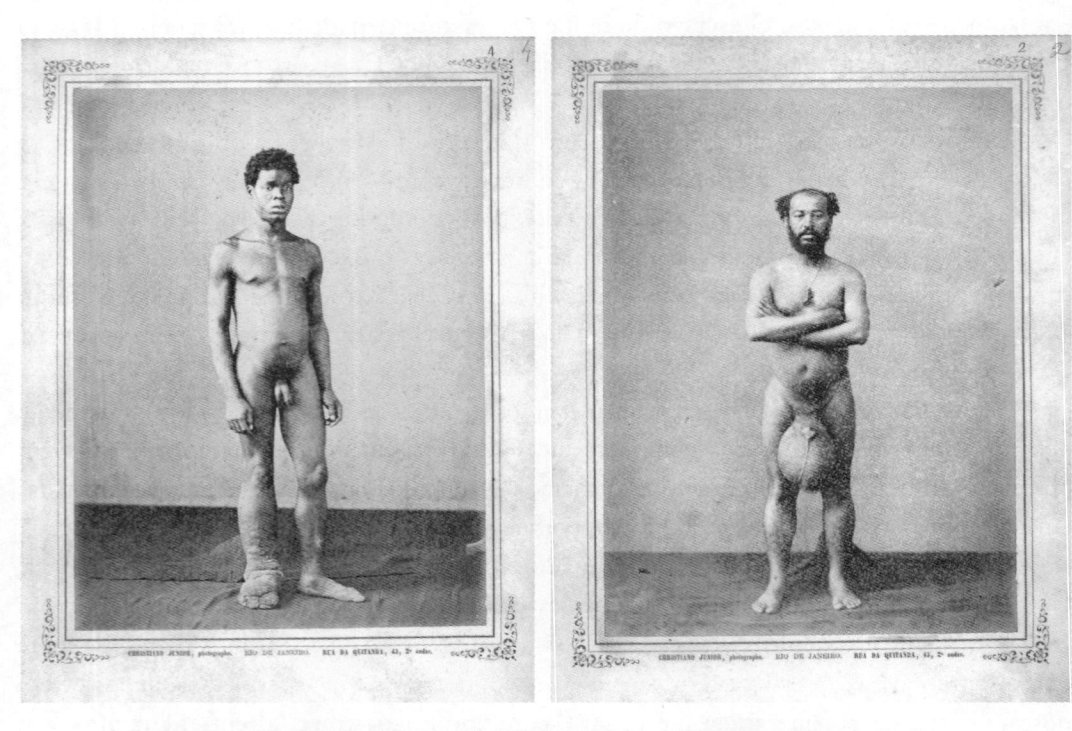

Imagens 85 e 86 | Fotos: Christiano Jr. 1865. Acervo da Fundação Biblioteca Nacional – Brasil

tímido, olhar perdido, a juventude do jovem rapaz parece roubada pela frágil pose que se deu a fotografar.[110]

Desse rapaz ficou ali o registro da elefantíase que já lhe deformava a perna e a estima, tendo talvez dividido a mesma dor e constrangimento de outro homem, que também na juventude começava a enfrentar a mesma doença, assim descrita pelo Dr. Manoel da Gama Lobo.

> M, preto africano de 28 annos, solteiro, de temperamento sanguineo e constituição forte, entrou em 1856. Este doente soffreu de boubas, e tendo idade 15 para 16 annos, começou a sentir picadas intermittentes no testículo esquerdo sem que para isso elle descobrisse alguma causa; e foi então que notou que o testículo esquerdo augmentava de volume, formando-se ao redor delle um envoltório espesso, que pouco a pouco foi invadindo todo o escroto. Passado algum tempo as picadas foram substituídas por tracções violentas, e estas por fim cederão aos 20 annos de idade, época em que o tumor tinha tomado um crescimento extraordinário.[111]

O "estado actual" da doença foi assim descrito: "A região escrotal se acha occupada por um grande tumor espheroidal estendendo-se desde a parte inferior da região pubiana até pouco abaixo das partes medias das pernas (...) as coxas achão-se afastadas".[112] O Dr. Lobo, ao defender o tratamento cirúrgico, explicitou também o não consenso entre os médicos, deixando registrado como alguns utilizavam-se de recursos que a medicina oficial combatia: "Quanto aos banhos de cosimento de folhas de café, as incções de banha de gambá,

---

110 Verifica-se a utilização do mesmo cenário para a composição de toda a série fotográfica de homens com elefantíase, documentação essa encontrada na Biblioteca Nacional do Rio de Janeiro. Assim como na imagem 82, foi usado o mesmo pano e fundo neutro, presente aqui nas imagens 84 e 85. As imagens 82 e 84 foram registradas exatamente iguais.

111 LOBO, 1858, p. 15.

112 *Ibidem*, p. 15.

o cosimento de paripároba aconselhados pelo Dr. Silva são inefficazes". E defende: "na elephantiasis para nós só há um tratamento capaz de vencer a moléstia este é a ectomia".[113]

> O estado em que vivem os indivíduos affectados desta moléstia, por se verem obrigados a carregar um tumor as mais das vezes enorme cheio de ulcerações das quaes um liquido sero-purulento de um cheiro fétido por viverem affastados da sociedade sem poderem procurar nem entregar-se aos trabalhos, sujeitos todos os mezes nos repetidos ataques da moléstia, seria por si bastante para indicar uma tal operação, se outras considerações não viessem augmentar o peso d'aquellas como sejão o estado de desespero em que elles vivem preferindo mesmo pôr termo a sua existencia. Além d'isso os resultados são mais que satisfactorio; de 45 casos sómente conhecemos um de morte.[114]

Essa foi a prática adotada para a retirada do tumor do paciente "M, o preto africano de 28 annos", que após a sua recuperação fugiu, "porém tempo depois o encontramos bom". Ao relatar como se davam as "Distribuições dos Ajudantes", o médico descreveu o quão confuso e agitado podia ser o momento cirúrgico, momento de enfrentamento visto na maioria dos relatos: "Um encarregado do chioroformio, dois de elevarem e voltarem convenientemente o tumor, dois de conterem as pernas, emfim um para entregar os instrumentos, não faltando pessoas encarregadas de ajudarem e prostarem os socorros necessários".[115]

São representações a expressar um olhar específico sobre o corpo doente, mas, também o quão vulnerável e fragilizado ficou diante da dor e da busca de auxílio, tratamento. Os doentes pobres da cidade carioca eram atendidos na Santa Casa de Misericórdia e, apesar da gravidade de alguns, poderiam apresentar sinais de melhoras. Na ficha médica da enfermaria Assumpção, classificada como 1ª (talvez primeira classe), com entrada datada de 2 de maio de 1864, sofrendo da moléstia assim designada, "velhice e elefantíase", outro escravo, de nome

---

113   *Ibidem*, p. 18.
114   *Ibidem*, p. 16.
115   *Ibidem*, p. 18.

Joaquim Quadrado, africano, "saiu melhor", no dia 14 de junho do mesmo ano.[116] Já o escravo Benedito, de origem assinalada como monjolo, com 40 anos de idade, tendo como sua dona Leocadia Rosa Gonçalves, não teve a mesma sorte, dez anos antes. No livro de óbitos, elefantíase consta como *causa mortis*. Sobre o destino do escravo Salvador, 45 anos, de origem monjolo, sabe-se que entrou no hospital no dia 4 de junho. Elefantíase era também a moléstia diagnosticada.[117] Sobre seu paradeiro, ficou apenas a lacuna em branco, não preenchida.

Nas Relações dos Doentes Tratados de 2 de julho de 1877 a 1878, constata-se que elefantíase era uma moléstia que apresentava menor número de óbitos: tubérculos pulmonares, 298 falecimentos; dos tubérculos mesentérios, 59; da sífilis, 238; e até do escorbuto, 14; a elefantíase dos gregos fez 3 óbitos; a elefantíase dos árabes, 2.[118] Nos relatos de tratamentos médicos publicados na *Gazeta Medica da Bahia*, em 1867, percebe-se que muitos daqueles que sofriam de elefantíase podiam viver anos com a doença, que, inegavelmente, causava um impacto social e psicológico não mensurável, podendo "arrastar uma vida miserável por muitos annos".[119]

Na descrição do "Tratamento da elephancia pela eletrecidade",[120] em artigo assinado pelo Dr. Silva Araújo, que participou de cirurgia de paciente com elefantíase no Rio de Janeiro, constata-se como se dava a aplicação da nova técnica, ao passo que revela as restrições causadas pelas consequências da doença:

> Julgo-a quase reestabelecida (...) anda com desembaraço, passeia, e no estado geral apresenta uma diferença notável: está menos obesa, muito mais corada, com a phisyonomia mais animada, e não tem o cansaço e a opressão que resultavam da immobilidade forçada em que a collocou durante dous annos o edema

---

116 Livro de entrada e saída de pacientes atendidos na Santa Casa de Misericórdia do Rio de Janeiro, 1864. Não constava identificação de nomes de proprietários, portanto não sabemos se era escravo.

117 Livro de óbitos. Hospital da Santa Casa de Misericórdia do Rio de Janeiro. 29 de abril de 1854.

118 *Ibidem*.

119 *Gazeta Medica da Bahia*, nº 15, 10 fev. 1867. Reimpressão. Tomo 1. Braziliense Documenta, p. 170, consultada na Biblioteca de Medicina da Universidade de São Paulo.

120 *Gazeta Medica da Bahia*, 1881, p. 163.

elephantiaco da perna, trazendo um excessivo desenvolvimento do tecido adiposo em prejuízo do systema muscular.[121]

Com uma sociabilidade então prejudicada, muitos desses doentes, antes de recorrer aos médicos, perambulavam pelas ruas carregando o pesar do mal que os afligia, carregando o estigma pregado ao corpo. O Dr. Julio Rodrigues de Moura chegou a afirmar uma "frequência relativa da moléstia em nosso paiz",[122] afetando principalmente os homens. Em seu artigo, deixou impressões que, num certo sentido, aproximam-se de um olhar social sobre os doentes:

> A moléstia, que é apenas esporádica na Europa, é endêmica em paizes intertropicaes, e a partilha que coube ao nosso não foi, de certa forma, a mais diminuta: – por ahi andam, mendigando pelas ruas, inspirando a compaixão e a lastima, inúmeros infelizes, cujas pernas elephantiacas, verdadeiras monstruosidades mórbidas, ulceradas, inúteis para a locomoção, talvez pudessem ser remediadas, transformando-se esses míseros em homens trabalhadores e úteis a sociedade.[123]

A doença representava não somente uma úlcera da perna, pés, escroto, vulva ou membros abdominais, mas também como uma "úlcera social' porque os aniquilava como força de trabalho. Explicitamente, salta a mentalidade do homem útil à sociedade, homem como força de trabalho produtiva tão somente. Estes, os "inúmeros infelizes", são também considerados como "indivíduos que, além de viverem completamente inutilisados, era-lhes um sacrifício vexatório o apresentarem-se em publico".[124] Teria sido assim para os doentes retratados por Christiano Jr.? Qual teria sido a dimensão do constrangimento diante do fotógrafo? Será que o espaço do evento fotográfico era um vazio de consentimento?

---

121 *Gazeta Medica da Bahia*, Salvador, 1881, p. 179. Fragmento de carta assinada pelo médico Torres Homem, dando notícias ao Dr. Silva Araújo, residente na Bahia, sobre a paciente operada por ele no Rio de Janeiro,.
122 *Gazeta Medica da Bahia*, nº 15, 10 fev. 1867. Reimpressão. Tomo 1. Braziliense Documenta, p. 169, consultada na Biblioteca de Medicina da Universidade de São Paulo.
123 *Ibidem*.
124 *Ibidem*, p. 170.

É possível que este olhar julgador do público tenha levado o médico Dr. J. L. Paterson, no artigo "Amputação de um dedo doente affectado de elephantiase dos gregos",[125] a insistentemente tentar isentar os donos do "doente, que era um preto, creoulo, de cerca de 33 annos de edade, bem nutrido, e bem tratado á todos os respeitos", mesmo que as circunstâncias narradas por ele próprio o contradigam, logo no início do texto, ao ter afirmado que este caso de "bastante interesse" poderia ser "considerado como um elo, ainda que isolado, d'aquella mysteriosa cadeia de nutricção depravada (…) que constitue a elephantiase dos Gregos". Mas, no minucioso relato do desenvolvimento da moléstia, há uma brecha que, como num sopro, avisa as contradições que assim seguem:

> A historia que elle me deu da moléstia foi, que, há dous annos, lhe apparecerá n'aquelle dedo e nos dous visinhos, um entorpecimento que fora augmentando gradualmente até á insensibilidade completa; que sobre elles lha apareceram, algumas vezes espontaneamente, e outras por pegar em objectos quentes sem dar por isso, bôlhas cor de sangue agudo; abriam-se estas deixando ulceras superficiaes mas indolentes, que saravam só depois de muitos mezes (…)

> (…) Além destes tres dedos, a pelle do dorso, da mão e do ante braço estava tambem quase de todo insensível, e de preta havia se tornado de uma cor castanha desbotada e fosca.

> (…) A pelle da face tinha tambem uma apparencia semelhante

> (…) A pelle que cobria a mão esquerda, e bem assim outras porções disseminadas do egumento externo, estavam tambem affectadas (…)e posto que a familia a quem o doente pertencia bem conhecesse os caracteres distinctivos da moléstia, não suspeitou que elle a tivesse.[126]

---

125 Em Registro Clínico na *Gazeta Medica da Bahia*, nº 4. 25 ago. 1866. Reimpressão. Tomo 1. Braziliense Documenta, p. 42, consultada na Biblioteca de Medicina da Universidade de São Paulo.

126 *Ibidem*.

Sobre o escravo não foi dado ao menos o nome, era apenas "um doente que era um preto creoulo". Sabe-se, pelo documento, que não fugiu da comum amputação.[127] O médico, "desejoso de sondar o grau de sensibilidade e "profundeza a que ella chegava (o ponto interessante d'este caso) executa a operação sem chlorofornio". Sobre a reação do paciente ao ter seu dedo "desarticulado e, depois apparada a extremidade do osso", teria expressado apenas, em um momento, um "incommodo perceptivel".[128]

Mais uma vez, na tentativa de minimizar os danos causados pela elefantíase, vê-se como os médicos recorriam também ao uso de ervas e unguentos, desqualificados quando indicados pelos "perniciosos" curandeiros. O Dr. Manoel Maria de Moraes e Valle, professor de química mineral da Faculdade de Medicina da Corte, indica em sua tese inaugural as vantagens dos banhos das folhas do café, da flor do canivete, da rama, caule e folhas da batata branca. Para os casos de endurecimento do sistema linfático, quando existiam ulcerações, eram indicados banhos de dormideiras e de imberana, e as cataplasmas de leite de massaranduba. Já o Dr. Porciuncula, "de Petrópolis, empregava dizem-me, com magnífico resultado, os suadouros feitos com uma planta conhecida pelo nome de herva-limão".[129] De resultando paliativo, não evitavam, no entanto, o "extremo cirúrgico", como reconhece Dr. Julio Rodrigues de Moura: "o único recurso que nos restava, e do qual se poderia lançar mão, era a amputação", porque no final, segundo o médico, "substituiríamos um invalido por outro, um ente inutil por outro nas mesmas, senão piores circunstancias".[130]

O *corpus* documental fotográfico e as fontes escritas mostram os ânimos motivadores dessas produções, reveladoras do pensamento de toda uma geração de médicos preocupados

---

127   De acordo com Irany Novah Moraes e Salvador José de Toledo Arruda Amato, ainda hoje as operações realizadas apresentam resultados considerados precários. Com a evolução natural da doença, muitos casos de fato levam à necessidade de amputação ou à desarticulação para diminuir o peso da região afetada e possibilitar uma vida mais tolerável ao paciente. Para se prevenir a evolução da doença é recomendado o uso do suporte inelástico, como a bota de unna, e cuidados higiênicos. Na falta destes cuidados, frieiras podem surgir, assim como rachaduras dos calcanhares. Ver *Tratado de Clinica Cirúrgica*, 2005, vol. 2, p. 2069.

128   Registro Clínico na *Gazeta Medica da Bahia*, n° 4, 25 ago. 1866. Reimpressão. Tomo I. Braziliense Documenta, p. 42, consultada na Biblioteca de Medicina da Universidade de São Paulo.

129   *Gazeta Medica da Bahia*. 10 fev. 1867, p. 170.

130   *Ibidem*, p. 170.

com o corpo individual, mas também social. O indivíduo doente, vitimado pela elefantíase, era tido como um "inútil", degradando o corpo social. Cada registro fotográfico revela um interesse com o corpo coletivo, onde pobreza e enfermidade constituem uma mesma face. Visões presentes nos discursos médicos divulgados.

Inúmeras doenças como febre amarela, cólera, varíola, peste bubônica e tuberculose foram, segundo a visão médica, diretamente associadas à pobreza que abalava ambiciosas projeções:

> Num esforço de alinhamento científico internacional, o país devia demonstrar capacidade logística e científica para conter as pulsões urbanas e as doenças que circulavam em suas fímbrias, que abalavam o fluxo das mercadorias, do capital e da mão-de-obra, fatores estes que podiam denegrir ainda mais a imagem de atraso do país já construída no estrangeiro.[131]

A mortalidade causada, por exemplo, pela tuberculose era, para os médicos da nação, uma evidente preocupação. No artigo assinado pelo médico H. Monat, talvez o mesmo que acusou o doutor "arrebenta uretra", o mal que afligia a cidade aparece em triste narração, também como evidência da preocupação médica diante de tamanhos índices de mortalidade: "A. de A. G. de 23 annos, brazileiro, branco, morador à rua general Polydoro, 35, é um tuberculoso em período adiantado: na adolescência manifestou G. os primeiros symptomas; seu pai morreu tuberculoso, assim como seis irmãos seus (…) sua mãe é tuberculosa. Na família há ainda tuberculosos: tios e primos".[132]

O corpo tornava-se, então, o principal objeto de investigação,[133] configurando um movimento de ampla exploração e decifração:

---

[131] SILVA, 1998.

[132] *Brazil Medico*, Rio de Janeiro, anno VI, nº 1, 1892, p. 3. Documentação consultada na Biblioteca de Medicina da Universidade de São Paulo.

[133] A partir de 1750, na medicina e em outras ciências, a observação "torna-se a operação essencial" promovida pelas disciplinas na época consideradas mais avançadas como a botânica e a zoologia. Ver texto de Olivier Faure, "O Olhar dos Médicos", em CORBIN; COURTINE; VIGARELLO, 2008.

Movimento científico e organização institucional se conjugam para dar a observação um lugar de destaque na medicina e iniciar um movimento sem fim no qual o corpo é explorado e analisado de maneira cada vez mais fina e mais aprofundada.[134]

A associação entre os degenerados e negros foi uma das conclusões mais difundidas entre os médicos e intelectuais no período. Concepção de cunho etnocêntrico, definindo o "tipo perfeito" como o homem branco, europeu. Os "tipos degenerados" compunham o resto da humanidade, desfavorecidos não apenas pela hereditariedade biológica, mas "pelas transmissões de taras resultantes de certas circunstâncias dos meios de vida",[135] ou seja, meios físicos e sociais.

> Essa antropologia que vimos em ação através da noção de degenerescência, comandada por uma defesa contra todo germe de imperfeição ou de desvio, que renova a separação dos bons e dos maus elementos da sociedade, que eleva o seu etnocentrismo à posição de universal, tem ecos íntimos com uma outra corrente: o darwinismo social.[136]

No artigo publicado no dia 28 de fevereiro de 1887, em Trabalhos Originaes, o Dr. Cypriano de Freitas, professor de anatomia phatologica, recorre a outros patologistas para fundamentar sua posição:

---

134 *Ibidem*, p. 21.
135 STIKER, 2008, p. 366-367. A partir desses pressupostos o alcoolismo e a criminalidade foram pensados e explicados, mesmo tendo sido a noção de degenerescência, criada por Bénédict-Augustin Morel (1809-1873), a princípio elaborada para ser aplicada às doenças mentais, definindo como degenerado o "o cretino, o retardado ou o idiota".
136 *Ibidem*, p. 369.

> Aquele que há de vir a ser tuberculoso nasce com uma fraqueza de constituição, que o predispõe ao desenvolvimento dos tubérculos, e é nestes casos que podem intervir com efficacia as influencias do meio.[137]
>
> Estão subjeitos a contrahir a tuberculose todos os depreciados, os decahidos, aqueles cujas forças cedem na lucta pela saúde.[138]

Quando se define o indivíduo tuberculoso como um ser marcado por uma *fraqueza de constituição*, se tem uma análise de fundamentação onde as características biológicas definem os *sujeitos a contraírem a doença*. São estas análises que não consideravam ainda que: "a tuberculose é uma velha doença em todos os quadrantes do planeta, inclusive no continente americano (...) Na situação epidêmica, a probabilidade de infecção, e mesmo de doença, devia ser semelhante para africanos ou não, ricos ou pobres".[139]

Os médicos pesquisadores, que associaram a tuberculose aos mais "fracos", não foram sensíveis ao fato de que a doença poderia atingir a todos, mas ressaltaram que "a probabilidade de morte provavelmente era maior para os desnutridos, os explorados".[140] Os degenerados são também indicados como aqueles que padecem do alcoolismo, ideia expressa no artigo sobre o "phenomeno da mortalidade geral de uma população": "A raça africana no Brazil e sua descendência fornece grande dizimo mortuário determinado, quasi sempre, pelo alcoolismo e suas conseqüências".[141]

Os maus elementos foram associados diretamente aos indivíduos negros. Os três homens retratados a seguir partem de um mesmo cenário, possuem diferentes deformidades, próximos, entretanto, por um mesmo ideal de representação.

---

137 *Brazil Medico*, 28 fev. 1887. Freitas. *Cit. De La tuberculisation en general.* Paris, 1886. Academia de Medicina do Rio de Janeiro.

138 *Brazil Medico*. 28 fev. 1887. Freitas. Cit Bouchard, "Leçons sur les maladies infectieuses – Revue de medicine", 1881. Academia de Medicina do Rio de Janeiro.

139 CARVALHO, 2007.

140 *Ibidem*, 2006.

141 *Brazil Medico*, 7 mar. 1887. Artigo: "Assumptos de hygiene publica".

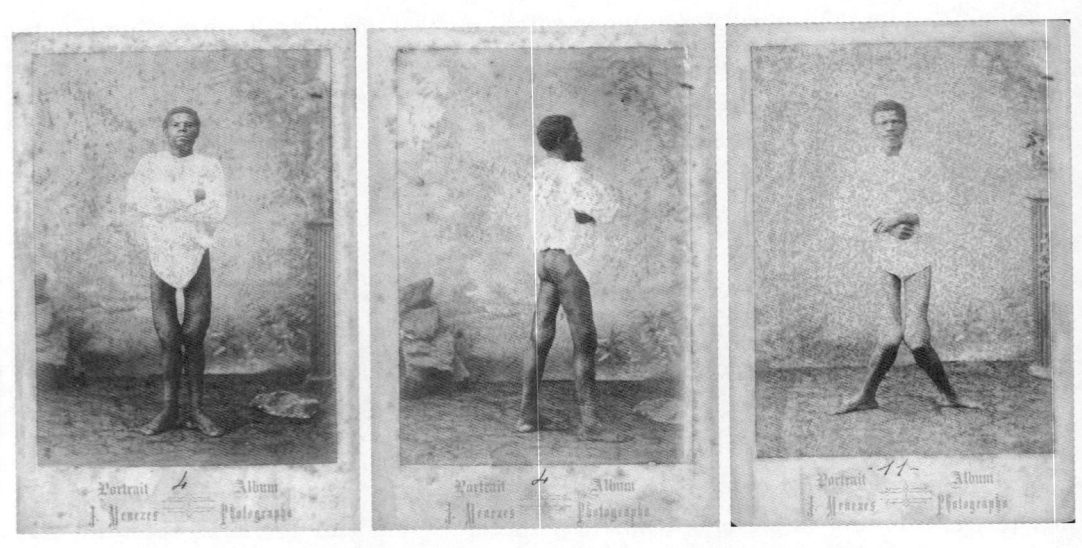

Imagens 87, 88 e 89 | Fotos: J. Menezes. Acervo da Fundação Biblioteca Nacional – Brasil

Imagem 90 | Foto: J. Menezes. Acervo da Fundação Biblioteca Nacional – Brasil

Nas imagens de Christiano Jr., assim como nas realizadas por J. Menezes, vê-se um espetáculo, uma exposição que não era apenas das raças, era também dos corpos enfermos, doentes, agigantados, disformes, podendo denotar outras conotações.

O retrato traz um jovem garoto, de cabelos bem penteados. Empresta seu corpo a mais uma representação. Na tentativa de se fotografar o corpo não harmonioso, existiria um desejo de se representar a aberração, sobre a qual recaíram o medo e curiosidade, ou a "vertigem e o fascínio",[142] oriundas da visão do monstro? Segundo Gil, o monstro expressa o limite da própria humanidade: "os monstros, felizmente existem não para nos mostrar o que não somos, mas o que poderíamos ser. Entre estes dois pólos, entre uma possibilidade negativa e um acaso possível, tentamos situar a nossa humanidade de homens".[143]

Os monstros, para Gil, "tornaram-se quotidianos" e foram e continuam sendo acolhidos pelo homem porque este procura incessantemente "pontos de referência por toda a parte". A criação de inúmeras representações de anomalias, deformações, de monstros fabulosos e teratológicos que partem dos centauros, dos cinocéfalos e chegam nos "homens-moscas, homens-leopardos, 'humanoides'" revelam a necessidade de formar uma "identidade humana natural"[144] que defina a normalidade, "o referente absoluto de toda a norma".[145] Assim, segundo Gil, garantia-se ao homem "continuar a crer-se homem". Quando a "animalidade invadiu a humanidade", surgiram os "monstros fabulosos", entre eles, os homens selvagens, aqueles que pertencem a uma raça.[146]

> Embora os índios e negros descobertos nos séculos XV e XVI em África e nas Américas se encontrassem aquém das fronteiras da monstruosidade, a sua humanidade foi objecto de dúvida: eram monstros, animais? Por outras palavras, a sua alteridade é móbil, não fixa e, por definição, instável. Segue sem cessar a interrogação que os desloca, ou seja, o declive do movimento das pulsões que

---

142 GIL, 2006, p. 132.
143 *Ibidem*, p. 12.
144 *Ibidem*, p. 13.
145 *Ibidem*, p. 19.
146 *Ibidem*, p. 12-15.

conduz naturalmente ao monstro, último ponto de referência do Outro, com uma forma tão nítida e estável como era a sua iconografia.[147]

A curiosidade sobre o corpo chegava também aos necrotérios. Henri-Jacques Stiker faz uma enumeração das várias deformidades exibidas ao longo do século XIX, uma verdadeira "indústria de produção de monstros". Aos domingos, as famílias visitavam "loucos encadeados", tendo como outra opção visitar necrotérios, participar de festas ambulantes, como na França, "onde se devia sempre procurar a mulher mais gorda do mundo, as irmãs siamesas ou o homem-esqueleto", ou ainda visitar faculdades de medicina. O Museu Spitzner é importante referência desse espetáculo, afinal percorreu toda a Europa, organizado pelo falso médico Pierre Spitzner. Tratava-se de um museu anatômico que apresentava atrações inicialmente no pavilhão da Ruche, montado na Praça do Château-d'Eau, em Paris.[148] Vê-se como as diferentes formas do outro tenderam para a monstruosidade, aproximando-os da animalidade: "contrariamente ao animal e aos deuses, o monstro assinala o limite 'interno' da humanidade do homem".[149]

São todas práticas populares, como define Stiker, a mostrar um imaginário marcado pela concepção da monstruosidade nas anomalias físicas, revelados também pela literatura e pelas artes. Imaginário elaborado e construído socialmente que potencializa a "medicina das deformidades".

> Não escaparemos do "construído social" (…). Esta observação toma uma importância considerável num domínio em que uma de suas originalidades é engendrar medos, fascinações ou rejeições particulares. O simbólico, no sentido de Marcel Mauss, é indissociável do empírico e do "tratamento social".[150]

---

147 *Ibidem*, p. 17.
148 STIKER, 2008, p. 362.
149 GIL, 2006, p. 17.
150 STIKER, 2008, p. 347.

Apesar do debate sobre degenerescência ser focado nas relações de raça com suas determinações físicas, do meio e também sociais, a medicina, quando se voltou para o corpo doente, se apoiou ainda em outras noções:

> O corpo enfermo não é apenas o corpo estropiado, é também o corpo que leva os estigmas de todas as espécies de ataques e de sofrimentos. Enfim, o corpo disforme ou enfraquecido achou-se aproximado do corpo monstruoso ao ponto de ser identificado com ele.[151]

Jean Jacques Courtine mostra como as deformidades do corpo causaram fascinação e curiosidades marcadas por superstições e crenças religiosas, consideradas como evidências de pecados e castigos, até se tornarem objeto para outros sentidos, afinal, "o monstro só teria escapado ao universo do sagrado para cair sob a jurisdição da ciência". É no laboratório de história natural, a partir do século XVIII, que a observação, métodos de conhecimentos e classificações se desenvolveram, um verdadeiro "adestramento" e maior compreensão no olhar para as deformidades e anomalias tidas como monstruosas, envolvidas em muitas polêmicas "que apaixonaram o século XVIII".[152] Foram muitas as publicações de relatórios, revistas científicas e investigação em mesas de dissecação.[153]

---

[151] *Ibidem*, p. 348.

[152] COURTINE, 2008. Não trataremos da categoria monstruosidade. Mas é necessário apontar como ela estava presente no século XIX como herança dos períodos que a antecederam. Esta é, sem dúvida, uma discussão longa que remeteria aos estudos desde a Antiguidade. Aristóteles, por exemplo, também "explicou a natureza dos monstros, Plínio que contava suas maravilhas", pensamentos incorporados também na Idade Média, com a noção cristã associando as monstruosidades ao pecado, interpretação religiosa denunciando um gosto e até um comércio do bizarro. Para o autor, ocorreu uma epidemia de monstruosidades estendendo-se pela Europa, impulsionada, sobretudo, pela Itália e Alemanha já em fins do século XV. Durante todo o século XVI, o "olhar curioso" recaiu também sobre as populações distantes da Europa. Ver CORBIN; COURTINE; VIGARELLO, p. 488-489.

[153] Stiker indica que em 1705, Aléxis Littré, médico anatomista, dissecou o corpo de uma menina descobrindo que ela apresentava vagina e útero divididos por uma parede (2008, p. 356).

> Mesmo sendo difícil contestar que a percepção dos corpos monstruosos se tenha apropriado, na longa duração histórica, da via de um processo de naturalização e de racionalização, este desencantamento dos monstros não obedece a um desenvolvimento linear e contínuo, e coloca em jogo um conjunto complexo e volátil de sensibilidades – terror, prazer subjulgado, mágoa, curiosidade fascinante e, às vezes, até uma sombra precoce de compaixão – que excedem o simples desejo de ciência.[154]

José Gil afirma que "a produção de monstros funciona sutilmente no sentido do saber científico, quer dizer, do novo modo de conhecer o mundo".[155] À fotografia, dada a ilusão de realidade que carregava, foi imposta a tarefa de registrar esse conhecimento. Enquanto instrumento técnico, foi incorporada aos usos da medicina, constituindo-se como um terceiro olho a dissecar os corpos, vistos com estranheza e superstições, vistos pelos olhos de anatomistas e fisiologistas, mensurados pelos olhos da ciência, que se queria comprometida com outras esferas de poder.

Na segunda metade do século XIX, desenvolveu-se na Europa a chamada *medicina social*, preocupada em combater doenças e epidemias, comuns nas cidades, que rapidamente se urbanizavam, mas que apresentavam traços de muita miséria. Fez-se clara a "perspectiva médica de ordenar a desordem urbana";[156] curando o corpo doente, a cidade seria também curada. No Brasil, surgiram medidas que possibilitaram uma aproximação de semelhantes preocupações, como indica Silva:

> No contexto cientificista em vigor, desde a segunda metade do século XIX, entravam em ação os elementos de convencimento por meio de campanhas sanitárias e da publicidade de teorias e procedimentos médico-sanitaristas a serem aplicados sobre os corpos e a cidade.[157]

---

154 COURTINE, 2008, p. 492.
155 GIL, 2006, p. 61-65.
156 ENGELS, 1989.
157 SILVA, 1998.

Ainda segundo o autor, no contexto europeu, a medicina social voltou-se contra "pobres e operários num momento em que conviver com eles no espaço urbano passa a representar um perigo à sociedade burguesa".[158] Para Magali Engels,[159] também no Brasil eram propostas mudanças, evidenciando a imposição de uma ordem burguesa na sociedade brasileira. Mesmo que a autora aponte os anos de 1902 e 1906, momento da administração do Prefeito Pereira Passos, como o apogeu ou concretização desses ideais, a fotografia de Christiano Jr., mesmo resultante de uma possível encomenda médica, já visualizava uma mentalidade em construção, desde a década de 1860, quando, em seu estúdio, o fotógrafo registrou o corpo doente e as feridas de homens com elefantíase, focalizando ali medos antigos.

A medicina social, portanto, já neste período assumia o registro fotográfico como instrumento legitimador de um conhecimento que se queria impor ou ocupar, como defende Engels, "um lugar de destaque na tarefa de conter aquilo que era visto como o 'caos urbano herdado do período colonial'",[160] os negros, os pobres, os inválidos. A raiz apodrecida de um país que curiosamente espelhava-se na Europa.

> Os profissionais do ramo, higienistas, médicos e engenheiros sanitaristas partiam para diversas intervenções no espaço urbano com o intuito de livrar a cidade dos seus inimigos: moléstias, doentes e insalubridade. O ideal de cidade sã e do progresso material era a preocupação que atravessava as ações médicas.[161]

No Brasil, a medicina social voltou-se para a população pobre e mestiça, quando não negra. Eram eles, portanto, os elementos a perturbar a "cidade sã" e a ameaçar o almejado "progresso

---

158 *Ibidem*, 1998.
159 ENGELS, 1989.
160 *Ibidem*, p. 12. Segundo a autora os médicos passaram a identificar os elementos responsáveis pela situação caótica da cidade, transformando-os em objetos de investigação.
161 SILVA, 1998. Segundo o autor, a teoria miasmática, a qual definia a água e o ar como os meios para a propagação de doenças, prevaleceu no pensamento médico até fins do século XIX.

material".[162] A imagem do caos citadino foi então intensificada, não somente pelas inúmeras epidemias, que assolavam a cidade, mas, sobretudo, pelos arranjos da vida cotidiana, que, a partir da década de 1850, passou a dar sinais do "processo de desagregação do escravismo".[163] O forte contingente populacional ex-escravo transformava-se num perigo iminente, assim como os pobres operários europeus. Normas de disciplina foram implementadas, como se fosse possível apagar as diferenças sociais profundamente arraigadas:

> Os médicos apresentavam-se como um dos segmentos da intelectualidade que se empenhavam na tarefa de ordenar aquilo que era visto como desordem, transformando a cidade num espaço civilizado. Contudo (...) apesar de terem sido, provavelmente, os primeiros disseminadores de um projeto de normatização do espaço social urbano, inspirados nos padrões burgueses de modernização e progresso, os médicos brasileiros não estariam livres, pelo menos até os anos de 1870, das contradições determinadas pela vivência objetiva numa realidade escravista.[164]

As fotografias de J. Menezes não fogem a esse estigma, porém, trazem algo curioso. Todos os retratados, homens brancos ou negros, foram desprovidos de suas vestimentas próprias. Usaram, para a realização das imagens, camisas brancas e, algumas vezes, quando brancos, gravatas borboletas, como apresentado na fotografia 91.

Essa padronização das roupas usadas pelos retratados nas fotografias de J. Menezes fugia das caracterizações de tipos sociais, construídas pela maioria das representações de doentes que, como explicita Silva, faziam sempre "lembrar o pobre, conotação dada pelos trajes, pela ambientação", com diferenças sociais sempre pronunciadas,[165] como se vê na série fotográfica de Christiano Jr.

---

162 ENGELS, 1989, p. 38. A presença dos escravos e dos setores livres desclassificados representava uma ameaça cotidiana.
163 *Ibidem*, p. 32.
164 *Ibidem*, p. 39.
165 SILVA, James Roberto da. *Fotogenia do Caos*, 1998.

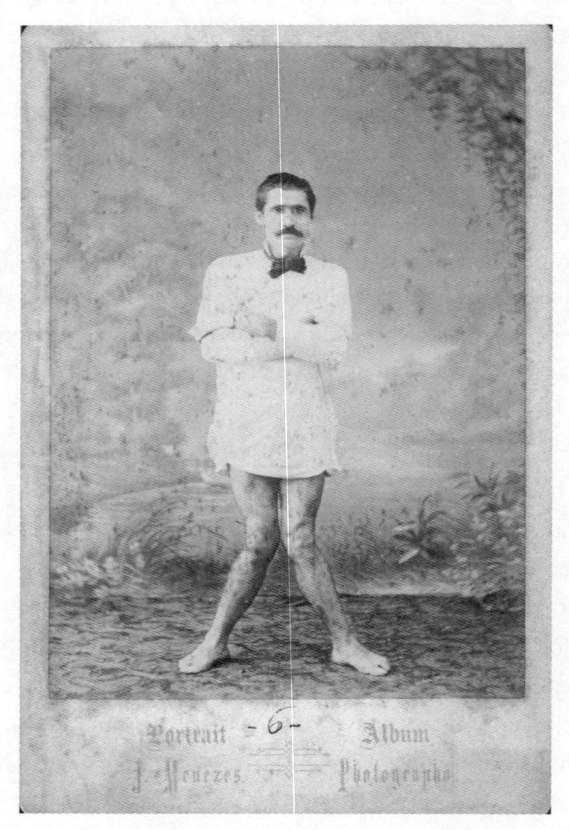

Imagem 91 | Foto: J. Menezes. Acervo da Fundação Biblioteca Nacional – Brasil

Para Silva, essas imagens que exploravam as pessoas como se fossem cobaias em laboratório, expondo as precárias condições de moradia, revelam um preciso recorte social, já que as escolhas sempre recaíam para representações de pessoas pertencentes aos bairros pobres e periféricos. "Eram trabalhadores pouco qualificados, mulheres anônimas, crianças, velhos negros e brancos, enfim sempre os da camada mais pobre".

> As fotografias de pacientes publicadas nas revistas médicas constituíam uma forma de discurso paralelo ao texto e, se considerarmos em conjunto, apontam para a construção de um perfil social e psicológico do indivíduo doente, associado à condição humilde, revelando como o procedimento de fotografar enfermos para o progresso da medicina passava por um filtro sociológico, que se serviu maciçamente de um determinado seguimento da sociedade, devassando-lhe o corpo e a privacidade.[166]

A partir dessa construção discursiva, com a clara associação da doença à pobreza, percebe-se a elaboração de um tipo social mais propenso a doenças, fato que para Silva contribuiu "na formação de um imaginário sobre o que era um doente e das características que o acompanhavam".[167] Tipos sociais muitas vezes identificados como "geradores e/ou disseminadores da desordem (...), pertubadores da ordem e da tranquilidade públicas".[168]

As fotografias são representações simbólicas, que evidenciam uma diferenciação social, onde a doença tornava-se um estigma das populações empobrecidas e dos negros. O corpo foi, como afirmou Costa, "eleito representante de uma classe e de uma raça, serviu para incentivar o racismo e os preconceitos sociais a ele ligados".[169]

Para o autor, as práticas discursivas são compostas por elementos teóricos, que reforçam, no nível do conhecimento e da racionalidade, as técnicas de dominação, que são, a partir de

---

166 *Ibidem*. Mesmo sendo um estudo sobre São Paulo, é valido para compreender práticas generalizantes do saber médico da época.
167 SILVA, 1998.
168 ENGELS, 1989, p. 138.
169 COSTA, 1989, p. 13.

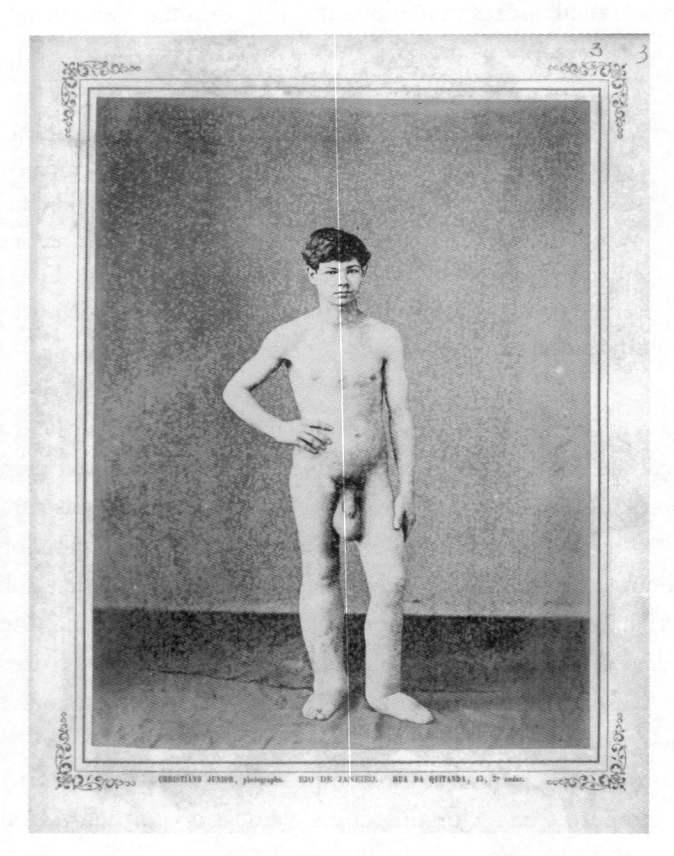

Imagem 92 | Foto: Christiano Jr. 1865. Acervo da Fundação Biblioteca Nacional – Brasil

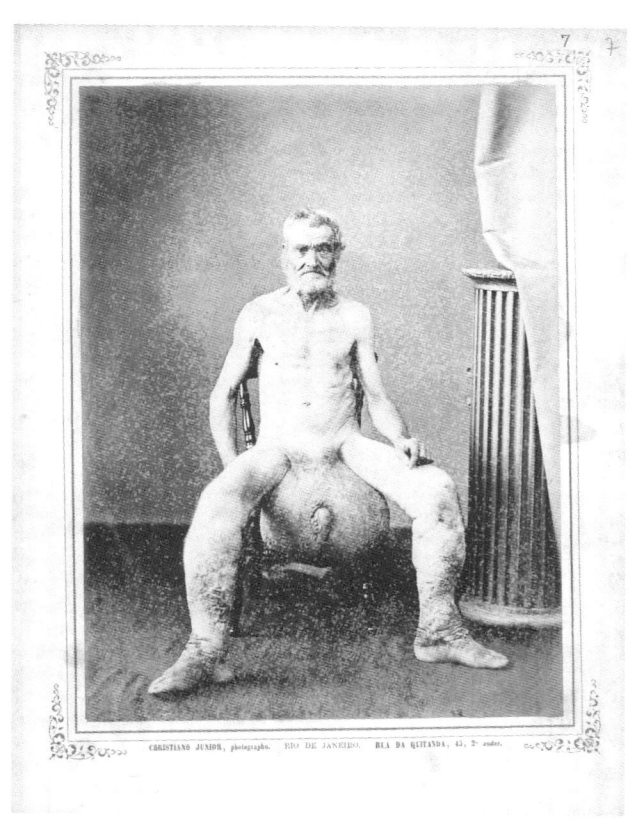

Imagem 93 | Foto: Christiano Jr. 1865. Acervo da Fundação Biblioteca Nacional – Brasil

várias táticas e objetivos de poder, articuladas por diferentes esferas de saberes disponíveis, tais como enunciados científicos, concepções filosóficas, figuras literárias, princípios religiosos.[170] Aqui, se faz presente, como objeto de análise, o enunciado fotográfico, que a partir da exposição de seu referente, anunciava mais um saber disponível, o imagético.

A medicina se apropriava das teorias raciais e abria espaço para potencializar as vozes dos "homens da ciência" que, a partir desses paradigmas importados e ressignificados, teorizaram sobre o Brasil. Inclusive fotografaram sua gente, expondo-a tanto em formato de *carte de visite* ou *cabinet*, quanto em artigos de páginas de revistas. Era a medicina, tentando fazer ciência, pela observação do corpo tratado como doente. Fotografá-lo era parte de uma estratégia, como analisa Silva, "de propaganda política, de divulgação científica e ou de convencimento."[171] Para o autor, as imagens fotográficas ditaram uma influência sobre o comportamento social e científico de centenas de profissionais da saúde, construindo uma imagem de ciência, de medicina, de saúde, de doença e de doente, podendo algumas vezes trazer inesperadas curiosidades.

Entretanto, é importante demonstrar como os corpos fotografados nus e visivelmente doentes reproduziram gestos que pouco ou nada diferenciavam-se da pose do corpo vestido. O garoto na Imagem 92 deixou uma das pernas ligeiramente inclinada, mãos na cintura, denunciando a pose do corpo vestido, menos surpreendente, no entanto, quando comparada à Imagem 93. O senhor retratado está inserido num cenário pouco adequado àquilo que retrata e expõe: o código da pose revela-se como a própria expressão do retrato, indistintamente. O estreito pedaço de cortina ao lado da deslocada balaustrada, juntos, formam uma estranha composição. Tornaram-se elementos dissonantes do principal referente da imagem: o corpo afetado e agigantado pela elefantíase, que não esconde a fragilidade, a vulnerabilidade dos pacientes retratados.

As feridas e rachaduras da pele denunciam a gravidade alcançada pela doença. Os pés e pernas pesam ao homem. Os calcanhares rachados mostram a falta de cuidados, sendo talvez um doente, que, há muito, conviveu com o crescimento de seus membros.[172] Colocá-

---

170 *Ibidem*, 1989, p. 50.
171 SILVA, 1998. Ver capítulo 2, "O consumo das Imagens Médicas".
172 Ver NOVAES; AMATO, 2005.

lo sentado tenha talvez dado uma dimensão ainda maior da enormidade, do excessivo agigantamento do saco escrotal, ainda mais desproporcional se comparado aos braços e tronco magros, como se na organização dessa composição intencionalmente se quisesse mostrar o corpo como abrigo da ambiguidade, porque expõe ao mesmo tempo a fragilidade de homem idoso e a violência que o arrebata e toma a forma brutal do centro da imagem.

A fotografia, quando se propõe a retratar a deformidade, o desvio, a violência da dor, da tragédia, faz com que não exista campo de fuga. Não há escape possível. A gravidade do caso foi retratada como aberração e faz parecer que toma o quadro por inteiro. Acerta José Gil quando intui como o monstro descentra a representação. O anão de *Las Meninas*, de Velásquez, apesar de ser a menor figura da imagem, é o que "apresenta o rosto mais rico em pormenor, em sombras e claridades". Para Gil "o bobo é um anão, quer dizer um monstro", e por isso tem seus traços revelados com minúcia e precisão, desproporcionalmente organizados porque o anão de Velásquez ignora as regras de perspectivas, expõe um "crânio mais volumoso que o dos outros personagens e o seu rosto adquire, deste modo, reflexos inesperados, feições demasiadas grosseiras". O corpo transformado pela elefantíase é também, no retrato, a figura do monstro, do desequilíbrio, é representação da própria violência que padece e consome o velho corpo, organismo em investigação.

É notável quando compara-se esse último retrato com a Imagem 94, feita por Christiano Jr. ou pelo seu sócio, em 1865, usando os mesmos artefatos de composição de cena no interior do estúdio para fotografar homens que buscavam uma imagem nobre de si.

A gravata borboleta e a camisa branca configuraram possivelmente, nessa representação, a melhor imagem do homem que, usando terno pouco elegante, apoia-se na pilastra, talvez a mesma utilizada na foto do homem doente, num mesmo cenário em evidência. A constituição desses diferentes sujeitos sociais não deixa de causar estranheza quando se vê a articulação "de um mesmo repertório de poses e de objetos organizado dentro do estúdio fotográfico de forma a compor personagens diversos".[173]

No retrato à esquerda, tem-se a mesma configuração de um cenário idealizado nas representações das elites ou daqueles que pela dúzia de *cartes de visite* pudessem pagar. A

---

173 CARVALHO, 1997, p. 224.

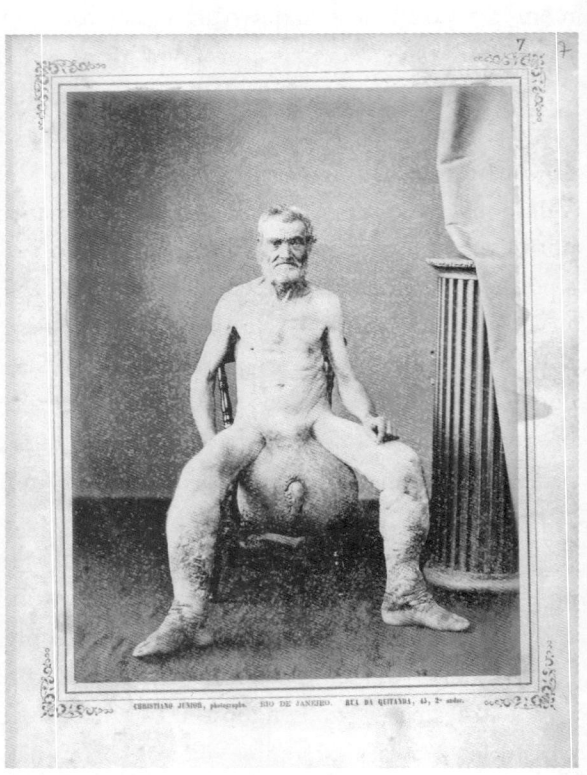

Imagem 94 | À esquerda. Fotos: Christiano Jr. Instituto Moreira Salles; à direita BN

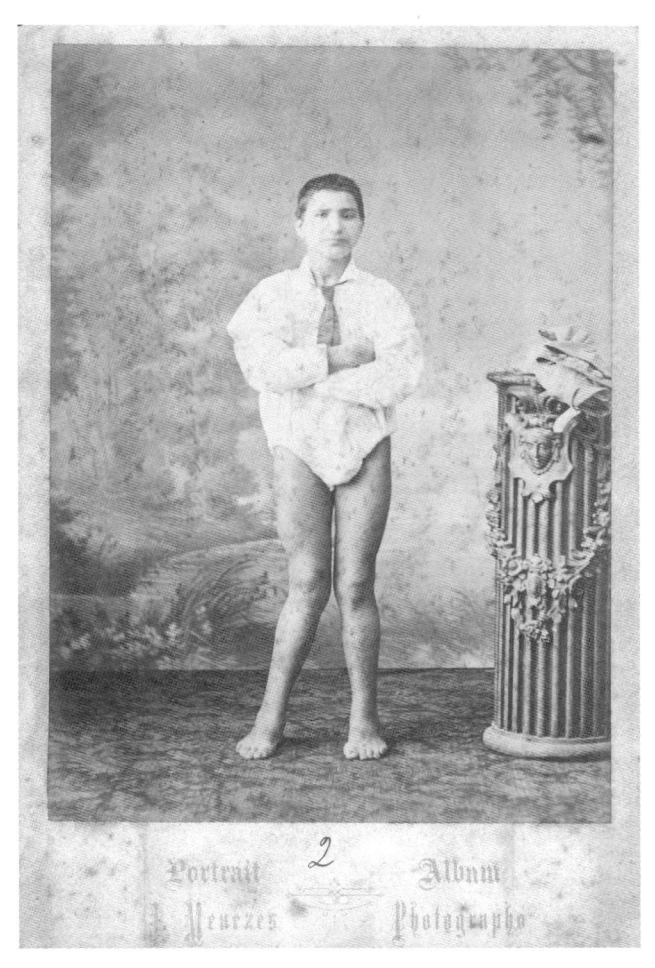

Imagem 95 | Foto: J. Menezes. Acervo da Fundação Biblioteca Nacional – Brasil

cortina, bem menos arrumada, é importante que se diga, foi no retrato do homem doente, à direita, curiosamente também apoiada sob a pilastra, dessa vez escondendo os os autorrelevos antes expostos, colocada discretamente em segundo plano.

J. Menezes não conseguiu ser mais criativo, preso pelos mesmos ícones. Continuou em exibição a mesma balaustrada, agora como artefato da composição para a foto do garoto com deformidades nos membros inferiores (Imagem 95). O garoto usa camisa branca, braços cruzados, mas não o suficiente para esconder a gravata. Obviamente, essa não era intenção de J. Menezes, que manteve em evidência elementos bastante comuns nos retratos oitocentistas da aristocracia nacional, "apanágio simbólico da elite".[174] Entretanto, o que se quer ver e retratar não é a típica cena do burguês narcísico, mas a deformidade, representação que não esconde a tímida pose do garoto e o velho painel de fundo usado por Christiano Jr.

O retrato fotográfico exibe um processo de constituição do sujeito social elaborando a própria história social da visualidade, como apontam Vânia C. Carvalho e Solange Ferraz Lima para a existência de um padrão de poses estabelecido. A pose se constituiu como um símbolo rígido, um código visual que traduz os valores estéticos de uma época, sendo empregadas em diferentes formas de representação, podendo tanto ser um sujeito social em busca de perenizar uma imagem nobre de si, quanto a representação elaborada de um sujeito social visto como sinônimo da falha, do desvio, decaído e doente, enfim. Estabelecia-se um mesmo espaço de figuração onde a pose, "o cenário, mobiliários e fundos escolhidos eram padrão para qualquer idade".[175] Percebe-se aqui o quanto foi um padrão para qualquer sujeito que se punha diante do fotógrafo. Eram, portanto, códigos de representação compartilhados pelos fotógrafos da época. O estranhamento se dá para aquele que olha o retrato distante do tempo de sua produção. A pose aqui assume a força dos gestos, afinal "se existe, pois uma história de longa duração é bem a dos gestos".[176] Gestos inscritos também em outras linguagens.

---

174 FABRIS, 2004.

175 MUAZE, 2008, p. 159.

176 SCHIMITT, 2005, p. 141.

Essa abordagem mostrou como as noções de raça apareceram associadas às de classe, nas representações do corpo doente dadas pelas fotografias, pistas apontadas pelas representações de homens com elefantíase, realizadas em 1865 por Christiano Jr., expondo o corpo enfermo, mas também em inúmeros artigos assinados por médicos que desde a década de 1860 até os tempos republicanos tornaram-se as vozes da ciência nacional; tinham a população negra como a parte do povo enferma, gangrenada, sifilítica, tísica, degenerada. E recaíram também sobre o corpo feminino um duplo polo negativo, onde associava-se raça e sexo.

As relações raciais definiam as principais preocupações teóricas e de pesquisa do período, como mostra o artigo, "Um caso de hyperthophia do clitores seguida da cliteriotomia"[177], assinado pelo médico Dr. Victor do Amaral, sobre o diagnóstico e tratamento de uma ex-escrava, demonstração de como a diferença sexual da mulher também se estruturava sob o signo da inferioridade. E quando ela era negra, acentuavam-se conotações ainda mais negativas.

A ex-escrava Joana Maria de Jesus, com 18 anos de idade, portadora de um tumor "do tamanho de uma mão fechada", constituído pelo "clitóris enormemente hypertrophiado", foi assim descrita: "Era de constituição fraca, de intelligencia tão obtusa que poucos commemorativos póde nos fornecer; com quanto anêmica, todavia seu estado geral era satisfactorio". Diante da indagação, "Como se produziu essa hypertrophia?", o artigo do Dr. Amaral é espelho que tão bem reflete determinadas concepções recorrentes na época:

> Como se produziu essa hypertrophia? Seria por influência de uma causa traumática, de um atrito excessivo, de um excesso exagerado do coito? Nada podemos responder a estas interrogações pela deficiência de dados anamneticos, que não nos forneceu a doente, por ser inteiramente boçal e tola.[178]

A "preta", atendida no Hospital da Misericórdia de Curitiba, quando "interrogada sobre o motivo que a trouxera ao hospital, mostrou a vulva como única séde de seus soffrimentos";

---

177 *Brazil Medico*, nº 13, 1892, p. 97. Esse foi um caso médico ocorrido em Curitiba, Paraná.
178 *Brazil Medico*, nº 13, 1892, p. 97. A cirurgia ginecológica tornou-se mais frequente entre as décadas de 1860 e 1870. No final do século, cirurgiões de vários países dominavam técnicas cirúrgicas, inclusive o Brasil. Ver Martins, 2004, p. 120.

não sabia precisar ao certo o início do desenvolvimento do tumor, afirmou apenas "datar de um anno mais ou menos, mas que ultimamente, por se tornar muito volumoso, lhe dificultava a locomoção a pé". Seu sofrimento foi reconhecido, mas foi considerada fisicamente de "constituição fraca, de intelligencia tão obtusa", e ainda, "boçal e tola".[179]

Antes do procedimento cirúrgico e da amputação do clitóris, foi o momento para a fotografia, outro registro de sua utilização nas pesquisas médicas: "No dia 14 de outubro de 1891, depois de photographada a doente, a deitamos sobre a mesa operatória".[180] Depois de uma longa descrição do tratamento de um mês, após a cirurgia, informam que a ex-escrava Joana obteve alta "completamente curada".

Os redatores justificam a demora da publicação, feita apenas um ano depois, porque desejavam "gravar em madeira a photographia e estampal-a no *Brazil Medico*. Infelizmente não nos foi possível, em virtudes das difficuldades que entre nós se encontram para trabalhos dessa ordem".[181] Não foi publicada a foto do corpo doente de Joana, corpo submetido por um saber que o transforma, "esquadrinha, desarticula, recompõe";[182] o "corpo dócil" de Foucault desnuda-se nas formas patológicas da ex-escrava Joana.

Esse estudo sobre a doença da ex-escrava Joana, na revista *Brazil Medico*, assemelha-se às anomalias encontradas nos *Annaes de Medicina* do Rio de Janeiro (1889-1890) pesquisados

---

179 Segundo Magali G. Engels, a mulher e a criança figuram como as personagens centrais no tratamento das questões de ordem higiênica. Temas como a gravidez, o aborto, o aleitamento, a mortalidade infantil, a educação da mulher e da criança eram recorrentes. O espaço familiar foi invadido pelo controle médico e a mulher, forte aliada no projeto de higienização, transformada, como aponta a autora, em *mãe higiênica*, responsável por modificar, junto aos médicos, o perfil das relações familiares (ver p. 44). Para Jurandir Freire Costa, em *Ordem médica e norma familiar*, existiu um processo de criação da mãe higiênica devido à relação entre aleitamento mercenário e mortalidade infantil. A partir das novas sociabilidades urbanas, a amamentação passou a ser *obrigação materna*, garantindo-se assim a proteção ao núcleo familiar. O autor afirma que essas preocupações foram relativas somente à família burguesa. Às famílias escravas, não interessava ao Estado modificar, valendo para elas os códigos punitivos habituais. Ver ENGELS, 1989, p. 33 e 255.

180 A fotografia foi enviada para a redação da revista junto com um frasco contendo o tumor retirado, que pesava 190 gramas. A fotografia foi depois enviada ao Museu da Faculdade de Medicina do Rio de Janeiro. E encontra-se perdida.

181 *Brazil Medico*, nº 13, 1892, p. 97. Esse foi um caso médico ocorrido em Curitiba, Paraná.

182 FOUCAULT, Michel. *Vigiar e punir. História da violência nas prisões*. 29ª ed. Petrópolis: Vozes, 2004, p. 119.

por Cortês, os quais, segundo ela, referem-se essencialmente ao aparelho reprodutor feminino, "sobretudo órgãos genitais, útero e vagina":

> Observamos um enorme investimento da medicina em demonstrar que os parâmetros de saúde esperados de uma mulher higienizada (branca, burguesa, esposa, dona de casa e mãe) eram geneticamente vetados ao corpo feminino negro, naturalmente doente devido a sua propensão nata à lassidão moral.[183]

Cortês acrescenta que no período republicano, as representações sociais médicas sobre a mulher faziam "um movimento contínuo e forte de racialização do gênero, afastando as pacientes negras cada vez mais de quaisquer chances de serem interpretadas como mulheres higienizadas". Foi construída uma representação que colocava a mulher negra como ameaça "ao ambiente familiar burguês", como se fossem "ervas daninhas".[184] Cabia à mulher branca salvar sua família, salvando assim toda a sociedade. Nessa conjuntura, o corpo da mulher negra não era visto como "útil", tampouco "obediente".[185]

Para Chalhoub, inicia-se nesse período o "surgimento da ideologia da higiene",[186] a qual projetava a ideia das classes pobres como um perigo social. Entretanto, foram essas concepções que permearam todo o imaginário intelectual-médico desde as últimas décadas anteriores à emancipação. Quanto mais o saber médico se fortalecia e passava a se preocupar com o futuro da nação brasileira, mais se proliferavam discursos contra a mestiçagem. A amamentação passou a ser vista como um elo de ligação entre brancos e negros, "com

---

183   CORTÊS, 2006.
184   *Ibidem*, p. 12. A autora mostra, inclusive, como, em alguns relatos médicos, as ideias de animalização, sexualidade e anti-higienismo foram vinculadas às mulheres negras. Sobre amas de leite ver a pesquisa de Rafaela de Andrade Deiab, *A mãe-preta na literatura brasileira: ambigüidade como construção social (1880-1950)*. Dissertação de mestrado. São Paulo: USP, 2006.
185   Foucault (2004, p. 119) aponta para a existência de mecanismos de controle e sujeição do corpo tentando torná-lo "mais obediente quanto é mais útil".
186   CHALHOUB, 1996, p. 29.

possíveis interferências físicas e culturais da escravidão sobre o ambiente familiar"[187] e, portanto, uma ameaça. Os esforços concentraram-se em romper esse elo:

> A classe médica oitocentista passou a contestar a eficiência na manutenção da integridade física e moral dos recém-nascidos amamentados pelas escravas (...) passava assim a ser vista como um elemento invasor e perturbador da ordem proposta (...). A presença de amas escravas – em sua esmagadora maioria de "cor" – como personagens que compartilhavam do destino comum da criança branca com a família abastada representou uma das principais ameaças a ser combatida.[188]

O aleitamento não é um assunto específico desta pesquisa, mas esta referência é importante para a verificação de como ocorreu uma desqualificação, a partir de prerrogativas científicas, das populações negras, em múltiplas esferas. Ao compararmos a descrição feita pelo médico Zamith, em defesa de tese na Faculdade de Medicina no Rio de Janeiro em 1869, onde se apontavam as qualidades de uma boa ama de leite, com a descrição da ex-escrava Joana Maria de Jesus, com 18 anos de idade, portadora de um tumor, atendida no Hospital da Misericórdia de Curitiba, descrita como sendo de "constituição fraca, de intelligencia tão obtusa, boçal e tola", vê-se que para a ex-escrava Joana a prerrogativa de boa ama de leite não caberia:

> a ama deveria ser de bons costumes, de gênio dócil, não irascível, pois (...) a mulher que facilmente se altera por qualquer coisa não pode ser boa ama, vista como as perturbações morais (...) podem prejudicar a saúde da criança (...) não importa menos que a ama seja cuidadosa e inteligente.[189]

Nas análises realizadas nos volumes da revista semanal de medicina e cirurgia *Brazil Medico*, em 1887, na maioria dos artigos, quando se tratava de paciente branco, não havia em

---

187   MARTINS, 2007.
188   *Ibidem*, 2007, p. 3– 18.
189   ZAMITH *apud Ibidem*.

geral tal referência. Apenas quando era negro, a cor da pele era indicada; portanto, um forte elemento diferenciador, visto também no artigo "Um caso de actinomycose humano".

> Que nos conste é o caso que ora apresentamos o primeiro registrado na America do Sul. O paciente D. A. S., de raça mestiça, cor parda escura, entrou a 10 de maio de 1886 para o serviço clínico do Exm. Sr. Barão de Saboia, no Hospital de Misericórdia.[190]

Essas classificações raciais são entendidas por Côrtes como uma dinâmica marcada por identidades sociais em disputa:

> Categorias como "negras", "mestiças", "pardas", "morena", dentre outras, representam ao invés de sistematizações raciais rígidas, a subjetividade fenotípica de um Brasil construído através de ideologias racializadas presentes nas diversas narrativas sobre a nação e seus sujeitos. Desse modo as variações físicas são consideradas reflexo da pluralidade em que se conjuga o ser negro no país.[191]

Quase sempre nota-se uma descrição carregada de negatividade não apenas sobre a constituição física do doente, mas também moral, assim verificado na descrição da paciente "Maria G. parda, de 24 annos, presumiveis", examinada e vista com pouca confiança, tendo procurado auxílio médico devido às dores que a acompanhavam há dias:

> Foi desde cedo regularmente menstruada até a occasião em que concebeu o seu único filho. O seu parto, a termo, data de três annos; o trabalho durou três dias sendo terminado artificialmente, segundo informa, a forceps, vindo ao mundo uma criança morta (…). Depois d'isso, soffre em períodos regulares de quatro semanas de dores no baixo ventre (…). Veiu para o hospital a ver se a livram das dores que n'essas occasiões experimenta. Estado actual – a paciente apresenta ar

---
190 *Revista Brazil Medico*, abr. 1887. Documentação consultada na Academia de Medicina do Rio de Janeiro.
191 CORTÊS, 2006.

juvenil e florido; sua physionomia é expansiva si bem que pouco confiante (…) um rápido exame nada se observa de anormal.[192]

Pouco confiável foi também o tratamento médico recebido. Três dias de parto e um filho morto, no instante em que nascia, trazido ao mundo pela força do fórceps[193] que o arrancava. A causa da morte da criança não foi relatada. Cauteloso foi o autor desconhecido do artigo.

Maria G. talvez não tenha tido a mesma sorte emprestada pelo "milagre da natureza" à paciente atendida pelo jovem Dr. Afrânio Peixoto, recém-chegado à cidade de Canavieiras. No sincero relato do doutor, se reflete o despreparo de muitos médicos diante da aflição daqueles que por socorro esperavam. Carregando diferentes instrumentos cirúrgicos vindos da Europa, presente da orgulhosa mãe, o médico relata:

> Certa noite fui acordado para socorrer uma pobre senhora em trabalho de parto, visto que sabiam que eu tinha um fórceps moderno, recém-chegado da Europa. Foi com a morte na alma que me vesti para sair, a caixa do fórceps debaixo do braço. Sabia das minhas responsabilidades quanto à esterilização, mas como esterilizar um fórceps em casa humílima tendo apenas água fervendo? Depois, como aplicá-lo sem perigo, eu que apenas me recordava da regra mnemônica que, em boa hora, me fizera reter o meu professor Climério de Oliveira? Fui pelo caminho repetindo isso. Ao chegar a uma pobre casa de Birundiba, encontrei uma pobre mulher exausta de soprar numa garrafa, fazendo esforços inúteis. Foi preciso pô-la em repouso, dar-lhe algo a beber para reanimar, esterilizar o meu fórceps e, milagre da natureza! Antes da minha intervenção, nascia a criança. Medo do instrumental? Ou a confiança, da ignorância, na presumida ciência? Eu de fato afirmara que tudo ia correr bem, logo que ela descansasse.

---

192 *Brazil Medico*, abr. de 1887, p. 160. Artigo: "Dysmenorrhéa por Tresias agcidentaes múltiplas do canal genital". Sem indicação de autor. Academia de Medicina do Rio de Janeiro. Até meados do século XIX as mulheres não procuravam hospitais para dar a luz. Ver MARTINS, 2007, p. 147.

193 O fórceps foi criado no século XVII, na Inglaterra, pelos cirurgiões da família Chamberlen, depois aperfeiçoada pelos cirurgiões franceses e por Smellie, cirurgião inglês. Segundo Ana Paula Martins (2004, p. 77) que tal instrumento obstétrico "podia causar muito sofrimento para a mulher e mutilar a criança".

> No dia seguinte eu era um herói em Canavieiras, havendo estreado, diziam, o meu fórceps, com plenos resultados. O terror da responsabilidade nessa noite foi de tal ordem, que resolvi não ser clínico, não aventurar a vida dos outros à minha incapacidade. Peguei de todo o instrumental, ofereci a um insipiente hospital de Canavieiras e decidi-mi a não fazer clínica aí, onde eu seria forçado a exercitar todo o meu aparelho cirúrgico. Que carnificina.[194]

O médico formado pela Faculdade de Medicina da Bahia reconheceu que ao deixar Salvador e dirigir-se para atuar em uma cidade pequena, talvez não estivesse ainda munido de conhecimento suficiente para o exercício da prática médica. Saiu para atender levando "a morte na alma". O temor ou quase pânico descrito em seu relato deixa sinais expressivos não apenas de uma inexperiência, mas o fato de não conhecer as implicações práticas para a realização de tal procedimento cirúrgico. Apesar de levar muitos instrumentos, lembrava-se e repetia incansavelmente com a mesma força de uma reza, a regra que era um recurso didático aprendido com o professor Dr. Climério, "um dos mais importantes obstetras do século XIX".[195] Sabia da necessidade de esterilizá-los; saber usá-los, contudo, mostrou-se um desafio, e penoso.

Falhas médicas não eram pouco comuns, mas alguns poucos, ou pela sorte ou pelo prestígio, conseguiam escapar, nem sempre saindo ilesos. Maria G ainda sentia dores no baixo ventre, mesmo depois de decorridos três anos. A princesa Isabel não teve mais sorte em seu primeiro parto, o feto foi craniotomizado. O médico responsável, Dr. Feijó, foi acusado de imperícia em folheto assinado por Carolino dos Santos, segundo Martins, pseudônimo do Dr. Nunes Garcia. Talvez pelo "trauma vivido", no segundo parto da princesa o médico francês Dr. Depaul foi trazido ao Brasil e passou a ser bastante requisitado "após usar o

---

194   RIBEIRO, L. F. *Afrânio Peixoto*. Rio de Janeiro: Editora Condé, 1950. *Apud* MARTINS, 2004, p. 171. O médico Afrânio Peixoto foi diretor do Serviço Médico Legal, criado em 1907. Realizou estudos sobre defloramento e estupros, tendo avaliado posteriormente o polêmico caso conhecido como *A questão Braga*, publicado em jornais da época, em que o marido, Dr. Braga, acusou sua esposa de não ter se casado virgem (ver p. 182). Publicou, em 1911, o livro chamado *A esfinge*, bem aceito pela crítica e leitores (ver p. 218).

195   MARTINS, 2007, p. 172. O médico Afrânio Peixoto se tornou um dos mais prestigiosos da medicina legal do século XX.

fórceps em um parto difícil, mas bem sucedido", fato sentido como uma "afronta" aos médicos nacionais que assistiam o médico estrangeiro ganhar "bastante dinheiro durante sua permanência na Corte".[196]

A busca por atendimentos em hospitais como as Santas Casas de Misericórdia era o último recurso das mulheres desde o fim do século XVIII. Aquelas que não podiam pagar médicos particulares contavam com a sorte e a ajuda de parteiras. Até o final do século XIX, como demonstra Martins, não existiu nenhuma iniciativa de amparo à maternidade destinada às mulheres pobres "desassistidas especialmente se os partos fossem complicados". Em 1880 foi criada a Maternidade Municipal de Santa Isabel. Como não tinha sede própria, funcionou nos seus primeiros dois anos numa enfermaria na Casa de Saúde Nossa Senhora da Ajuda. Mesmo em condições precárias, atendeu, em 1881, um total de 62 parturientes. Eram na maioria pardas, como Maria G., além de solteiras, tendo entre 17 e 28 anos, sendo "mais de 60% delas escravas".[197] Aquilo que já era pouco tornou-se nada. Em 1882, a enfermaria, que atendia mulheres grávidas, fechou suas portas, apesar de atender mulheres pobres e ter boa aceitação.

Retomando o relato sobre a paciente Maria G., não se vê nenhuma palavra sobre os procedimentos adotados no parto fracassado. O interesse voltou-se para a capacidade reprodutiva da paciente, "desde cedo regularmente menstruada".[198] O olhar científico para o corpo feminino voltava-se, como cita Vosne Martins, para as questões relacionadas à maternidade, ao sistema reprodutivo e à sua adequação a essas funções específicas.

Nos estudos sobre o corpo masculino de caráter racialistas, muitas foram as comparações das diferentes raças fundamentadas na análise de crânios, estudos que, na maioria,

---

196 MARTINS, 2004, p. 181.

197 *Ibidem*, p. 201-202. Dois anos antes da proclamação da República, o governo do Império aprovou orçamento destinado à construção da Maternidade Santa Isabel, para atender mulheres pobres, e aos estudantes da Faculdade de Medicina do Rio de Janeiro, que passariam a assistir partos. Os futuros médicos foram antes negados pela Santa Casa de Misericórdia do Rio de Janeiro. No entanto, as mulheres continuaram a ser atendidas pelos Hospitais da Santa Casa. Em 1904 inauguraram a Maternidade das Laranjeiras, um importante local também de ensino.

198 *Brazil Medico*, abr. 1887, p. 160.

tratavam-se de observações de crânios de homens. Na medição de crânios femininos se davam sempre comparações com os "selvagens ou primitivos", considerados como uma mesma "linha evolutiva, ficando mais próxima a raças 'inferiores' e às crianças".[199] Podia ser a mulher-criança de Schopenhauer, inclinada à "falsidade, infidelidade, traição, ingratidão", o gênero representante do segundo sexo[200] ou *La Donna Delinquente*, de Lombroso e Ferrero, publicado em 1923; a fêmea para estes é superior ao macho apenas entre as espécies inferiores: crustáceos, insetos, aracnídeos e vermes. Entre os mamíferos, o macho tem a supremacia, e "a fêmea representa o tipo médio". A negatividade atribuída à mulher, expressada por Schopenhauer, Lombroso e Ferrero, se dava devido à menstruação, causadora da inaptidão para "o trabalho físico e intelectual", tornando-a "irascível e mentirosa".[201]

A razão, atribuída ao masculino, pode explicar, como sugere Vosne Martins, o interesse pelas medidas cranianas que ajudaram a fundamentar a "superioridade natural do homem", como visto na publicação de 1903, *Sexo e Caráter*, de Otto Weinunger.[202] Ao homem, o cérebro; às mulheres concentraram-se estudos "sobre as estruturas e características associadas à sexualidade". No baixo ventre recaíram todas as observações, como a porta para o entendimento dos mistérios do corpo feminino, signo da ameaça à ordem social. Da mulher, eram os seios, o desejo sexual, o tamanho do clitóris, o tamanho da pélvis os pontos ímãs das investigações médicas. A mulher era reduzida então ao "império de seus órgãos genitais",[203] a expressão pura da natureza feminina. Exemplo de como o corpo representava a totalidade feminina, tornando-se também a sua prisão.[204]

---

199 MARTINS, 2004, p. 50. Carl Vogt, craniologista do século XIX, fez estudos com crânios femininos comparando-os aos indivíduos de outras raças.

200 *Ibidem*, p. 52-53. O filósofo Schopenhauer tentou comprovar a natureza infantil da mulher com o conceito *mulher-criança*. Foi um dos autores mais citados por médicos e intelectuais da época. Publicou, em 1880, o livro *Ensaio sobre as mulheres*, presente em citações e referências nas publicações que sucederam.

201 *Ibidem*, p. 54-55.

202 *Idem, ibidem*, p. 54-55.

203 Apenas com a menopausa a mulher seria libertada de perigos porque encerrava-se o seu ciclo reprodutivo. Ver MARTINS, 2004, p. 169.

204 *Ibidem*, p. 169.

Com a puberdade vinham as indagações e preocupações relacionadas à menstruação, à vida reprodutiva e a melhor idade para casamento, tido como um "fator de higiene e moral, base da família e da pátria".[205] A autora mostra como, nas teses analisadas, foi ressaltada "a necessidade de se estudar a mulher por se tratar de um assunto com desdobramentos sociais importantes devido ao papel desta como reprodutora da espécie e educadora dos filhos e futuro cidadãos".[206] A puberdade era o momento do desvio,[207] separando o mundo dos machos do mundo dos vícios, sendo a histeria e o desequilíbrio atribuídos ao gênero feminino. A jovem moça tornava-se a frágil donzela, mensalmente correndo os riscos das possíveis "patologias menstruais", inclusive o crime. Em seu corpo iriam se depositar todos os "excessos" ou todas as "ausências".[208]

Sexo e raça, segundo Martins, "passaram a ser categorias biológicas cada vez mais inter-relacionadas no discurso científico do final do século XVIII em diante".[209] Como vimos no caso da ex-escrava Joana Maria de Jesus,[210] eram ainda categorias empregadas e capazes de reforçar específicas concepções ou "estereótipos, como a lascívia e a perversão das mulheres negras".[211] Nesse sentido o Dr. Victor do Amaral aproximou-se bastante, ao indagar "como se produziu essa hypertrophia? Seria por influência de uma causa traumática, de um atrito excessivo, de um excesso exagerado do coito?" do renomado naturalista Curvier que dissecou, no

---

205 *Ibidem*, p. 159. Médicos preocupavam-se com a maternidade precoce que poderia causar mortalidade feminina. O Dr. Manuel Ramalho foi um médicos que analisava estatísticas para demonstrar esses riscos e, segundo Martins, autor de algumas ideias que antecipavam uma doutrina eugenista no Brasil.

206 *Ibidem*, p. 155.

207 Os homossexuais e a prática da masturbação foram encarados também como desvios e, por isso, também "caíam nas redes dos saberes médicos". *Ibidem*, p. 157.

208 *Ibidem*, p. 35. As experiências anatomofisiológicas desenvolvidas ao longo do século XIX fundamentaram teorias sobre a organização nervosa do corpo feminino, organizando-se assim um sistema de rede, ligando ovários e úteros através de gânglios e nervos ao eixo cérebro-espinhal, um sistema considerado pelos médicos como instável. Tal instabilidade explicaria o desequilíbrio, a predisposição das mulheres a doenças e perturbações mentais (ver p. 111-112).

209 *Ibidem*, p. 33.

210 *Brazil Medico*, n° 13, 1892, p. 97.

211 MARTINS, 2004, p. 35.

início do século XIX, o corpo de Sara Bartmann, após a sua morte. Sara era "uma jovem mulher hotentote", levada à Europa e "exposta como uma espécime da raça negra":

> A memória escrita por Curvier sobre Sara Bartmann revela a dinâmica de raça e gênero na ciência no início do século XIX. Seu interesse pelo corpo desta mulher sul-africana centralizou-se na sexualidade; nove das dezoito páginas são reservadas à genitália de Bartmann, aos seios, às nádegas, e a pélvis. Só um breve parágrafo a respeito de seu cérebro. Nos dois relatos – de sua raça e de seu sexo – Bartmann foi relegada ao mundo brutal da carne.[212]

O grau de intervenção nos corpos femininos aqui expressa-se com clareza. Intervenções que algumas vezes atingiam absurdas violências. Em 1870, Dr. Charles West, médico inglês, "em um dos seus cursos sobre doenças de mulheres", relatou aos alunos um caso publicado em 1856, envolvendo "uma senhora de 53 anos, sua conhecida, que sofria de uma fístula, rectovaginal, que muitos sofrimentos lhe causava". O médico, na verdade, mostrava aos alunos como na busca em "curar a masturbação" poderia ocorrer a "degradação de alguns cirurgiões". A paciente, que já não conseguia ter uma vida normal, foi operada e teve seu clitóris extirpado. Nem ela nem o marido tinham sido comunicados desse procedimento. Passado o período de convalescência, ambos descobriram que outra cirurgia havia sido feita. O médico que a operou limitou-se a argumentar "que tomara tal decisão porque supôs que a mulher era dada a prática de um vício do qual ela não conhecia nem o nome, nem a natureza".[213] Para Martins, que investiga com notável rigor a ciência da mulher,

> a história que o Dr. West contou aos seus alunos, alem de ser um alerta quanto aos limites éticos da profissão, é também a narrativa de uma especialidade cada vez mais voltada para o tratamento cirúrgico dos órgãos sexuais femininos. Tal orientação da especialidade é o corolário de uma longa tradição intelectual e

---

212 *Ibidem*, p. 35. *Cit.* Schiebinger, 1994, p. 172.
213 *Ibidem*, p. 108.

médica a respeito da sexualidade feminina, construída a partir do desejo de conhecer e controlar sua diferença.[214]

Nos domínios sobre o corpo, a questão de gênero mostrava-se tão violenta quanto cruel. Foram muitos os relatos encontrados nas revistas médicas investigando o corpo feminino e ajudando a entender como "ao longo do século XIX este interesse se intensificou até constituir-se um campo específico da medicina especializado na mulher: a ginecologia",[215] que se tornou disciplina autônoma no Brasil no final da década de 1880. Obviamente, a pesquisa não pôde seguir esse caminho e aprofundar essa discussão, mas o médico Victor do Amaral, ao deixar registrado em artigo que "No dia 14 de outubro de 1891, depois de photographada a doente, a deitamos sobre a mesa operatória", ao atender a ex-escrava Joana, portadora de um tumor, deixou provas de como no Brasil a ciência médica olhava para o corpo feminino tornando-o "visível e inteligível",[216] pondo fim ao princípio obstétrico aceito até a metade do século XIX do "toque, mas não olhe".[217] Era uma ciência que também dialogava com os avanços alcançados na medicina europeia, ambas contribuindo na "construção da imagem do médico como guardião dos segredos da feminilidade".[218] Guardião com as armas para

---

214 *Ibidem*, p. 109.
215 *Ibidem*, p. 36. A ciência obstétrica constitui um saber específico sobre as capacidades reprodutivas das mulheres, com métodos precisos de observação. Ver capítulo 2: "A ciência obstétrica". Apenas no século XX foram criados no Brasil espaços adequados ao ensino das clínicas obstétricas e ginecológicas (ver p. 151).
216 *Ibidem*, p. 90.
217 *Ibidem*, p. 90. Existia na Europa uma cultura visual de devoção ao corpo da mulher grávida. A gravidez era cercada de pudor. O trabalho de parto estava associado a uma *ideia de arte e ofício manual*, historicamente circunscrito ao universo de mulheres. O corpo da mulher grávida era tocado pelos médicos, mas não visto. Isso explica o princípio do "toque, mas não olhe" aqui citado para demonstrar como o corpo feminino, de uma maneira geral, passou a ser investigado com menos pudor e restrição, sendo até mesmo fotografado no Brasil em fins do século XIX, período em que a prática médica contava com a fotografia na busca pelo realismo citado por Martins (ver p. 92).
218 Muitos médicos brasileiros estudaram na Europa, mas seu conhecimento vem também da prática e atuação em clínicas e hospitais. Sobre a tomada do olhar do médico para o corpo feminino é preciso dizer que foram criados, ao longo do século XIX, instrumentos para visualizar o corpo da mulher. O mais famoso, segundo Martins, era o que permitia ver o colo do útero, denominado espéculo, usado na antiguidade para

roubar-lhes o prazer, como vimos. Mas, aqui, busca-se antes compreender como nesses relatos médicos a mulher negra era descrita, em discursos que demonstram visões altamente racialistas na compreensão do que era o corpo feminino. A partir dele, discutiam-se valores como a raça, povo e nação. Sobre ele recaíam sentidos exteriores ao seu funcionamento orgânico. Numa via de mão dupla, entendê-lo e submetê-lo a técnicas precisas da ciência significava dominar o corpo social.

A mulher tornava-se parte essencial das preocupações higienistas. A medicina passou a elevá-la "a categoria de mediadora entre os filhos e o Estado".[219] A complexidade em tais discursos baseia-se exatamente nessa inter-relação entre raça e sexo, associadas a uma preocupação com o futuro da nação. Às mulheres brancas impunha-se "uma boa formação moral e a contenção do corpo". Essa era a mulher saudável, de "caráter dócil e submissa ao esposo". Impunha-se a negação da sexualidade feminina porque a "temiam", como aponta Martins, afinal sua sexualidade tinha "efeitos desestabilizadores para a família e a sociedade".[220]

No entanto, às mulheres negras a incapacidade era dada como certa. Retoma-se mais uma vez a descrição da ex-escrava Joana, "pouco confiável", de "constituição fraca, de intelligencia tão obtusa, boçal e tola".[221] Joana não era definitivamente a mulher de Jules Michelet, "fonte da vida e do bem (…) corpo produtivo por excelência".[222] Não era a mãe, nem a santa,

---

aplicar medicamentos no interior da vagina. Em 1821, o médico francês Récamier adaptou o espéculo para a visualização do útero, utilizando-o para fazer cauterizações e amputações. Seu uso gerou no período muita polêmica, porque nem todos os médicos, como demonstra Martins, estavam convencidos da necessidade de se observar os genitais femininos (p. 128-129). Dr. Charles West foi um dos médicos que evitava usar o espéculo. Afirmava que a posição ginecológica era indecente e melhor seria fazer o exame com a paciente deitada de lado (p. 130). Foi este médico que relatou um caso cirúrgico onde uma senhora de 53 anos teve o clitóris extirpado. O médico que realizou esse procedimento com a intenção de "curar a masturbação", não havia consultado nem a paciente, nem o marido, p. 108. Houve também uma recusa de mulheres em aceitar o uso de tal instrumento (ver p. 130-131).

219 COSTA, 1979.
220 MARTINS, 2004, p. 42.
221 *Brazil Medico*, nº 13, 1892, p. 97.
222 MARTINS, 2004, p. 45. Jules Michelet foi um dos autores oitocentistas que se debruçaram sobre a definição da mulher. Michelet publicou *História da França*, em 1841; *O amor*, em 1858; *A mulher*, em 1859 e *A*

tampouco anjo ou freira. Não descendia "da Virgem Maria e de outras madonas". Nem Joana, nem Maria G. Esta não conseguiu ser mãe. Seu filho morreu após três dias de parto, é preciso que se lembre. Parda, era para a ciência de pouca confiança. Seu corpo estava muito próximo "das verdades científicas sobre o corpo feminino que procuravam revelar seu lado escuro, perigoso e ameaçador para o homem e a sociedade". Maria G., a mãe do menino, não cumpriu a natureza de alimentar. O leite que saía de seu peito não servia aos meninos brancos. Se não era a Virgem e nem a madona, também não lhe cabia mais o papel de ama de leite. Nem de seu filho, tampouco dos outros. "Sai de cena a santa, entra a degenerada".[223] Estranhos os discursos na História, dados em diferentes temporalidades, mas assustadoramente semelhantes, empurrados pelo longo sopro das idéias.

Pouco confiáveis. Indolentes. Boçais e tolos. Povos de fraca constituição. São essas descrições recorrentes nos artigos médicos publicados, algumas vezes tirando-se também fotografias como métodos de observação, como objeto servindo para ilustrar textos e descrever o corpo doente, mas, principalmente, capazes de legitimar discursos em defesa da degeneração racial posta em exibição. Infelizmente não encontramos a fotografia da ex-escrava Joana, mas sabe-se agora de seu registro, sabe-se que minutos antes da cirurgia que amputaria seu clitóris não escapou do olhar técnico mecânico em busca do máximo de realismo. Sabe-se pela descrição médica que Joana, para os médicos, não passava de uma paciente boçal e tola. Cabe aqui lembrar, como analisa Corrêa, que apesar da

> impossibilidade de uma análise exaustiva das conseqüências efetivas do racismo ou da discriminação racial não nos impede, no entanto, de observar a sua

---

Feiticeira, em 1862. Segundo Martins, o autor criava teorias sobre as diferenças biológicas sexuais e sobre o papel moral e regenerador da mulher, dando explicações sobre a natureza da mulher e de sua condição de dependência e submissão ao homem. A mulher para Michelet não era ameaçadora, deveria antes cumprir seu papel de esposa, era uma "mãe dessexualizada" (MARTINS, 2004, p. 47) ou como ele próprio afirmou: "a mulher é uma religião" (p. 45). Era, de certa forma, uma visão mais positiva da mulher diante de tantas ideias misóginas que caracterizam a época, exatamente por isso escolhida aqui para fazer um contraponto com as observações do médico Dr. Victor do Amaral, que atendeu a ex-escrava Joana e a descreveu de forma bastante negativa.

223 Para as citações do parágrafo ver MARTINS, 2004, p. 45.

vigência como elemento constitutivo da visão dos intelectuais brasileiros sobre o nosso povo na passagem do século.[224]

A descrição minuciosa do tratamento da ex-escrava Joana informa também sobre a tentativa de se criar uma identidade racial baseada na cor da pele, atribuindo-lhe valores morais imprecisos e subjetivos, onde sentidos de negatividade corriam a passos largos. E isso será difícil de negar. A não ser que se queira silenciar conquistas e uma luta ainda permanente porque a História também se faz de silêncios, dando mostras, algumas vezes, apenas da "sala de visitas da História".[225]

Apesar de não conhecer ao certo as experiências de cada um deles aqui retratados, tais imagens e relatos fornecem ao menos a dimensão de muitas vidas, de diferentes medos e de muitas tentativas de fugir da morte ou aliviar a dor.

Segue-se agora para novos olhares sobre o corpo feminino, afinal Christiano Jr. não escapou do interesse que permanecia às voltas do íntimo desejo em desnudar as formas femininas. Sobre elas recaíram inúmeras ambiguidades.

---

224 CORRÊA, 1998, p. 64.
225 DIAS, 1995. Em prefácio de Ecléa Bosi.

CAPÍTULO 4

A MULHER NEGRA E AS MÚLTIPLAS REPRESENTAÇÕES DO FEMININO

Parte I

Carte de visite: Suporte para a alquimia oitocentista

> A mulher não tem cérebro; ela é um sexo, nada mais.[1]

Essa temática vem à tona primeiro pela imposição das próprias fontes. Entre os viajantes que se interessaram pelo Brasil, muitos o representaram pelas formas femininas. De aquarelas a pinturas, chegando à fotografia, uma vasta representação erotizada atravessou o século XIX. Sensualidade e sexualidade feminina foram amplamente exploradas pelas artes oitocentistas,[2] dando visibilidade a uma série de práticas e de representações corporais. Investir nelas não se trata, como delineia Sant'Anna, "de realizar uma listagem das maneiras supostamente exóticas de lidar com o corpo em outras épocas, mas sim de tornar questionáveis os gestos e as atitudes que ontem e hoje nos parecem familiares ou não".[3]

---

[1] MARTINS, 2004, p. 60.
[2] Ver KOSSOY & CARNEIRO, 2002
[3] SANT'ANNA, 2005, p. 12.

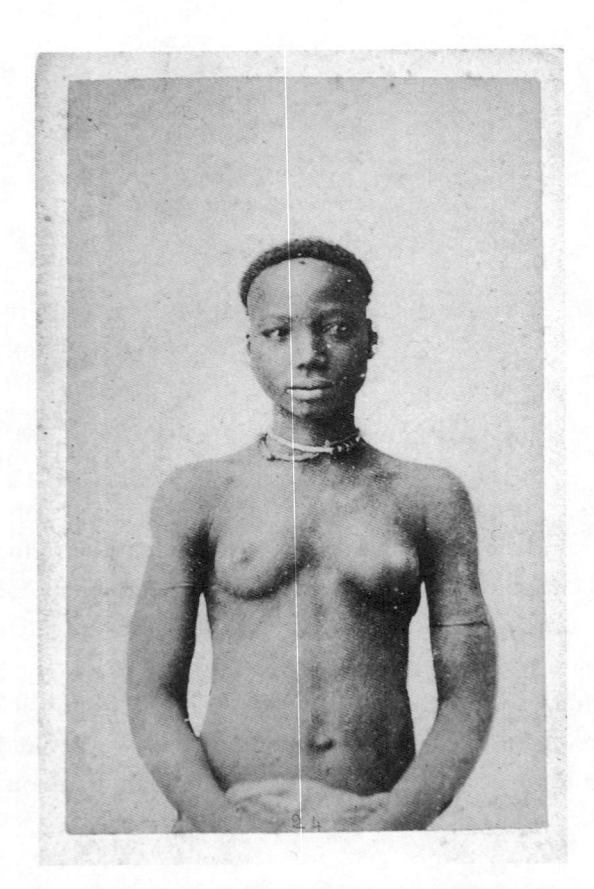

Foto: Christiano Jr. Lavadeira, do Campo de Santana. Acervo IPHAN, Rio de Janeiro

O corpo, a partir dessa perspectiva, é o resultado provisório das convergências entre técnica e sociedade, investidos de símbolos,[4] jamais "impermeável às marcas da cultura".[5] Corpo inteligível e, no entanto, impossível de ser totalmente apreendido, mesmo, como ressalta Sant'Anna, com todos os mecanismos e "tentativas de controle e de manipulação", que invasivamente os exibem, mapeiam, descortinam seu interior. No capítulo três deu-se mostras desse olhar perscrutador. Agora são outros os "receios e fantasmas culturais" a tomar o corpo, afinal, ele "não cessa de ser (re)fabricado ao longo do tempo".[6]

As reflexões pertinentes a este capítulo resultam, a princípio, dessa única imagem de Christiano Jr. O desejo de tal investigação explica-se não por ser única em meio à produção do fotógrafo, mas por ser recorrente entre as imagens que trataram das populações negras, afinal é a "continuidade que constrói uma obra".[7] Ao expor o corpo da mulher negra em um dos seus inúmeros *cartes de visite*, Christiano Jr. deu mostras de como o corpo da mulher ocupava todo o imaginário de uma época, ou melhor, "triunfa como o lugar das sensações".[8] E ele não escapou dessa obsessão.

O fotógrafo viajante do século XIX se apropriou das imagens como produto, numa imbricada conexão com o mercado europeu. O barateamento da produção e reprodução da fotografia possibilitou a aquisição do retrato, facilitou a difusão de imagens e incitou ânimos e curiosidades. As fotos objetificam, afirma Sontag. "Transformam um fato ou uma pessoa em algo que se pode possuir"; era essa a "espécie de alquimia" que os *cartes de visite* provocavam: a alquimia da imagem fotográfica "a despeito de serem tão elogiadas como registros transparentes da realidade".[9] O desejo dessa posse garantiu a receptividade da imagem da Lavadeira do Campo de Santana, feita por Christiano Jr. Sentidos diversos colocaram-se em seu referente.

---

4 PERROT, 2005, p. 169.
5 SANT'ANNA, 2005, p. 12.
6 *Ibidem*, p. 12.
7 PERROT, 2005, p. 169.
8 CORBIN, 2008. Introdução.
9 SONTAG, 2003, p. 69.

Ver o outro e, sobretudo, exaltar suas diferenças, foram práticas comuns nos estúdios fotográficos, numa sociedade onde se naturalizava os conceitos de racialização. O estúdio foi um reflexo da dualidade do mundo exterior, que impunha uma específica forma de dominação criadora das diferenças e desigualdades, aceitas e incorporadas pelas artes geradoras de sentidos, classificações e representações. A representação da mulher negra e de suas formas mais íntimas e sutis é quase um traço, o sintoma de um desejo, que tomava espaço e fazia terreno próprio na cultura visual, verificadas com uma força de permanência que se arrastou em diferentes contingências.

Ella Shohat e Robert Stam reconhecem como "os colonizados tiveram que suportar o peso da generalização subjacente ao olhar etnográfico". Nesta apropriação das imagens como produto, o corpo da mulher negra aparece também em representação, que, se de um lado, explorou seu desnudamento, de outro expõe também certas visões estereotipadas e fetichizadas, impregnadas de juízo de valor. Atrás da câmera, os fotógrafos não conseguiram de todo proteger-se, "a câmera popularizou ativamente as fantasias imperiais".[10]

Mais uma vez, recorrendo a Dubois, para pensarmos no jogo do ato fotográfico e de suas significações, vemos que a fotografia espelha e se constituiu pelo olhar do espectador e de suas vontades projetadas nas formas que a fotografia oitocentista assumiu. A foto erótica ou pornográfica, como ele nos aponta, se baseia no *fato de revelar (o aqui do signo) o que não se pode tocar (o ali do referente)*. O olhar do espectador traz em si o *imaginário do desejo*, do querer ver. Desejo que, para o autor, *nasce da tensão, da distância entre o visível e o intocável*.[11]

As imagens escolhidas para a reflexão desse desejo incessante do ver, que é, de certo modo, um vascular das formas femininas, são fontes, evidências de um tempo e de múltiplos olhares onde se revelou o próprio desejo de uma época em retratar aquilo que era a alteridade:

> Como resultado desse encontro com grupos de culturas e classes diversas, com pluralidade de significados quanto à relação com o corpo, os referidos viajantes constroem imagens, representações e visões sobre tais costumes, informados

---

10 SHOHAT & STAM, 2006, p. 151.
11 DUBOIS, 1994, p. 88.

pela sua experiência cultural e pessoal, nas quais o etnocentrismo, a discriminação de classe, de gênero e de raça constituíram-se numa marca.[12]

Fotografias eram então produtoras de uma cultura visual que desnudava a todos. Os valores estéticos e morais tornaram estas representações espelhos de todo um imaginário que as cercavam. Imaginários que também eram nacionais: ou eram "as amantes de sinhôs e sinhozinhos" ou as "vítimas prediletas de sinhas tirânicas" que invejavam "seus belos dentes e rijos seios".[13] Não podemos generalizar e afirmar que toda a produção do período segue os mesmos valores. O trabalho de Paul Harro-Harring se diferencia ao lançar uma nova perspectiva artística na representação das pessoas escravizadas, quando denuncia as condições a que foi reduzido, criando, como muitos afirmam, caricaturas sobre a época. São estas concepções bastante distintas das impressas por pinturas de Rugendas e Debret. São cenas retificadas por escritos como o apresentado por Gilberto Freyre: "Os negros se prestavam a tudo. Deixavam-se apertar, apalpar (...), por todas as mãos. As negrinhas de peito de mulher já em formação, coxas quase de mulher feita, e tudo de fora, apenas um trapo tapando, às vezes, as partes mais íntimas".[14] Em certo sentido, a contingência de Rugendas dialoga com Freyre:

> Várias mulheres povoam, com efeito, as belas páginas de *Casa Grande e Senzala*, da mulher submissa e aterrorizada com o castigo masculino até a mulher fogosa, sempre pronta a dar prazeres aos machos, a requebrar-se dengosa pelas ruas desalinhadas das vilas coloniais, a seduzir com doçura nos caminhos, à beira do rio, à sombra de uma árvore, no meio do mato.[15]

Talvez Christiano Jr., também não tenha conseguido fugir dos estereótipos que marcam a iconografia do período. O retrato da escrava Lavadeira, do Campo de Santana, rio carioca,

---

12   MATOS & SOIHET, 2003.
13   VAINFAS, 2002, p. 115-139.
14   FREYRE, 2003.
15   VAINFAS, 2002, p, 115.

exibe o interesse em registrar a nudez do corpo feminino.[16] Dentro de uma cultura masculina "se somam nuanças clássicas, que se referem ao corpo feminino como a um objeto de conquista e de prazer sexual (…) são forças outras, misteriosas, desconhecidas, às vezes perigosas".[17] A partir das imagens como a da Lavadeira de Santana se estabelece toda uma simbologia da mulher negra, onde o corpo era observado pelas suas características raciais e sexuais.

> Marcados em seus corpos através dos estereótipos, os significados da sexualidade da negra a tornam uma construção específica destacando-as de outras mulheres. Assim o desafio é discutir o quanto essas essencializações eram negociadas por essas mulheres e pelos demais sujeitos que as entronizavam e difundiam.[18]

A erotização do corpo da mulher negra resultou na disseminação de estereótipos de nuances profundamente moralizantes, relacionadas à questão da cor: "quanto mais escura a pele pior o caráter".[19] Imagens etnográficas carregadas de negatividade associando-as à sedução, a danças ritualísticas, ao sexo eram, portanto, libidinosas, dadas aos vícios do amor e da carne. Representações estigmatizando-as, não as integrando à dinâmica social da cidade, negligenciaram a elas a condição de sujeitos históricos.

> Falta a vinculação a um contexto histórico específico, passo importante para a catarse do conteúdo ideológico e condição *sine qua non* para mostrar as mulheres como seres sociais, que integram sistemas de poder, redes de dominação e laços de vizinhança.[20]

---

16   Este foi um local de atração para muitos curiosos, entre eles estrangeiros.
17   DIAS, 1995, p. 40.
18   SANTIAGO, 2006.
19   SHOHAT & STAM, 2006, p. 288.
20   DIAS, 1995, p. 50.

De maneira generalizante, as mulheres foram muito mais "imaginadas, representadas, em vez de serem descritas ou contadas". Assim explica Perrot, sobre os silêncios e a obscuridade de fontes que escondiam o que verdadeiramente sentiam ou pensavam. Situação oposta quando se verifica o *"excesso"* de discursos e imagens que são muito mais expressões de "sonhos ou medo dos artistas do que sobre as mulheres reais".[21]

Numa perspectiva mais próxima dessas *mulheres reais*, não contempladas nos relatos da história, propõe-se pensar em tais imagens não como mulheres vitimadas, despidas em estúdios apenas, mas sim como se dessa interação social da qual participavam, outras redes de domínios se expressassem. Essa interação era de fato socialmente ampla. Muitas mulheres assumiam um papel na vida social de forma abrangente, com posição de destaque na organização familiar; muitas eram responsáveis pelo sustento próprio e de seus familiares, fundamentais para o convívio comunitário. Cuidando da sobrevivência do corpo e da alma, as mulheres negras chegaram a assumir muitas vezes papéis masculinos, como "mulheres tropeiras, que viviam pelas estradas a conduzir boiadas, ou a vender e comerciar", ou então como serventes de construção.[22]

Ao buscarem o exotismo do corpo da mulher negra, isso tudo, de certa forma, perde-se nos limites da superfície fotográfica. Parte da lembrança da mulher negra é recordada, sobretudo pelas formas de seu corpo. O problema, como tão bem aponta Sontag, "não é que as pessoas lembrem por meio de fotos, mas que só se lembrem das fotos".[23] E foram muitas a representar a mulher negra, imagens projetadas em fotografias, como no cinema e demais mídias atuais. A nudez da mulher negra, ao tomar a tela do cinema, por exemplo, aparece apenas no "segundo plano, assumindo um prazer lascivo quanto à nudez unilateral do nativo característico das produções da National Geographic".[24]

---

21   PERROT, 2007. A autora descreve como nos relatos gregos e romanos, como nas crônicas medievais, do renascimento ao fim século XIX, as mulheres pouco apareceram, não sendo nem sujeitos, tampouco objetos dos relatos históricos (ver p. 17, 18 e 19).

22   DIAS, 1995. Apesar das referências históricas trazidas por Dias tratarem-se da região de São Paulo, são importantes exemplos de como essas mulheres sobreviviam.

23   SONTAG, 2004, p. 75. A autora analisa as fotos dos campos de concentração nazista.

24   SHOHAT & STAM, 2006, p. 15

Mulheres negras escravizadas ou forras foram, muitas vezes, acusadas de levarem uma vida desregrada, sem uma constituição familiar segundo os padrões morais da época. Visões não aceitas por Robert Slenes; ao estudar a família negra, no período da escravidão, verificou como muitas mulheres negras "teriam lutado para formar uniões mais ao seu agrado, enquanto procuravam conduzir suas vidas, na medida do possível, dentro das tradições africanas".[25] Posição semelhante à da historiadora Maria Odila Leite da Silva Dias quando afirma:

> Na costa ocidental da África o pequeno comércio era prática essencialmente feminina; atravessar e revender gêneros alimentícios de primeira necessidade garantia às mulheres papéis sociais importantes. Nesta esfera própria adquiriam autonomia com relação aos homens e, se não prestígio, certamente um papel de provedoras e organizadoras da circulação dos gêneros alimentícios.[26]

É preciso reinterar o quanto a matrifocalidade das famílias negras trazia raízes ainda africanas, onde as mulheres foram responsaveis pela sobrevivência da família, acumulavam dinheiro e negociavam em mercados distantes e importantes.[27]

Exerciam, portanto, autonomia e liberdade e, mesmo com restrições, também aqui no Brasil ocuparam papéis sociais fundamentais no sustento de suas famílias, e em muitas escolhas, por exemplo, a de ter, na sua sexualidade, não uma prática exclusiva de procriação, como mandava a moral católica. A antropóloga Teresinha Bernardo, ao pesquisar a sexualidade de velhas negras, traz este depoimento, indício de toda potencialidade que envolveu essas mulheres, que encontraram brechas e atuaram para além das vontades alheias:

> Quando tive os dois meninos que queria, comecei a tomar um remédio chamado garrafada, feito por uma mulher que morava na Freguesia do Ó (...) E era bom mesmo; eu nunca mais engravidei (...) (Benedita)

---

25 SLENES, 2011. O autor utiliza a seguinte documentação: registros paroquiais de casamentos e batizados, e de compra e venda de escravos.

26 DIAS, 1995.

27 SILVA, 2008.

> Com esta idade não posso reclamar. Sempre tive os homens que desejei, mas veja bem: eu aqui e ele lá (D. Flora)
>
> Sempre fui católica, e sei que ter relações sem casar é pecado. Mas nunca acreditei neste negocio de pecado. A minha avó nunca casou, e teve minha mãe: a minha mãe nunca casou, eu nasci, eu nunca casei e tive meus filhos. (D. Aldiva)[28]

Mulheres que conseguiram evitar o domínio sobre seu corpo "assimilado à função anônima da reprodução".[29] Diante das inúmeras representações na qual tinham seu corpo exposto, pode-se pensar então que permitiam apenas a apropriação de sua carcaça, de seu corpo, de seus panos, mas não daquilo que lhes era mais íntimo.

A passividade,[30] que equivocadamente se pode julgar, é nesta perspectiva apagada. Não se tratam de "formas desapropriadas de um corpo reduzido ao silêncio da figuração muda".[31]

---

28 BERNARDO, Teresinha. *Memória em branco e preto: olhares sobre São Paulo*. São Paulo: Educ, 1998, p. 65. *Apud* SILVA, 2008, p. 44.

29 PERROT, Michelle. "Os silêncios do corpo da mulher". In: MATOS, Maria Izilda S. de.; SOIHET, Rachel (org.). *O corpo feminino em debate*. São Paulo: Editora Unesp, 2003.

30 Gilberto Freyre afirma que diante da escassez de mulheres brancas se criaram "zonas de confraternização" entre os senhores e suas "escravas passivas". A miscigenação teria assim corrigido distâncias sociais e poderosamente promovido a "democratização social do Brasil". Ver FREYRE, 2003, p. 33. No entanto, tal abordagem ajuda a escamotear uma realidade de violência de todos os sujeitos escravizados e nega a violência tão peculiar dos tempos da escravidão: a violência sexual. Uma dupla violência, porque além do estupro, cristalizou-se, surpreendentemente, a inversão do papel da vítima. Seria imperdoável esquecer como a escravidão para o homem e para a mulher foi bastante diferente. Essa dupla forma de violência foi discutida por Josephine Boyd Bradley e Kent Anderson Leslie, no artigo "White Pain Pollen – an elite biracial daughter's quandary". Julia Frances Lewis Dickson foi alvo da violência de David Dickson, filho de uma rica família proprietária de muitos escravos da Georgia, mostrando que "as fronteiras raciais eram insustentáveis", sendo o estupro parte dessas interações. Julia teve com David uma filha, Amanda America Dickson, criada pela família Dickson e reconhecida como filha de David, desde a infância e também no testamento após a morte do pai. Apesar dos relatos orais da família Dickson informarem sobre a existência de uma certa influência de Julia sobre David, por conta de um possível afeto dele em relação a ela, isso não apaga ou diminui a força das imposições e violências sofridas por Julia: o estupro, a própria negação da maternidade, a certeza de outras violências caso tivesse ido embora. Consciente dessa realidade, Julia nunca perdoou David. In: HODES, 1999.

31 PERROT, 2003, p. 15. A autora faz referência a Marianne, figura feminina símbolo da Revolução Francesa

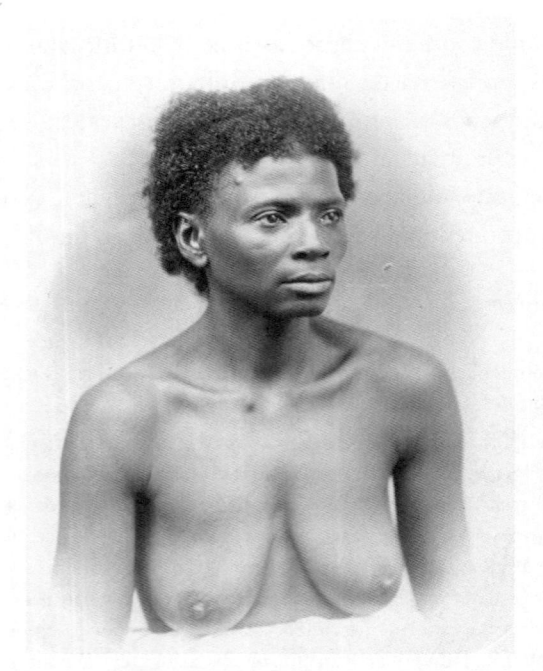

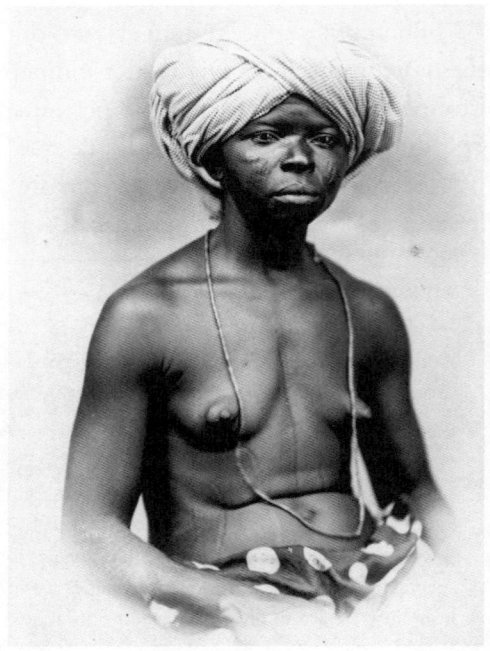

Imagens 96 e 97 | Fotos: Augusto Stahl. 1865. Cortesia do Peabody Museum of Archaeolegy and Ethnology, Harvard University

São antes mulheres reais. O desânimo, o deixar-se fotografar, pode ser erroneamente traduzido como inércia, apatia, mas é um não deixar-se apropriar. A passividade está antes nos olhos do espectador porque a imagem abriga um entrecruzar de experiências, afinal, não é "um espelho aberto",[32] como indaga Manguel?

Demonstra-se nesses retratos o "excesso de exotismo procurado pelos estrangeiros, e que os faz insistir no aspecto africano da cidade baixa do Salvador ou na nudez das lavadeiras do Rio de Janeiro",[33] também nos olhos inquisidores da ciência de Agassiz que encomendou ao fotógrafo Stahl[34] as duas imagens a seguir. O seio como forte elemento de sedução é característica dos registros etnográficos divulgados. Quando não aparecem ao centro da imagem, se fazem presentes por um decote, ou uma alça que despretensiosamente cai sobre o desenho, gravura, aquarelas ou fotografias. Uma narrativa, portanto, para seduzir, confluindo com uma certa historiografia que permitiu que, sobre elas, recaíssem ora a ideia da hipersexualidade, um outro feminino acusado de libertinagem, lassidão e descontrole, ora de passividade.

Anuncia-se uma clara contradição. Se, por um lado, a moral cristã oprimiu manifestações corporais, impondo às mulheres brancas comportamentos contidos, por outro, sem culpas, revela-se um desejo incontido pelo corpo das mulheres negras e mulatas.[35] No início do século XIX, quando os primeiros viajantes, logo após a chegada da família real, começaram

---

32   MANGUEL, 2001, p. 205.

33   AZEVEDO & LISSOVSKY, 1988, p. 14.

34   A produção de Stahl (1828-1877) foi variada. O Rio de Janeiro em sua composição foi único. Com uma técnica reconhecida e estilo próprio e sofisticado, Stahl, nos 16 anos que esteve no Brasil, em Recife e no Rio de Janeiro, foi autor de uma vasta produção fotográfica: paisagens urbanas e rurais, dono da única natureza morta da história da fotografia brasileira até então conhecida do século XIX; considerado o fotógrafo que realizou a primeira reportagem no Brasil em 1859 ao registrar a chegada e o desembarque do imperador D. Pedro II e D. Teresa Cristina, no cais do colégio, em Pernambuco; antes disso, em 1856, a companhia de estradas de ferro São Francisco Railway encomendou ao fotógrafo o registro da construção das linhas da Estrada de Ferro Recife-São Francisco, resultando em 40 imagens hoje conhecidas, editadas no Álbum Memorandum Pittoresco de Pernambuco, presente dado ao imperador, com vistas de Recife, da estrada de ferro e da visita do imperador à cidade. Bia e Pedro Corrêa do Lago (2005) apresentam 1861 como data de chegada ao Rio.

35   Veremos mais à frente que não foi esse um desejo relativo apenas a elas, mas sim a toda uma arte erótica em torno do corpo da mulher.

a retratar os costumes brasileiros, a "liberdade com o corpo revelada" por essas mulheres foi vista com certa "estranheza",[36] sendo depois sublinhada como puro fetiche.

É evidente que a intenção aqui presente não é reduzir o trabalho dos fotógrafos a retratos de nudez,[37] mas apontar para a existência de um gosto definido por parte dos consumidores dos *cartes de visite*, repleto de ambivalências.

Esse vasculhar do corpo feminino denuncia "a aura ambígua de objeto sexual, suspeita de prostituição e maus costumes", sentimentos relativos às mulheres pardas forras, mas tocados também pelos sentidos ligados a todas que da África descendiam. Impunha-se uma clara distância social que valorizava de um lado a mulher branca, seu recato e gestos contidos sob moda europeizante, enquanto à mulher negra, ao passo que se proibia o uso da seda, da renda e veludos, ouro ou prata, afinal eram esses "apanágios de senhoras ausentes",[38] cristalizava-se a construção de sua própria sexualidade. Se a seda lhe foi proibida, o amor lhe era furtivo. Às brancas cabia a "figura ideal de mulher (…) que levam no coração".[39] Nesse "paradigma do amor impossível", porque as viagens eram infindáveis ou duradouras, fronteiras que as tornavam "inatingíveis", a mulher negra, da colônia, como expressa Dias, inspirada em versos de Mario de Andrade, tornava-se objeto sexual de conquista passageira:

---

36 MATOS & SOIHET, 2003.

37 KOSSOY, 2002, p. 302. O fotógrafo Stahl encontrou na Casa Leuzinger o espaço para comercializar suas fotografias não só de paisagem, como os panoramas das quedas de Paulo Afonso, ao norte da Bahia, em 1861, feitas a convite da Casa Imperial, do centro do Rio e da Praia do Botafogo, ou ainda a Cascata de Piabanha em Petrópolis, grandes marcos de seu trabalho, mas também suas fotografias de "tipos de negros", publicadas em importante revista francesa ilustrada, *L'illustration*. No verso das fotos, Stahl usava o título "Photographos de S. M. o Imperador", segundo Kossoy, concessão outorgada oficialmente em 1862, mas utilizada pelo fotógrafo desde 1860 em Pernambuco.

38 DIAS, 1995, p. 92. A autora mostra como Mario de Andrade tratou do tema da "dona ausente", referindo-se à falta de mulher branca na colônia.

39 DIAS, 1995, p. 92.

> Mulatinhas são barquinhos
> As criolas são saveiros:
> Que belas embarcações
> Pra embarcar marinheiros...[40]

Às mulheres negras negava-se a maternidade, negava-se o direito de alimentar sua prole, negava-se a proteção e afeto a seus filhos, porque seu amor, em tantos retratos de amas de leite, por exemplo, naturalizava-se para as crianças brancas, não para seus próprios filhos. O espírito conciliador da democracia racial não cabe nesses retratos, constrange-se quando depara-se com as fotografias de Stahl antes apresentadas. Registrou-se ali uma nova percepção do corpo, a estruturação de uma lei orgânica que passava a organizar uma hierarquia entre as raças, sentida em todo o tecido social. A fotografia revela então toda uma trajetória de percepção do corpo como um espaço de sentidos, revelando primeiro o indivíduo, possibilitando a reprodutibilidade dos corpos em toda sua singularidade, para depois definir toda uma coletividade.

Encontram-se visões depreciativas em inúmeros relatos de viajantes, onde o corpo da mulher negra era objeto de observação. Descrições em relação às tão comuns rodas de danças citadas em inúmeros relatos. Sob o som dos batuques, muitas danças foram consideradas "demoníacas", onde o corpo "estremecia com cadência percorrendo toda a praça", "dança insolente ou fogosa", que atraía "com suas formas sedutoras e o cheiro de suas axilas", escreveu com certo estranhamento o francês Charles Expilly, quando, em 1853 viajava pelo Rio de Janeiro. "Preguiça, indisciplina, luxúria, grosseria, selvageria eram algumas das características que emergiam da apreciação desses estrangeiros acerca das manifestações negras, particularmente quando praticadas pelas mulheres".[41]

Relatos que muitas vezes associavam a mulher negra à promiscuidade, a uma sensualidade exacerbada, diferenciando-as das mulheres brancas que, praticamente reclusas à esfera da vida privada, ao lar, ficavam menos expostas; eram então tidas como de boa moral e honestidade. Na rua estavam as mulheres negras, excluídas da proteção dos lares e de seu

---

40 ANDRADE, Mario de. "A Dona Ausente". *Revista Atlântica*, Lisboa, 1929, p. 10. *Apud* DIAS, 1995, p. 91.
41 MATOS & SOIHET, 2003.

anonimato. Suas identidades foram assim constituídas, na dinâmica do trabalho, nas tensões diárias onde sobreviver era tão pesado quanto aparentemente lascivo.

Muitas das impressões dos viajantes revelam o quanto essas avaliações foram pejorativas do corpo e dos gestos, ou seja, do modo de ser e viver de homens e mulheres, excluídos do corpo social burguês, fortemente disciplinado. Relatos que ajudaram a difundir determinados estereótipos em relação às mulheres negras, reapropriados no campo visual.

No vai-e-vem das ruas, lá estavam elas. Muitas escravas de ganho, outras tantas, negras pobres, realizando trabalhos informais, acusadas de prostituição, vadiagem, sob os olhos atentos dos viajantes curiosos por seus panos, seus corpos, com sua liberdade constantemente vigiada.

Na Secção Segunda de polícia, do código de postura de 1860, da cidade do Rio de Janeiro, no curioso título quarto "sobre vozerias nas ruas, injúrias e obscenidades contra a moral publica", vê-se traços dessa tentativa de se controlar vozes inquietantes, punidas com excessivo rigor. Se não obedientes chegariam ao calabouço:

> S. 1° É prohibido fazer vozerias, alaridos, e dar gritos nas ruas, sem ser para objeto de necessidade; assim como é prohibido a quaesquer trabalhadores andarem gritando pelas ruas, sob pena de 48 horas de prisão e 4$000 rs. de multas. E porem permittido, nas horas que não forem de silêncio, o canto para facilitar o trabalho.
>
> S. 2° Nenhuma pessoa de qualquer estado, condição ou sexo (inclusive as pessoas encarregadas da conducção dos generos) poderá transitar pelas ruas deste município senão com vestes decentes, isto é, não deixando patente qualquer parte do corpo que offenda a honestidade e moral publica. O contraventor além da multa de 10$ rs. soffrerá 4 diais de prisão, e o duplo na reincidência, tanto a respeito da multa, como do tempo de prisão: sendo escravo, estará 8 dias no calabouço.[42]

---

42   Código de postura, 1860. Biblioteca Nacional. Localização: III – 7, 2, 23.

Assumir uma posição concebendo essas mulheres negras como vítimas exploradas pelos fotógrafos europeus seria praticamente o mesmo que estar de acordo com as proposições que defendem a incapacidade do negro de se impor diante do branco, que assumia uma posição de dominação numa dada hierarquia social. O trabalho com as fontes busca desvendar o cotidiano das mulheres negras pobres, livres ou escravas, em seus papéis sociais como mulheres oprimidas e marginalizadas, mas num universo de tensões e conflitos.[43] Um universo onde, "no Brasil como em outras partes, os escravos negociavam mais do que lutavam abertamente contra o sistema".[44] Não se pode reduzir as imposições e domínios de um sistema escravista, mas tampouco escamotear brechas possíveis de atuação para muitos homens e mulheres escravizados que, sobretudo para aqueles que viviam nas cidades, viram-se constantemente em deslocamentos, fugas, vivendo longe das vistas de seus senhores, de seu trabalho de ganho, acumulando pecúlio, recorrendo muitas vezes à justiça para conseguirem sua liberdade.

A literatura também deu voz a valores pejorativos sobre a mulher negra, diferenciando-as, desta vez, das mulatas. Em muitos romances, como demonstra Silvane Aparecida da Silva, a mulher negra foi representada como "feia e fedida". A beleza e a sensualidade foram atribuídas às "cheirosas e irresistíveis" mestiças, dando fôlego ao "dito popular do Brasil escravocrata 'branca pra casar, preta para trabalhar e mulata pra fornicar'".[45] Descrições que, para a autora, colocaram a mulher mestiça como fogosa, como a personagem de Aluisio de Azevedo, mestiça que "gosta muito das farras e pouco do trabalho", mulher que "não

---

43   Uma perspectiva de análise histórica que aqui se privilegia é a de Maria Odila Leite da Silva Dias. Com sua pesquisa, revela como o desenvolvimento urbano na cidade de São Paulo gerou concomitantemente uma população, em sua maioria mestiça e ex-escrava, marginalizada. A autora analisa os espaços de improvisação de papéis informais, recupera vivências dos escravizados em seus diferentes ofícios, tanto no comércio ambulante realizado nas ruas e praças da cidade, como nas suas experiências domésticas. Revela-se um convívio marcado por disputas entre mulheres escravas e mulheres livres empobrecidas. Ver DIAS, 1995.

44   REIS, 1989, p. 14-78.

45   SILVA, 2008. A autora analisa *O Cortiço*, de Aluisio de Azevedo, ao mostrar as contradições na construção de duas personagens, a mestiça Rita Baiana e a negra Bertoleza. A primeira "cheira a manjericão", a segunda "mal-cheirosa, repugnante", p. 57.

endireita mais!...Cada vez fica até mais assanhada".⁴⁶ Percepções ficcionadas pela literatura oitocentista, segundo a qual a mulata, por "possuir traços africanos misturados às características da branca concentrou em si uma beleza sui generis. Está presente aqui a ideia de que a mulata é bonita como a branca e fácil como a negra".⁴⁷

De fato, muitas das observações de viajantes denunciam a curiosidade em relação aos hábitos, ao corpo daqueles seres tidos como exóticos e incivilizados. Sua representação revela um vasto campo de estudos antropológicos e etnográficos, com o intuito de comparar as diferentes raças, sendo o suporte fotográfico amplamente utilizado e popularizado para este fim: "Até o fim da era colonial, portanto, algumas centenas e milhares de fotografias etnográficas – a maior parte tiradas na Ásia e África – foram produzidas (...) satisfazendo tanto a curiosidade em relação aos temas exóticos quanto o gosto pelo erótico evidenciado pela crescente classe média no período".⁴⁸

As Imagens 98, 99 e 100 são de fato parte de toda essa atmosfera. Todas anônimas, tiradas na África. As duas primeiras, talvez realizadas pelo mesmo fotógrafo, são de 1875; a terceira, que leva bem ao centro o selo de postagem, é uma produção posterior, datada de 1910. *Corpus* documental semelhante ao produzido no Brasil, como a Lavadeira do Campo de Santana, de Christiano Jr. A receptividade de tais imagens se estendeu em diferentes temporalidades, presentes ainda na virada do século.

A fotografia produzida em 1910 segue um novo padrão estético, característico do século que se iniciava. A parte inferior do corpo feminino passava a compor a imagem. "Até o século XIX, perscruta-se a parte superior, o rosto, depois o busto; há pouco interesse pelas

---

46   Ibidem.
47   Ibidem, p. 60.
48   *1000 Nudes. Uwe Scheid Collection*. Taschen, 1994.

Sujeitos Iluminados

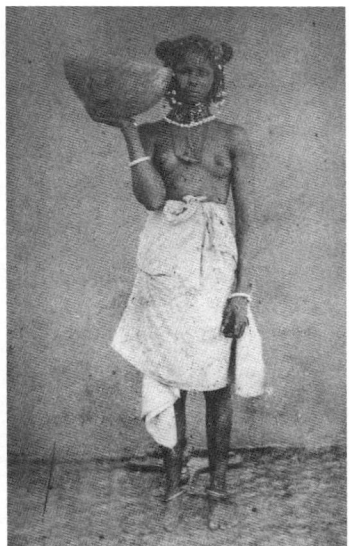

317

Imagens 98, 99 e 100 | Fotos: Anônimas. 1875, à direita foto anônima de 1910

pernas".⁴⁹ Ao exaltar o corpo feminino, as produções do século XIX refletem uma valoração estética do seio exposto.⁵⁰

Boëtsch e Ferrié, ao tratarem do imaginário erótico colonial no cartão-postal, apontam para uma diferença nas representações da mulher africana, não "proposta como um objeto de desejo".⁵¹ Defendem que o princípio que as diferencia, quando comparadas aos retratos das mulheres mouras, é que as últimas eram apresentadas em poses "sofisticadas", enquanto a negra africana era fotografada "sem que a pose pareça artificial".⁵² E seguem em sua argumentação: "Ao contrário, a moura parece próxima o bastante da mulher ocidental para ser atraente e suficientemente distante dos valores do mundo europeu para não entrar em choque com eles".⁵³ Sendo brancas ou não, o mundo europeu queria ver o que considerava como exótico, independentemente da artificialidade da cena, e mesmo que a "imagização dos corpos exóticos não evidenciasse até onde ia a diferença das culturas", mostra, no entanto, o desejo incessante de vê-las, consumi-las.

Não se identifica facilmente a natureza deste desejo, não reconhecido, por exemplo, por Boëtsch e Ferrié, mas autoriza um espaço para possíveis reflexões, que levam a indagar o quanto nos registros etnográficos o erótico os acompanhava. Se a fotografia pornográfica é,

---

49   PERROT, 2007. A historiadora afirma que a valorização das partes do corpo, de acordo com as épocas, foi apontado por Georges Vigarello (p. 50). De fato esta é uma característica do retrato oitocentista, inclusive dos retratos etnográficos em questão.

50   Segundo Valeria Lima, em *J. B. Debret: historiador e pintor* (2007), o artista inspirou-se na gravura *Cibila de Montfaucon*, de 1719, arte neoclássica que expunha também o seio feminino. Em Debret, as representações dos corpos das negras estavam associadas a uma beleza ideal, fortemente vinculadas ao mundo do trabalho (ver p. 294). Outras imagens que mostram a presença dos seios, quase constante em inúmeras representações femininas, são *A Virgem e o Menino* de Robert Campin; e o retrato *A Madona e o Menino Jesus*, produzido em 1450, pelo artista francês, Jean Fouquet, de forte conotação erótica. Em 1749, o artista e arquiteto Jean-Jacques Lequeu, em *E nós também haveremos de ser mãe, porque...*, reivindicava a emancipação das freiras. O seio exposto, segundo Alberto Manguel (2001, p. 66) conduzia de volta à imagem da mãe que amamenta.

51   BOËTSCHE& FERRIÉ, 1998, p. 161.

52   *Ibidem*, p. 161.

53   *Ibidem*, p. 161.

em Barthes, "inteiramente constituída pela apresentação de uma única coisa, o sexo: nunca há um segundo objetivo", as fotos eróticas, definidas por este autor como "um pornográfico desordenado, fendido", podem encobrir desejos outros, não revelados ou esgotados numa única explicação. É isso que fragiliza as premissas de Boëtsch e Ferrié. Barthes ainda reitera: "Nada mais homogêneo do que uma foto pornográfica", porque não intenta em semiesconder, adiar ou distrair.[54] São essas artimanhas calculadas no universo do erótico que, como defende-se aqui, atravessam esses registros etnográficos.

O gosto pelo exótico e também pelo erótico permeia as fotografias de mulheres negras africanas, denuncia uma maneira de pensar e conceber a mulher e sua sexualidade, mas pensa e define também a mulher negra africana e, talvez, define o que era a própria África e sua condição na dominação imperialista ou neocolonialista que lhe foi imposta. São representações a desnudar também o próprio projeto de colonização, afinal, como aponta Dias, "alguns estereótipos relativos aos papéis sociais femininos têm menos a ver com uma condição universal feminina do que com tensões específicas das relações de poder numa dada sociedade".[55] No carimbo levado ao selo, imprimia-se não apenas a imagem exportada da África, mas também a posição daqueles que, sob o domínio dessa tecnologia de reprodução de imagens, deixaram claramente definida nesta produção cultural – que se tornou produto de consumo – a posição que ocupavam:

> Numa época em que franceses, como os britânicos e os alemães, estendiam suas conquistas coloniais na África e nos mares do Sul, e criavam museus etnográficos e várias formas de estudos antropológicos institucionalizados, os artefatos dos povos colonizados eram vistos amplamente como prova de sua natureza incivilizada, "bárbara", de sua falta de "progresso" cultural.[56]

A fotografia se colocava como uma nova tecnologia a explorar novas terras e culturas, permitindo um vasto campo de representações, com um circuito bem determinado de

---

54 Todas as citações no parágrafo estão em BARTHES, 1980, p. 65.
55 DIAS, 1995, p. 101.
56 PERRY, 1998, p. 5.

interesses. Passava pelo Nilo, Taj Mahal, Moçambique, pelo mundo do oriente, chegando até a corte carioca. Um olhar, que sem incômodo, erotizava o mundo, tornando-o carnal, expondo-o sem ressalvas, sem constrangimentos.

Numa mesma perspectiva, as múltiplas sexualidades, para Foucault, constituem o correlato de procedimentos precisos de poder, "um produto real da interferência de um tipo de poder sobre os corpos e seus prazeres (...) Prazer e poder não se anulam (...) seguem-se, entrelaçam-se e se relançam". Para o autor, as sociedades industriais modernas não inauguraram um período de repressão ao sexo:

> A sociedade burguesa do século XIX e sem dúvida a nossa, ainda, é uma sociedade de perversão explosiva e fragmentada. Isso não de maneira hipócrita, pois nada foi mais manifesto, prolixo, nem mais abertamente assumido pelos discursos e instituições.[57]

Essas considerações vão de encontro às análises de Silvana Santiago, que aponta como ocorreu uma *explosão discursiva* sobre a mulata brasileira e sua sexualidade, presença marcante no imaginário brasileiro, presentes na literatura, na música popular e, claro, nos debates intelectuais sobre o futuro da nação. Assim como as mulheres negras e mestiças aparecem nas representações do início do século XIX, destacam-se nas fotografias a partir da década de 1860, e também nas primeiras do século XX.

Para Santiago, ocorreu uma "ambígua associação entre a mulata e a nação:"

> Ao mesmo tempo em que essa figura é escolhida como a síntese do "verdadeiro" brasileiro, o mestiço, fruto do encontro das três raças formadoras da nação, ela carrega consigo a reprodução desse modelo, ora considerado positivo, já que inevitável, ora negativo, e por isso, precisava ser gradativamente eliminado. Desta discussão brotam as teorias de branqueamento, que novamente tem no mestiço e, principalmente, na mestiça, o caminho mais curto e viável.[58]

---

57   FOUCAULT, 1988, vol. I, p. 55.
58   SANTIAGO, 2006, p. 119.

É até mesmo um grande paradoxo: o futuro da nação no ventre daquelas que, para muitos, carregam o estigma da degeneração, definidas como um risco, um perigo iminente:

> O corpo da mulata é quase sempre um local arriscado. Ela é a cobra, cujos movimentos sensuais hipnotizam desviando a atenção em relação aos seus perigos. Ela também pode ser o felino traiçoeiro ou o animal selvagem que ataca sua vítima por instinto. Ou ainda, o mar, o belo, misterioso e enganador. Suas cores, cheiros e sabores, seriam uma forma de atrair e enganar suas vítimas, em geral o homem branco, mais suscetível aos seus encantos.[59]

São esses estereótipos, presentes como "alegorias em canções ou na literatura, encontrados nas falas de médicos"[60] e de todos aqueles que se pensavam responsáveis pela nação. Aspectos a princípio relativos à classe e ao gênero, mas era a raça a questão principal, podendo ser a África, o Novo Mundo, a Índia, Moçambique.

Na literatura, outras vozes desqualificaram a mulher negra, talvez ainda mais se comparada à mulata, mas ambas carregavam o estigma da inferioridade. A personagem Bertoleza, de Aluísio de Azevedo, é a expressão da feiúra, do mau cheiro do peixe, da fritura, do suor: de manhã escamoteando peixe, à noite vendendo-o à porta, para descansar da trabalheira grossa das horas de sol; sempre sem domingo nem dia santo, sem tempo para cuidar de si, feia, gasta, imunda, repugnante.[61]

Sujeira e mau cheiro a caracterizavam como ser, como mulher, "escrava e submissa a um homem branco (...) atributos naturais, intrínsecos e imutáveis".[62] O corpo da mulher é, na citação, descrito como "espaço aberto à violência, remetendo ao passado de castigos e submissão dos tempos da escravidão".[63] Enquanto Bertoleza, negra, escrava, abandonada por seu amor padece na resignação, Rita Baiana, a "perfumada mulata",

---

59   *Ibidem*, p. 130.
60   *Ibidem*.
61   *Ibidem*, p. 110. Semelhante análise aparece em SILVA, 2008.
62   SANTIAGO, 2008, p. 110.
63   *Ibidem*, p. 120.

lavadeira, moradora do cortiço de São Romão, é dona de um caráter "indolente, sensual e volúvel, pouco afeita ao trabalho (...) descrita com cores sabores e cheiros" e, claro, em ágeis movimentos de pura sensualidade, a verdadeira perdição de Jerônimo, personagem português que a todo homem branco representa. Duas mulheres. Duas compreensões. Uma se quer apagar, a negra Bertoleza, lembrança dos tempos de escravidão. A outra se pretende exaltar como acontece com os encantos de Rita. "Seus corpos encarnam o melhor e o pior da nação".[64]

No entanto, em *A Mulata*, de Carlos Malheiros Dias, é Honorina, a jovem personagem meretriz, a responsável pela ruína do jovem branco Edmundo. É ela a "responsável pela degeneração do homem da raça branca superior". É ela que suga de Edmundo o vigor físico, a saúde, o dinheiro, o ânimo.[65] A mulata Honorina é, portanto, a personificação do atraso, do elemento a ser eliminado do contexto nacional. Para esses autores, o Brasil precisava resistir, ser branco, ou o mais próximo disso.

A partir dessas ambiguidades e contradições, percebe-se como são representações mergulhadas em uma ampla rede de conexões de percepções sobre a raça, sobre a mulher e sua sexualidade. São produções culturais, que constituíram ideias e valores, criaram significados historicamente difundidos e, em processo, ressignificados e reapropriados. Imagens que criaram sentidos na fotografia, como na literatura, recorrentes num complexo domínio de práticas culturais compartilhadas.

Cultura é definida como um modo de vida, como uma prática social em situações específicas e variáveis, como um espaço de lutas, onde a dominação também é articulada pela linguagem, produto de uma dinâmica social que a estrutura – fundamento teórico emprestado de Raymond Williams, para quem a linguagem não é apenas uma expressão, mas uma força social formadora. Teoria que serve às reflexões propostas, quando se toma a fotografia como linguagem potencialmente parte da dinâmica social, da qual é constituída e tenta retratar. Assim também faz a literatura, na esfera da ficção, na esfera do romance; para Williams, o romance é uma dramatização para a ação, sendo preciso

---

64   *Ibidem*, p. 112.
65   *Ibidem*, p. 115.

entender a obra como objeto que agrega valores, com formas herdadas, reveladoras de um modo de vida, de uma organização social.[66] Assim também é a fotografia, formada a partir dessa mesma energia.

A fotografia denuncia concepções de mundo, disputas, visões específicas que circulam e difundem hierarquias e domínios. As fotos anônimas tiradas na África simbolizam disputas de uma época. Para se compreender este objeto é necessário colocá-lo em seu processo de produção, em sua dada complexidade. Sua configuração estética feita a partir da luz revela a energia de seu próprio tempo e de suas contradições. Mas é preciso vencer a barreira dos limites da superfície do papel fotográfico. Sua natureza não tem um fim em si mesma, é constituída por uma rede de práticas, ações e significações. Não é necessária uma lupa para dar-se conta de seu valor, ele está ali, na sua própria realização. Williams inspira a pensar as produções culturais conduzindo-as para a vida. É lá que se faz como um ato criativo, que é parte de um mundo e parte dele se propõe revelar.

Parte II

Mulheres Imaginadas: do erótico ao etnográfico

Toda análise histórica é resultado daquilo que o historiador "escolhe e peneira", daquilo que é capaz de organizar, sugerir.[67] Tentando então documentar "a atitude mental de um grupo" e pôr em prática os ensinamentos que generosamente são apontados por aqueles que ha mais tempo dedicam-se aos estudos históricos, se propõe agora uma problematização que tenta fugir das sínteses sobre a mulher,[68] numa sondagem das experiências vividas por

---

66 Sobre Williams ler CEVASCO, 2001. Ler também Raymond Williams. *Cultura*. São Paulo: Paz e Terra, 1992.
67 BLOCH, 2001, p. 55.
68 DIAS. "Novas subjetividades na historiografia feminista: Hermenêutica das diferenças". *Revista de Estudos Feministas*. Rio de Janeiro, vol. 2, nº 2, 1994, p. 273-285. A autora defende que a história social das mulheres deve buscar uma historicidade dos espaços de transformação e resistência, refazendo perspectivas e parâmetros, sem cair na armadilha do hegemônico, das generalizações, das grandes sínteses, ou seja, da ideia de uma condição feminina única.

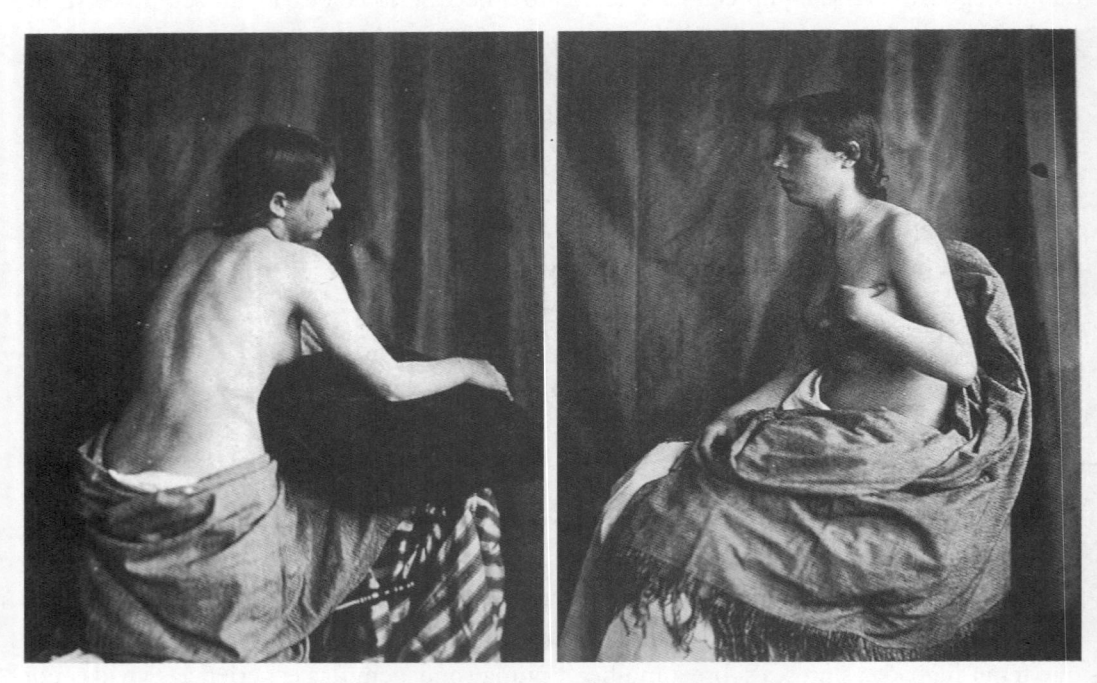

Imagens 101 e 102 | Fotos: Eugène Durieu. 1855.

diferentes sujeitos históricos submetidos a uma rede de domínios e técnicas prontamente destinadas a satisfazer a imaginação dos homens.

Compreende-se as imagens de mulheres negras tentando-se ampliar o foco para se perceber que existia um vasto interesse em revelar o corpo feminino, permeando os registros etnográfico, erótico e pornográfico, inter-relacionados. Interesse ampliado na medida em que a fotografia satisfazia um antigo desejo, entrevisto timidamente pela pintura: ser cópia do real, uma cópia "perfeita" do corpo nu, do corpo feminino.

> Os pioneiros da fotografia exibiam grande inventividade em seus esforços para alcançar os resultados desejados quando se realiza um retrato. Pode-se supor que eles também denotavam seus talentos criativos na fotografia de nudez, as quais foram, sem dúvida, muito lucrativas (...) temas eróticos já existiam há algum tempo.[69]

"Uma técnica extremamente realista"[70] tornou-se um grande empreendimento. Estima-se que mais de 5 mil daguerreótipos de natureza erótica foram criados entre 1840 e 1860, a maioria em Paris.[71] Com o desenvolvimento das técnicas e a criação de negativos, barateando a produção, a fotografia passou a ser mais acessível, possibilitando uma "contemplação da nudez humana".[72] Essa fascinação pelas fotos de nudez, sobretudo feminina, revela-se na vasta produção iconográfica do período. Delacroix e Durieu produziram, em 1855, esses dois retratos

---

69 *1000 Nudes. Uwe Scheid Collection.* Taschen 1994.

70 Willi Warstat's. *Der schone Akt*, 1929, em *1000 Nudes*. Em 1847, o vidro passou a ser usado como negativo. O uso de colódio úmido, aumentando a sensibilidade da emulsão e definição, foi uma técnica criada em 1851.

71 Estima-se que cerca de 1200 ainda sobrevivem, e destes, 700 são conhecidos mundialmente. O daguerreótipo foi criado em 1839 por France's Louis Jacques Mandé Daguerre. Considerado um espetacular presente para o mundo, tratava-se de uma técnica que produzia imagens em preto e branco. Imagens positivas, conhecidas por serem invertidas. Os sais de prata do negativo são sensibilizados (emulsionados) com vapor de iodo, colocados dentro da câmera escura e então expostos à luz. As imagens eram depois reveladas com mercúrio e fixadas numa solução química à base de sulfato de sódio. Esta última etapa é muito importante. Ela garante a durabilidade da imagem, que pode tanto oxidar e manchar. *1000 Nudes. Uwe Scheid Collection* Taschen, 1994, p. 44.

72 *1000 Nudes. Uwe Scheid Collection.* Taschen, 1994.

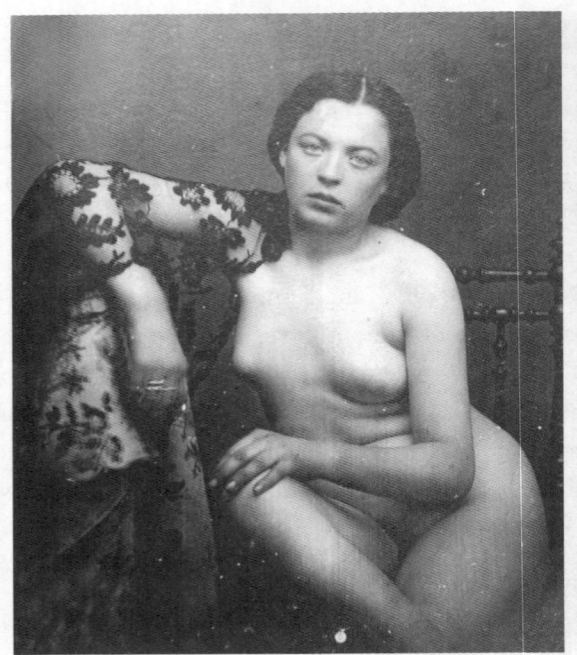

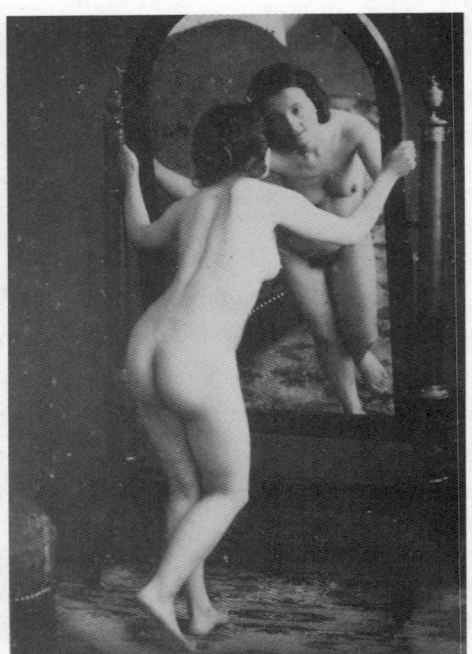

Imagens 103 e 104 | Fotos: Ambos os retratos são de anônimos realizados em 1855.

Imagem 105 | Fotógrafo anônimo de 1885.

(Imagens 101 e 102), não menos surpreendentes quando comparados às inúmeras imagens de fotógrafos anônimos também interessados em velar o mistério do corpo feminino.

A erotização tomava as cenas (Imagens 103 e 104). O "semi-esconder, o adiar" que integram o universo do erótico, como descreve Barthes em *A Câmara Clara*, envolvem essas imagens em formas delicadas, não apenas pela renda a encobrir o braço, mas também no gesto de se colocar diante do espelho, no posicionamento perfeito de mãos e pés. O fotógrafo deixa uma certa frustração: não fez como o pintor que se denuncia num vestígio alcançado pelo espelho.

Mas no erótico cabe também o sarcástico, inabitual, como exibe-se na Imagem 105. Ao centro, a mulher esconde sua genitália encoberta pelo pano, pesado como a escultura, às vezes capaz de lembrar um véu a envolver seu corpo, quase totalmente nu. De mãos amarradas, o gesto evidentemente remete ao Cristo crucificado. Os cabelos longos não escondem os seios, feminilidade exposta sob representação de um poder até então sob o signo do masculino.

Os cabelos longos são o signo da feminilidade, mas também da tentação, da sedução. O século XIX fez do cabelo a fonte da erotização feminina, associando-as à natureza, ao pecado.[73] Estranho erotismo, apoiado na cruz que sustentou o corpo de Cristo, constituindo-se como grande símbolo da fé e devoção católica. Estranho paradoxo porque, sob essa nova representação, a cruz vem sustentar a mulher, símbolo da perdição, do mundo escuro, da fraqueza, da indevida curiosidade em saber o gosto daquilo que lhe era proibido, indevido.[74] Seu corpo nu não traz a promessa de salvação. O que se vê é a ausência de sacrifício. Sua carne não expõe seu sangue.[75] Seus mantos não revelam Deus.

---

[73] PERROT, 2007, p. 55. A autora mostra como os cabelos foram considerados, no século XIX, como relíquias, simbolizando a beleza e sensualidade femininas. Ao mesmo tempo, simbolizavam também animalidade, associando as mulheres à natureza. Quando se tratavam de mulheres de colônias ou judias, Perrot nos aponta como eram fotografadas por volta de 1900 com longas cabeleiras.

[74] Ibidem. A autora afirma: "De Aristóteles a Freud, o sexo feminino é visto como uma carência, um defeito, uma fraqueza da natureza(...) sucumbiu à tentação do diabo e foi punida por isso" (p. 63; 91). Proibia-se às mulheres acesso ao saber e à educação. Apenas em 1880 iniciaram uma formação primária e, a partir de 1900, escolarização secundária. Escrever e dedicar-se aos estudos das artes era para elas muito difícil alcançar. Isso não significa menos interesse, tentativas, autodidatismo, presença em espaços pouco reconhecidos mas conquistados (ver p. 101).

[75] Jacque Gélis, em seu texto intitulado "O Corpo, a Igreja e o sagrado", analisa como o sangue de Cristo foi pensado como "o meio mais seguro de salvar-se" associado ao "vinho do sacrifício, e sua carne ao pão eucarístico". CORBIN;COURTINE; VIGARELLO, 2008, vol. I, p. 40.

Imagem 106 | Jean Augusté – Dominique Ingres. Vénus Anadyomène, óleo sobre tela, Musée Condé, Chantilly. Foto: Lauros Giraudon.[76]

---

[76] HARRISON; FRASCINA; PERRY, 1998, p 112. A Vénus de Anadyomène, segundo o autor, significa: "o nascimento mítico da deusa romana do amor e da fidelidade. Na poesia grega (Hesíodo, Teogonia), Gaia (mãe terra) e seu filho Urano (céu) copularam e produziram a primeira raça humana, os Titãs. Urano lançou seus filhos no submundo, mas Gaia, como vingança, deu ao mais jovem deles, Crono, uma foice com a qual ele matou o pai. Vénus nasceu do mar, da espuma produzida pelos genitais do Urano castrado, quando eles foram lançados na água. Vénus emergiu na praia numa concha de vieira". É, segundo o autor, uma variação na qual ela é representada de pé e espremendo a água de seu cabelo (p. 120).

Nas formas de seu corpo foram desenhadas junto às "linhas de sua cabeleira (...) autêntica linguagem, perceptível até na fotografia de 1900".[77] Seu rosto se dá apenas de perfil, nas sombras relegadas às mulheres. Os longos cabelos caídos sobre os ombros e seus braços erguidos são uma associação a uma das representações do nu feminino fortemente presente no século XIX, a Vénus de Anadyomène. A Deusa romana do amor e da fertilidade, em pose inspirada na escultura clássica, foi uma representação usada na pintura por Picasso, Cézanne, Bouguereau, mas também "em fotografias semi-pornográficas e cartões postais das colônias", consideradas exemplares:

> por aqueles que mantinham a visão tradicional de que a representação do nu feminino implicava a produção de uma versão desclassificada e personificada do feminino, a qual capacitava o artista masculino a exibir seu poder de transformar a "decadência" do corpo feminino ou em uma "beleza ideal" ou em "amor sensual".[78]

Audacioso, então, o fotógrafo anônimo que, em 1885, emprestou o maior símbolo do amor à humanidade, o corpo de Cristo crucificado, para revelar o corpo feminino em gestos tão delicados quanto a Vénus de Anadyomène. É clara a tentativa do fotógrafo em fazer sua Vênus emanar das águas do mar, não tendo aos seus pés, no entanto, ondas espumantes, mas sim a concretude dos seres mortais que, descalços, pisam as pedras. Cristo também sentiu o peso da humanidade na carne. É clara na imagem a tentativa em representar a consciência de uma vida erótica, mas apenas parcialmente permitida pela exposição da nudez, que se por um lado era exposta, se deixando ver em formas sacralizadas, por outro bem fazia esconder o desejo em conhecer o mais íntimo do feminino, profundo e escuro, em mistérios mais primordiais.

Todas essas variações de representações são entendidas por Frascina como uma troca comercial sexuada, um símbolo como valor de troca "entre homens com relativa liberdade socioeconômica para comprar ou obter seu prazer onde quisessem, e mulheres cuja relativa falta de opção econômica social é evidenciada na venda de seus corpos, na realidade ou em

---

77 PERROT, 2005, p. 182.
78 HARRISON; FRASCINA; PERRY, 1998, p. 113.

representações". Implícito nesta troca comercial há, como indica Frascina, um mecanismo de controle ou sistema específico à cultura, apontado como algo não excepcional, normal, familiar, baseado numa aceitação de relações de classe e de gênero.[79]

Frascina defende a existência de um complexo ideológico com formas sociais e psicológicas de poder e dominação, constituídas em uma estrutura particular de relações de gênero, "na qual os homens enquanto grupo são dominantes em relação às mulheres". Este grupo dominante encontra, para o autor, formas de mascarar sua hostilidade e agressão que, muitas vezes, são disfarçadas e se tornam aceitáveis na vida cotidiana.[80] Tais como as imagens, inclusive da dor.

A fotografia pode então ser entendida como uma forma de imaginação explicitada, onde as posições sociais se definem e reproduzem, constituindo-se como uma forma discursiva portadora de valores estéticos, ideológicos, políticos e culturais; produto resultante de relações de poder que podem se revelar porque trazem inscritas em sua superfície uma dada visão de mundo, uma dada concepção do feminino.

Para Adorno e Horkheimer, a civilização demonstra uma visão sobre o corpo como algo a ser possuído, simultaneamente como "objeto de atração e repulsão (…). O corpo humano é zombado e repudiado por ser inferior e escravizado, ao mesmo tempo em que é desejado por ser proibido, coisificado e alienado".[81] O que se quer argumentar é como a disponibilidade dessa técnica fotográfica tornou visível uma explosão de desejos, que desde sempre acompanhavam a humanidade: "fotografia cresceu como um fenômeno de massa, tanto em relação ao retrato e as imagens de nudez".[82] A historiografia indica que, na década de 1850, sessenta fotógrafos foram presos. Dez anos depois, milhares de cartões foram confiscados; em 1875, a polícia britânica apreendeu mais de cinco mil negativos de fotos eróticas. Gisèle Freund aponta como

---

79 *Ibidem*, p. 113.
80 *Ibidem*, p. 117
81 ADORNO; HORKHEIME, 2002.
82 *1000 Nudes. Uwe Scheid Collection.* Taschen, 1994, p. 12.

Imagem 107 | Fotógrafo Anônimo. 1895, realizada na Europa.

na França, em 1850, "havia uma legislação proibindo a venda de fotografias de nus femininos, o que ocasionava repressão a este tipo de comércio".[83] Este interesse pode ser assim resumido:

> A história da nudez fotográfica é a história da fascinação das pessoas com o tema (...) o corpo humano é o único assunto que tem encantado os fotógrafos, teóricos e consumidores durante um longo período – mais de 150 anos (...) a partir da interpretação etnológica do corpo até os disparos das fotos glamourosas do nudismo fotográfico até as fotos das vedetes dos dias de hoje. Nenhum outro campo fotográfico tem inspirado mais desejo (...) a nudez fotográfica reflete a relação esquizóide abrigada na cultura Ocidental a respeito do corpo.[84]

Existia também no Brasil uma clientela masculina ávida por semelhantes imagens. Como expressa Grangeiro, a comercialização dessas imagens nas oficinas fotográficas nacionais deveria ocorrer também e assim descreve sua suspeita: "Num período em que quase todos os produtos de consumo eram trazidos de além-mar, não seria justamente essa fina "iguaria" que ficaria fora das listas de importação". As fotografias obscenas feitas em estereoscópios surpreenderam o "pudico" imperador D. Pedro II, em 1862, quando visitou uma fábrica de equipamentos ópticos; mesmo sendo na época o mais notável admirador da fotografia, as recriminou, sugerindo que fossem "ao menos tiradas do mostrador".[85]

A fotografia não é, sem dúvida, a primeira a refletir o erotismo ou a pornografia, conteúdos da cultura, mas de fato auxiliou em sua divulgação. Tem-se a configuração de toda uma atmosfera que demonstra como as fotografias sobre a mulheres negras no Brasil ou na África assumiam um caráter científico e etnográfico, não escondendo um desejo pelo erótico associado ao exótico, mas revelam também um fascínio pelo próprio corpo feminino, um interesse em desvendar suas verdades, seus mistérios. Eram profissionais e anônimos da fotografia a focar os contornos, as formas e cores de mulheres que, muitas vezes, sem constrangimentos ou

---

83 FREUND, Gisele. *La Fotografia como documento social*. Barcelona: Editorial Gustavo Gilli, 1976, p. 80-81. *Apud* GRANGEIRO, 2000, p. 42
84 *1000 Nudes*. Uwe Scheid Collection. Taschen, 1994, p. 14
85 GRANGEIRO, 2000, p. 43.

submetidas às estratégias de convencimento, ou ainda com reduzidas oportunidades de escolhas, se puseram em cena, deixando ali sensibilizada pela luz, que capta a força de seus corpos, de que matéria se fizeram. Retratos eróticos, pornográficos, individuais ou de casais, hétero ou homossexuais. Divertidos, engraçados, ingênuos ou até, ainda hoje, arrebatadores; e também surpreendentemente delicados, evidenciando toda uma trajetória de inúmeros fetiches.

A escolha desses retratos busca, num certo sentido, mostrar como muitas mulheres estiveram diretamente envolvidas na construção de suas representações, onde aceitação e recusa estavam, por certo, regulando essas criações:

> A imagem é antes de mais nada, uma tirania, porque as põe em confronto com um ideal físico ou de indumentária ao qual devem se conformar. Mas também é um celebração, fonte possível de prazeres, de jogos sutis. Um mundo a conquistar pelo exercício da arte.[86]

Apesar da fotografia não ter sido reconhecida com valor de arte pela comunidade artística oitocentista, já que a produção se dava mecanicamente, é inegável que desde a sua invenção, em 1839, tenha participado ativamente como veículo de representação, desde fotos pornográficas a registrar modelos vivos em pose para pintores, que utilizavam fotografias para compor suas obras, arte que, assim como a fotografia, dedicou-se intensamente ao nu, para Henri Zerner, "nunca tão cultivado como no século xix".[87]

A partir desses retratos de muitas mulheres, em muitas poses, verifica-se como ocupavam todo imaginário social masculino, presentes em representações, que reverberam de formas variadas sob diferentes épocas e contextos. Tal fenômeno Perrot chama de poder das mulheres, "imenso tema de investigação histórica e antropológica", podendo tanto modular "a aula inaugural do gêneses, que apresenta a potência sedutora da eterna Eva", responsável pela "origem do mal e da infelicidade" de toda a humanidade, quanto ser ainda "potência civilizadora", agora responsável pela educação das crianças, com seus poderes rompendo

---

86 PERROT, 2007.

87 ZERNER, 2008, p. 101-140.

então as fronteiras entre vida privada e vida pública, porque tratava-se de educar os filhos também da nação, que se queria civilizada.[88] De braços levantados, suspensos por cordas e não por pregos, na imagem inspirada pela Vénus de Anadyomène, tem-se talvez a imagem da redenção, da salvação uterina que pode ser Maria, que pode ser a Mãe não crucificada, mas eternizada pelo fotógrafo, apenas ele em anonimato.

Diante deste foco analítico, surgem vários sentidos conferidos à mulher. Sentidos produzidos, reinventados, como demonstra Perrot: "O século XIX reformula uma questão muito antiga, na verdade eterna, reapropriando-se dela".[89] Os papéis sexuais estão no centro do debate oitocentista, que investiga e traduz, em diferentes discursos, as diferenças entre os sexos. Ao homem, como aponta a autora, qualidades e aptidões ligadas à "inteligência, à razão, à capacidade de decisão",[90] um ser cerebral, oposto aos sentimentalismos, às emoções brandas, fortes, impulsivas, chorosas, quase incontroláveis, insistentes, estridentes, definições dos seres femininos.

> O século XIX acentua a racionalidade harmoniosa dessa divisão sexual. Cada sexo tem sua função, seus papéis, suas tarefas, seus espaços, seus lugares quase predeterminados, até em seus detalhes. Paralelamente existe um discurso dos ofícios que faz a linguagem do trabalho uma das mais sexuadas possíveis. "Ao homem a madeira e os metais. À mulher a família e os tecidos", declara um operário da exposição mundial de 1867.[91]

Mas a reclusão à vida doméstica não calou a curiosidade e o desejo masculino em ver aquilo que elas traziam do avesso das sedas ou dos mais simples tecidos de algodão. E a fotografia torna ainda mais visível os mistérios trazidos sob a segunda pele. Afinal, como anteriormente foi dito, foram mais de cinco mil negativos de fotos eróticas apreendidas e, para o final do século, faltavam ainda duas décadas e meia. Michelle Perrot afirma com precisão que "o lugar das mulheres no século XIX é extremo, quase delirante no imaginário

---

88   PERROT, 1988, p. 168.
89   *Ibidem*, p. 172.
90   *Ibidem*, p. 177.
91   *Ibidem*, p. 178.

público e privado, seja no nível político, religioso ou poético". Pele branca ou negra, o que se queria ver era o corpo da mulher. "O status de vítima não resume o papel das mulheres na história".[92] De nenhuma delas, negras ou não. Pensar em Perrot é lembrar de Caetana, de Sandra L. Graham.[93] Mulher negra, escravizada, que, apesar de todas as opressões sofridas, soube resistir bravamente. As análises desses retratos demonstram como estiveram próximos os desejos entrevistos nos registros etnográficos e pornográficos, ligeiros em denunciar que a fotografia oitocentista expressa relações de gênero e, quando foca o corpo da mulher, branca ou negra, não escamoteia sentidos de efetiva exploração do seu corpo, muitas vezes no "curso da história, dominado, subjugado, roubado em sua própria sexualidade".[94]

O olho dinâmico do obturador queria tanto ver e retratar o exotismo das mulheres negras, em sua cadência e movimentos, caracterizados assim na literatura, nos relatos de viajantes, na música, em variadas representações, quanto atender a uma demanda ávida pelo erótico, pelas formas e contornos misteriosos que envolviam o feminino nos trópicos ou nos ares que sopram mais ao norte.

A composição aqui realizada foi a de um amplo retrato, tentando transpor as fronteiras que separam negras e brancas, às vezes tão próximas, num compartilhar de encenações que não as isolam, antes as tornam parte de toda a cena que ilumina, ao centro, seus corpos nus.

Muitas foram as concepções bastante diminutas em suas considerações sobre as mulheres. Primeiro, associando-as à natureza, aproximando-as das crianças ou ainda ao pecado, para depois serem ainda mais reduzidas nos estudos de fisiologia em fins do século XIX. Uma suposta ciência que investigava e diferenciava o cérebro feminino, "menor, mais leve, menos denso".[95] Se existia um amplo discurso intelectual, deixando vestígios da suposta superioridade do homem em relação à mulher nos retratos aqui discutidos, era imposta semelhante dominação. Não do branco sobre o negro, mas do masculino sobre o feminino. A erotização

---

92   PERROT, 1988, p. 166.

93   GRAHAM, 2005.

94   PERROT, 1988, p. 76.

95   *Ibidem*, p. 96.

pela representação do corpo feminino foi uma invenção, portanto, do masculino. O corpo da mulher posto a nu é a expressão deste desejo, das invenções que passaram a carregar.

"O corpo é, ele próprio, um processo", afirma Sant'Anna. É uma unidade que abriga sentidos e os transforma; "do mesmo modo que a língua, o corpo está submetido à gestão social tanto quanto ele a constituiu e a ultrapassa".[96] O corpo em sua potencialidade leva a pensar o mundo. Na pele do corpo feminino, branco ou negro, tatuou-se um sistema cultural onde firmava-se um estranho paradoxo: "A mulher atrai e repele", sintetiza Michelle Perrot:

> Abrigo, ela é também abismo sem fundo. Lareira calorosa, ela é também armadilha que encerra e mutila. O corpo da mulher é um mistério; seu sexo aniquila o homem no prazer, emascula-o. Ela é voragem, abismo insondável, emboscada, e a figura central da Medusa de terríveis olhos de opala.[97]

Michelet, em 1859, escreve sobre os homens e mulheres: "Logo (...) não serão mais dois sexos e sim dois povos". Para Perrot, Michelet é "testemunha entristecida e cúmplice desse afastamento".[98] A fotografia oitocentista foi então a encarnação de uma contradição: a vastidão de imagens que traziam o corpo feminino tentava talvez diminuir o sufocado desejo de desnudar aquilo que estava distante, ou pela raça, ou pelo gênero, sem, no entanto, minimizar diferenças reais, ainda maiores que as aparências postas em espetáculo.

É dessa trama que se faz a História. De suas contradições, incompreensões, ambiguidades, de suas violências. De uma trama resultante de uma energia que potencializa a vida.

---

96   SANT'ANNA, 2005, p. 12.

97   PERROT, 2005, p. 179.

98   *Ibidem*, p. 169.

CONSIDERAÇÕES FINAIS

Problematizar a negociação entre fotógrafos e pessoas negras fotografadas num período onde as emancipações tomavam as ruas da corte carioca revela o estúdio fotográfico não apenas como parte de uma rede de sociabilidade e afirmação para as classes ascendentes, mas expõe também como as populações negras apropriaram-se desse espaço para, muitas vezes, com sacrifícios obter um *carte de visite*, ou como sondou-se para posar como modelo e dali talvez aumentar os ganhos do dia. As evidências vistas pela representação denunciam valores culturais sobreviventes e reafirmados na diáspora. Se a fotografia traz em seu referente indícios de resistência, essa não se dá apenas em categorias simbólicas. Afinal, os sujeitos carregam os símbolos, trazem o corpo, seus disfarces, indumentárias, revelam a austeridade, a carência, a urgência da dor, da carne, da ilusão, corpos que firmaram-se na ausência impiedosa da saúde, da proteção. Negar isso tudo seria negar as complexidades da própria temporalidade em questão.

A fotografia desvela uma dimensão da vida, das sociabilidades, numa prática cotidiana que envolveu o universo das imagens como parte de uma experiência social ampla, dinâmica, não estática, carregada de historicidade, dada a sua inserção numa dinâmica muito mais reveladora, inspiradora: em "suas condições técnicas, sociais e culturais de produção, circulação, consumo e ação dos recursos e produtos visuais".[1] As imagens assumem não apenas um valor documental que inerentemente possuem, mas também dado ao alcance que adquiriram porque agiram socialmente, expondo indivíduos que atuaram não como coadjuvantes apenas oprimidos, mas como agentes sociais de um tempo e espaço. Synphronio, o escravo que cumpria pena, Isabel Jacintha, que teve sua liberdade depois de 33 anos de

---

1 MENESES, 2003, p. 11-35.

prisão, a ex-escrava Joana e o escravo Joaquim, operados e retratados em artigos médicos, ou o negro fotografado por Christiano Jr. e depois presente também no estúdio de Henschel, cinco anos depois, todos representados em múltiplas condições de miséria, dor, fuga ou, simplesmente, retratados na resistência cotidiana pela sobrevivência. Suas representações fotográficas, que carregam a confusa potência da dualidade de que se fazem, na ausência e na presença, como afirmou Dubois, configuram-se como um elo que aproxima e deixa pistas de suas experiências vividas.

Christiano Jr. desenvolveu no Brasil uma produção que marcaria todos os seus registros posteriores. Foram talvez os primeiros passos de um fotógrafo estrangeiro, que não mais cessou em priorizar as populações empobrecidas de terras que tornaram-se para ele abrigo estrangeiro. O fotógrafo foi o narrador de uma cidade, preocupado em retratar o mundo do trabalho, a pulsão crescente da cidade. Tal interesse ficou claro quando ele deixou escrito na introdução de seu primeiro álbum, realizado na Argentina, seu desejo, ao criticar os fotógrafos que retrataram "unicamente cenas do campo onde somente transpareça a vida rústica (e prescindir) daqueles signos inequívocos do progresso que elevam suas cúpulas arrogantes no centro das cidades.".[2]

A partir de 1880, vivendo na província de Arroyo Hondo na Argentina, Christiano Jr. passou a escrever e, com tamanha sensibilidade, mostrou sua preocupação com questões de saúde pública, higiene e medicina popular da região. "Sempre procurava relacionar os assuntos que tratava com o interesse geral, sobretudo com a classe trabalhadora", indícios de "preocupações cívicas", tendo doado ao governo de Arroyo Hondo um terreno para a construção de uma capela e uma escola.[3]

Ao escrever seu artigo "Recuerdos de mi tierra", deixa entrever, ao descrever a vida de seus conterrâneos, o quanto viver da fotografia poderia ser um desafio penoso, e não menos frustrante para os fotógrafos da época:

---

2   ALEXANDRE; BROGINI; MARTINI; PRÍAMO, 2007, p. 25.

3   *Ibidem*, p. 34. Abre-se aqui uma nova abordagem para futuras pesquisas: investigar o trabalho de Christiano Jr. nas províncias de Buenos Aires, Mendoza, San Juan, San Luis, Catamarca, Tucumán e os depoimentos escritos pelo próprio fotógrafo, registros de seu envolvimento com as regiões citadas.

> E são felizes essas pessoas porque ignoram muitas das misérias que corroem as grandes sociedades, são mais felizes que eu porque não conhecem as necessidades que eu conheço, não sofreram tantos reveses da sorte, trapaça, desenganos, ingratidões que me perseguem até hoje. Se fosse possível voltar aos 20 anos e saber o que me aconteceria pelo mundo, ficaria em minha ilha entre os lavradores vivendo em uma pobreza honrada, mas com o espírito tranquilo.⁴

Lembranças que suscitam nele a nostalgia daqueles que viram o tempo passar, sem deixar de nuançar o quanto este homem de origem açoriana mergulhou, com coragem, na vastidão de novas fronteiras, para viver de sua fotografia, observando gestos e práticas sociais tão precisas das sociedades que se dispunha a retratar.

Ao lembrar do Rio de Janeiro, não deixou de perceber o gosto e a valorização da aparência, exigida até mesmo dos imigrantes portugueses, jovens pobres que "uma vez chegado à terra de Santa Cruz" e empregarem-se no comércio brasileiro, "começava sua carreira dedicando-se aos serviços mais humildes, como varrer e lavar o estabelecimento, cumprir algumas ordens, levar mercadorias aos clientes etc etc.". Mas para que fossem bem recebidos no comércio dominado pelos portugueses "deviam calçar sapatos velhos, deformados e vestir casacos; o que calçava botinas, vestia casaco ou paletó e usava gravata sobre camisa passada, era homem perdido, imprestável, pois ninguém o aceitava como empregado". E isso, segundo Chrisitano Jr., "em um país tropical onde domina a febre amarela e outras doenças que somente esperam um descuido para apoderar-se do estrangeiro" e afirma " creio que os escravos não tinham pior sorte!".⁵

Àqueles que correspondiam tais exigências sociais faziam suas economias, casavam com a filha mais velho do patrão "que muitas vezes o odiava" e, ao se apossarem do dote da sinhasinha, tratavam de abandonar o sogro, o balcão, a loja de secos e molhados, ou o depósito de carne seca, para dedicarem-se a grandes negócios, e "como tem a consciência um pouco

---

4   *La Provincia Corrientes*. 1º jan. 1902. Artigo "Recurdos de mi tierra", escrito por Christiano Jr., dedicado a seu neto Augusto.

5   *Diario La Provincia Corrientes*. 5 abr. 1902. Artigo "Brasil de 1855 á 1870 – Patrones y dependientes portugueses; grandes fortunas; títulos mobiliários", assinado por Christiano Jr.

elástica", afirma Christiano Jr., "escolhe o tráfico de escravos", demostrando o quanto a sua consciência estava em desacordo com as formas de domínio e opressão impostas.

Alguns teóricos da fotografia arriscam e afirmam que ela é uma forma de apropriar-se do mundo. E como lembraria Susan Sontag, da sua compreensão sobre o mundo em relação às imagens: "Na medida em que a fotografia é (ou deveria ser) sobre o mundo, o fotógrafo conta pouco, mas na medida em que é o instrumento de uma subjetividade questionadora e intrépida, o fotógrafo é tudo".[6] Christiano Jr., ao fotografar e também escrever, mostrou que estava atento às incertezas e misérias do tempo em que vivia.

Para o historiador, apreensões tornam-se possíveis não apenas pela subjetividade do artista, mas pela produção enquanto materialidade cultural que do mundo fala, materialidade que, como um fio, conduz a uma temporalidade distante, que mais próxima estará na medida em que é questionada, não como verdade, mas como possibilidade de um conhecimento. As fotografias, mesmo feitas em estúdio, conseguem trazer o ritmo das ruas da corte carioca. Em seu enunciado, a cidade e o mundo do trabalho configuram-se como temáticas que atravessam a produção de Christiano Jr. Sua fotografia revela as contradições sociais que afligiam o Brasil, mas também a Argentina,[7] porque, se o Brasil foi inicialmente um destino possível para esse fotógrafo, as terras do sul do continente o convidaram a outros desafios.

Inegável a finalidade comercial das fotografias realizadas por Christiano Jr., mas isso não as desqualifica e não reduz pertinentes problemáticas, afinal fotógrafos viajantes, na

---

6   SONTAG, 2004, p. 138.

7   Em 1867, Christiano Jr. estabeleceu-se na Argentina realizando uma importante produção de paisagens no país. Não se tem imagens semelhantes conhecidas no Brasil. Em 1868, mantinha um estúdio na Calle Florida, 159, no centro de Buenos Aires. Depois, transferiu-se para a mesma rua no número 208, e em seguida, na Calle de La Vitória, número 296. Christiano Jr. recebeu vários prêmios pelas fotos de paisagens feitas na Argentina. Em 1871, ganha medalha de ouro na Exposição de Córdoba com a mostra da série Vistas y Costumes de La Republica Argentina; em 1876, outra série com mesmo título e outra medalha de ouro na Exposição Científica de Buenos Aires. Ambas as séries foram publicadas em 76 e 77. Em 1878 Christiano Jr. vendeu seu estúdio com um acervo de aproximadamente 25 mil retratos para Mackern e A. S. Witcomb, fotógrafo inglês. A decisão foi tomada para viajar fotografando províncias na Argentina e Paraguai. Dedicou-se também à produção de vinho na Argentina, tendo publicado um extenso volume chamado *Tratado práctico de vinicultura, destilería y licorería*.

árdua tarefa da sobrevivência, não se apropriavam de um mundo expondo visões europeias tão somente. Recolocaram também em suas andanças uma experiência cada vez mais comum: colocar-se em pose para o fotógrafo, tanto na glamurosa atmosfera citadina quanto interiorana. A fotografia feita por Manuel de Paula Ramos, de escravos retratados de joelhos na capela, testemunha isso. Nessa experiência, o desejo de obter a imagem de si e do outro, ainda estranho e misterioso, é reveladora ao historiador, que passa a ter a materialização de uma cultura dada na visualidade, numa dimensão simbólica obviamente, mas firmando-se na real experiência social, porque posar para as lentes de um fotógrafo era também um enfrentramento, um "jogo social fundado pela pose", como bem colocou Muaze, prática que denuncia como se fortalecia a necessidade de reconhecimento, pertencimento, investigação, descrição e classificação.

Permeada por percepções individuais, traduzidas pela visualidade, inédita quando revela uma noção de fotografia autoral, a fotografia de Christiano Jr. expõe como materialidade preocupada em expressar, mesmo com uma forma sociológica ingênua, aquilo que para o fotógrafo traduzia o Brasil, traduzia a dinâmica social que pulsava nos trópicos, tendo como eixo temático as relações sociais em suas tensões. E se palavras traduzem a cultura, imagens nos remetem a ela.

O fotógrafo não foi aqui considerado unicamente como um viajante, que explorou um mundo exótico e pitoresco, apesar de tê-lo feito. Outros significados emergem de suas imagens, porque, de certa maneira, compõem também uma narrativa do autor e de seu tempo, porque registrou, pela imagem do outro, os interesses que o tomavam quase por definitivo.

Nas fotografias de Christiano Jr., a preocupação em retratar o mundo do trabalho aparece explícita, dando forma ao reconhecimento de um mundo pelos traços de sua gente, em suas escarificações. Tal perspectiva teve início na produção realizada no Brasil, e não mais o abandonaria nos futuros recortes escolhidos. Os retratos representam, sobretudo, homens em suas práticas de trabalho. Homens em seus trajes típicos. Mulheres, seus filhos, seus panos, em seus ritos e crenças. Em suas assimilações e ações incontestáveis. Em suas mazelas e dores. Em seus corpos belos e fortes, mas também doentes e vulneráveis. Eis o olhar de Christiano Jr, sensibilidade formada no Brasil, acompanhando-o em outros destinos.

Neste percurso trilhado pela pesquisa, houve interesse em mostrar como as imagens de Christiano Jr. assumem uma perspectiva estética, simbólica, mas também social, de uma realidade perdida nas desigualdades. Uma visualidade que esbarra nas fronteiras estendidas na diáspora, no mundo do trabalho informal e revela, pela luz que sensibilizou os nitratos de prata da emulsão fotográfica, a dramaticidade de muitas vidas que, apesar de tudo, chegaram até nós.

Em 1902, em viagem a Assunção, José Christiano de Freitas Henriques Junior faleceu. Seus restos mortais foram posteriormente levados a Buenos Aires por seus familiares e sepultados no Cemitério de Olivos. O jornal *La Provincia* deixou impresso no obituário em poucas palavras todo o sentido de uma vida dedicada a registrar um cotidiano de contradições que o fascinava: "O senhor Junior era um homem todo trabalho, honrado e culto".[8]

---

8   ALEXANDRE; BROGONI; MARTINI; PRÍAMO, 2007, p. 35. Christiano Jr conquistou muito prestígio com seu trabalho realizado na Argentina, premiado pela Sociedade Científica da Argentina, em 1876, e pelo Clube Industrial, em 1877, tendo produzido de álbuns vistas e costumes de Buenos Aires, com descrições em várias línguas, como espanhol, francês, alemão e inglês. "Era la primeira vez que se publicaba en el país, tal tipo de álbum fotográfico; y nadie volvió a hacerlo en el siglo XIX, excepto el mismo Christiano" (ver p. 24). O registro de clientes do estúdio aberto na Rua Florida, nº 159, mostra que era muito frequentado.

Lista de Imagens

IMAGEM 1 — 35
Foto Lavadeira do Campo de Santana de Christiano Jr. 1862. IPHAN

IMAGEM 2 — 36
Soldados mortos na guerra do Paraguai. Fotógrafo anônimo. 1868

IMAGEM 3 — 49
Homem de terno fotografado em estúdio.
Foto: Christiano Jr. Instituto Moreira Salles. 1865

IMAGENS 4, 5 E 6 — 51
Homens de terno fotografados em estúdio.
Foto: Christiano Jr. Instituto Moreira Salles. 1865

IMAGEM 7 — 53
Foto da engomadeira Catharina Pavão de Carneiro & Gaspar

IMAGENS 8 E 9 — 64/65
Retratos de homens negros. Foto: Christiano Jr. 1865-1862. Museu Histórico Nacional/IBRAM/Ministério da Cultura

IMAGENS 10 E 11 — 67/68
Retratos de mulher negra. Foto: Christiano Jr. 1865. Coleção Ruy Souza e Silva

IMAGEM 12 70
Representação de homem negro cortando cabelo.
Foto: Christiano Jr. IPHAN

IMAGENS 13 E 14 74
Rua da Floresta, Catumbi, RJ e foto do Largo do Machado, 1863.
Fotos: Augusto Stahl. Instituto Moreira Salles

IMAGEM 15 76
Lavadeiras na floresta da Tijuca, Rio de Janeiro. Foto: Auguste Klumb Acervo
Fundação Biblioteca Nacional Brasil

IMAGEM 16 77
Mulheres no Mercado. Rio de Janeiro, 1875.
Foto: Marc Ferrez. Acervo Instituto Moreira Salles

IMAGEM 17 79
Mercado na Beira do Cais. Rio de Janeiro, 1875.
Foto: Marc Ferrez. Acervo Instituto Moreira Salles

IMAGENS 18 E 19 80
Trabalhadoras colhendo e no terreiro de café. Rio de Janeiro.
Foto: Christiano Jr. IPHAN

IMAGEM 20 82
Baiana Vendedora de Frutas
Foto: Alberto Henschel 1869. Acervo Instituto Moreira Salles

IMAGEM 21 85
Homem e mulher negros carregando produtos na cabeça.
Foto: Christiano Jr. IPHAN

IMAGEM 22   86
Mulher negra. Foto: Christiano Jr. 1865.
Museu Histórico Nacional/IBRAM/Ministério da Cultura

IMAGEM 23   91
Retrato Escravo Cesteiro. 1875.
Foto: Marc Ferrez. Acervo Instituto Moreira Salles

IMAGEM 24   91
Garoto retratado com palhas de cesto nas mãos.
Foto: Christiano Jr. Acervo IPHAN

IMAGEM 25   92
Vendedora de Legumes.
Foto: Marc Ferrez. 1875. Acervo Instituto Moreira Salles

IMAGEM 26   92
Mulher negra e criança. Foto: Christiano Jr. Museu Imperial de Petrópolis

IMAGEM 27   94
Carregador de água, em frente ao Chafariz do Mestre Valentim, no Largo do
Paço, de 1865. Foto: G. Leuzinger. Coleção Ruy Souza e Silva

IMAGEM 28   96
Retrato de meio busto de homem negro.
Foto: G. Leuzinger. 1865. Acervo Fundação Biblioteca Nacional Brasil

IMAGEM 29   98
Retrato de homem negro com cicatriz na testa.
Foto: Christiano Jr. 1865. Acervo IPHAN

IMAGEM 30   98
Retrato de homem negro com escarificação na testa.
Foto: Henschel, 1870. Acervo Instituto Moreira Salles

IMAGEM 31   100
Homens em estúdio de corpo inteiro segurando cesto. Foto: Christiano Jr. 1865.
Acervo Instituto Moreira Salles. Coleção Gilberto Ferrez.

IMAGEM 32 E 33   102
Representações e homens cesteiros e carregadores.
Fotos: Christiano Jr. 1865. IPHAN

IMAGENS 34, 35 e 36   103
Homens negros carregando e fazendo cestos.
Fotos: Christiano Jr. 1865. IPHAN

IMAGEM 37   106
Retrato de meio busto. Escrava Mina Tapa, 1865.
Foto: Augusto Stahl. The Peabody Museum, n° 92280004

IMAGEM 38   108
Escrava Mina Tapa, fotografada de frente, de costas e de perfil, 1865.
Foto: Augusto Stahl. Reproduzida livro de Ermakoff, p. 232 e 252.
The Peabody Museum, n° 97480028

IMAGEM 39   110
Retrato de homem negro em pé representando vendedores ambulantes de flores.
Foto: Christiano Jr. Ministério das Relações Exteriores: Mapoteca

IMAGEM 40   113
Homem carregando cadeiras. Foto: Christiano Jr. 1865.
Museu Histórico Nacional/IBRAM/Ministério da Cultura

IMAGEM 41	113

Homem em estúdio segurando guarda-chuva.
Foto: Christiano Jr. 1865. Acervo IPHAN, Rio de Janeiro

IMAGEM 42	115

Homens cumprimentando-se segurando guarda-chuvas.
Foto: Christiano Jr. 1865. Acervo IPHAN, Rio de Janeiro

IMAGEM 43	121

Homem carregando guarda-chuvas e aves.
Foto: Christiano Jr. 1865. Coleção Particular Rio de Janeiro

IMAGEM 44	121

Litografia a partir de fotografia de Jean Victor Frond. 1858. Instituto Moreira Salles

IMAGEM 45	122

Vendedores de pastel, Manoé, pudim quente e sonho. Debret. Rio de Janeiro.
1826, *Debret e o Brasil. Obra Completa*

IMAGEM 46	123

Litogravura Vendedores de capim e de leite de Jean Baptiste Debret. 1820 a 1834,
Viagem Pitoresca e Histórica ao Brasil

IMAGEM 47	124

Vendedor de leite. Foto: Christiano Jr. 1865. Acervo IPHAN, Rio de Janeiro

IMAGEM 48	126

Representação de capoeira. Foto: Christiano Jr. 1865. IPHAN

IMAGEM 49	127

Danse de a Guerre ou Jogar Capoeira. Rugendas. 1834

IMAGEM 50 129
Retrato de homem branco no comércio ambulante.
Foto: Christiano Jr. 1865. IPHAN

IMAGEM 51 131
Retrato mulher negra com turbante. Foto: Christiano Jr. IPHAN

IMAGENS 52 E 53 133
Retrato de mulheres negras corpo inteiro em pé e sentadas.
Fotos: Christiano Jr. 1865. IPHAN

IMAGEM 54 134
Mulher negra em pé. Foto: Christiano Jr. IPHAN

IMAGEM 55 137
Retrato da escrava. Estereoscópio de Auguste Klumb. 1862.
Coleção Ruy Souza e Silva

IMAGEM 56 139
Vendedora de Bananas com seu Bebê. 1884.
Foto: Marc Ferrez. Instituto Moreira Salles

IMAGENS 57 E 58 141
Mulher negra carregando bebê nas costas e depois com tabuleiro na cabeça.
Fotos: Christiano Jr. 1865. Ministério das Relações Exteriores, Mapoteca e
Instituto Moreira Salles

IMAGEM 59 143
Mulher Negra levando bebê nas costas.
Fotografia de Augusto Stahl, 1865. Acervo The Peabody Museum

IMAGEM 60   143
Vendedoras de Bananas. Foto: Rodolpho Lindemann. Salvador. Fundação Gregório de Mattos, Salvador

IMAGEM 61   145
Nègresses De Rio-Janeiro. Rugendas

IMAGENS 62 E 63   146
Fotos: Christiano Jr. Festa de Nossa Senhora do Rosário com roupas e instrumentos de festa religiosa de origem africana, Congada. 1865. IPHAN. Rio de Janeiro

IMAGEM 64   149
Mãe e filha em trajes africanos. Foto: Christiano Jr. 1865. IPHAN. Rio de Janeiro

IMAGEM 65   151
Escravos rezando na capela da Fazenda Água Limpa em Barra do Piraí, Rio de Janeiro. Foto: Manuel de Paula Ramos. 1870. Coleção Embaixador João Hermes Pereira de Araújo

IMAGEM 66   153
Retratos de africanos. Foto: Desiré Charnay. Madagascar. 1864. Acervo Fundação Biblioteca Nacional Brasil

IMAGENS 67 E 68   155
Homens negros em trajes típicos. Fotos: Christiano Jr. 1865. IPHAN. Rio de Janeiro

IMAGEM 69   164
Retrato de mulher "Mina". Foto: Christiano Jr. 1865. Museu Histórico Nacional/IBRAM/Ministério da Cultura

IMAGENS 70 E 71   167
Fotografias de etnias africanas. Fotos: Christiano Jr. Museu Histórico Nacional/IBRAM/Ministério da Cultura

IMAGEM 72   177
Fotografias de condenados da Casa de Correção da Corte. Fotógrafo anônimo. 1872. Acervo Fundação Biblioteca Nacional Brasil

IMAGEM 73   179
Ficha Casa de Correção da Corte com Foto do condenado Amado, "Mina". Fotógrafo anônimo. Acervo Fundação Biblioteca Nacional Brasil

IMAGEM 74   180
Ficha Casa de Correção da Corte com foto de Symphronio. Fotógrafo anônimo. Acervo Fundação Biblioteca Nacional Brasil

IMAGEM 75   182
Ficha Casa de Correção da Corte com foto de Isabel Jacintha. Fotógrafo anônimo. Acervo Fundação Biblioteca Nacional Brasil

IMAGEM 76   193
Fotografia antropométrica com objetivo de dar suporte a estudos científicos comparativos sobre as raças. Foto de Augusto Stahl. 1865. The Peabody Museum of Archealogy & Ethnology, n° 97480025.

IMAGENS 77 E 78   197
Fotografias antropométricas de meio busto e rosto. Fotos: Augusto Stahl. 1865. The Peabody Museum of Archealogy & Ethnology, n° 97480003 e 97480001.

IMAGEM 79   199
Mulheres africanas fotografadas de frente, de costas e de perfil. Foto: Desiré Charnay, 1863. Madagascar. Acervo Fundação Biblioteca Nacional Brasil

IMAGEM 80 201
Mulheres africanas fotografadas de frente, de costas e de perfil. Foto: Desiré Charnay, Foto: Desiré Charnay, 1863. Madagascar. Acervo Fundação Biblioteca Nacional Brasil

IMAGEM 81 205
Retratos etnográficos. Fotos: Augusto Stahl. 1865. Pearbody Museum, nº 97480004, 97480008, 97480010 e 97480012.

IMAGEM 82 225
Cartão de visita, frente e verso, com foto de homem com deformidade nos membros inferiores. Fotos: J. Menezes. Acervo Fundação Biblioteca Nacional Brasil

IMAGEM 83 229
Homem com elefantíase. Foto: Christiano Jr. 1865. Acervo Fundação Biblioteca Nacional Brasil

IMAGEM 84 247
Reprodução de desenho dos pés de um paciente com a doença chamada ainhum, publicado na Gazeta Médica da Bahia, no dia 10 de fevereiro de 1867

IMAGEM 85 E 86 256
Homens com elefantíase. Fotos: Christiano Jr. 1865. Acervo Fundação Biblioteca Nacional Brasil

IMAGENS 87, 88 E 89 266
Homens com deformidades nos membros inferiores fotografados por J. Menezes no antigo estúdio de Christiano Jr. Acervo Fundação Biblioteca Nacional Brasil

IMAGEM 90 267
Jovem rapaz com deformidade nos membros inferiores. Foto: J. Menezes. Acervo Fundação Biblioteca Nacional Brasil

IMAGEM 91 274
Homem com deformidade nos membros inferiores. Foto: J. Menezes.
Acervo Fundação Biblioteca Nacional Brasil

IMAGEM 92 276
Garoto com elefantíase. Foto: Christiano Jr. 1865.
Acervo Fundação Biblioteca Nacional Brasil

IMAGEM 93 277
Homem Idoso com elefantíase. Foto: Christiano Jr. 1865.
Acervo Fundação Biblioteca Nacional Brasil

IMAGEM 94 280
Homem fotografado usando terno ao lado da balaustrada.
Fotos: Christiano Jr. Instituto Moreira Salles

IMAGEM 95 281
Garoto com deformidade nos membros inferiores. Foto: J. Menezes.
Acervo Fundação Biblioteca Nacional Brasil

IMAGENS 96 E 97 310
Retratos de meio busto de mulheres. Augusto Stahl. 1865.
The Peabody Museum of Archeaology & Ethnology, nº 97480018 e 97480015.

IMAGENS 98, 99 E 100 317
Fotografias reproduzidas do livro *1000 Nudes*.
Uwe Scheid Collection. Taschen. 1994. Fotos: Anônimas

IMAGENS 101 E 102 324
Fotografias reproduzidas do livro *1000 Nudes*.
Uwe Scheid Collection. Taschen. 1994. Fotos: Eugène Durieu. 1855

IMAGENS 103, 104 E 105 326/327
Fotografias reproduzidas do livro *1000 Nudes*.
Uwe Scheid Collection. Taschen. 1994. Fotógrafos Anônimos

IMAGEM 106 329
Reproduzidas do livro *1000 Nudes*. Uwe Scheid Collection. Taschen. 1994 de Jean Augusté – Dominique Ingres. Vénus Anadyomène, óleo sobre tela, Musée Condé, Chantilly. Foto: Lauros Giraudon

IMAGEM 107 332
Fotografias reproduzidas do livro *1000 Nudes*.
Uwe Scheid Collection. Taschen. 1994.
Fotógrafo Anônimo. 1895, realizada na Europa

Arquivos Consultados

Academia Nacional de Medicina do Rio de Janeiro.
   Periódicos.

Biblioteca de Medicina de Universidade de São Paulo.
   Periódicos.

Biblioteca Nacional do Rio de Janeiro.
   Periódicos, manuscritos e fotografias.

Instituto iphan. Rio de Janeiro.
   Fotografias de Christiano Jr.

Instituto Moreira Salles.
   Fotografias.

Museu Histórico Nacional.
   Fotografias de Christiano Jr.

Fontes

Jornais

Annaes Brasilienses de Medicina – Jornal da Academia Imperial de Medicina do Rio de Janeiro. Tomo XXIII. Junho de 1871.

Gazeta de Noticias. Rio de Janeiro. 1875-1876.

Jornal do Commercio. Rio de Janeiro. 1864-1866.

Revistas

Gazeta Medica da Bahia. 1866 a 1881. Reimpressão. Tomo 1. Braziliense Documenta:

SIQUEIRA, Dr. José de Goes. "Questões d'hygiene publica". Set. 1866.

ARAÚJO, Dr. Silva. "Ainda o tratamento da Elephancia pela Eletricidade". 1881, p. 163-179.

PATERSON, Dr. J. L. "Registro clínico. Amputação de um dedo em um doente affectado de elephantiase dos gregos". Agosto. 1866, p. 42-43.

MOURA, Dr. Julio Rodrigues. "A propósito da ligadura arterial nos casos de elephantiasis dos membros". Fev. 1867, p. 169-172 (Seção Trabalhos Originaes).

LIMA, Dr. J. F. da Silva. "Estudo Sobre o – Ainhum, moléstia ainda não descripta, peculiar à raça ethiopica, e affectando os dedos mínimos dos pés". Jan. 1867, p. 146-151 (Seção Trabalhos Originaes).

_____. "Registro Clinico. Envenenamento de duas pessoas pela trombeteria". 1866, p. 67-68.

Revista Brazil Medico, 1887 a 1892:

"A Tuberculose no Rio de Janeiro". 1887, p. 326 (Seção Assumptos de Hygiene Publica).

Boletim Bibliographico. "Do prognostico das molestias do coração". 1892, p. 271.

Boletim da semana. "Saneamento do Rio de Janeiro". 1892, p. 231.

AMARAL, Dr. Victor. Artigo. "Um caso de hypertrophia do clitoris seguida de cliteriotomia" 1892, p. 97.

MONAT, Dr. H. "Molestias das vias urinarias". 1892, p. 3.

Teses

KOUTSOUKOS, Sandra Sofia M. *No estúdio do fotógrafo. Representação e auto-representação de negros livres, forros e escravos no Brasil da segunda metade do século XIX.* Tese de doutorado. Campinas, Unicamp, 2006.

LOBO, Manoel da Gama. Tese apresentada para a Faculdade de Medicina do Rio de Janeiro. Defesa em 20 de dezembro de 1858. Artigo Interno de Cirurgia e Medicina da Faculdade. Acervo Academia de Medicina do Rio de Janeiro.

MACHADO, Maria Helena P. T. *Brasil a vapor. Raça, ciência e viagem no século XIX.* Tese de livre docência. São Paulo, FFLCH-USP, 2005.

MARTINS, Luiz Carlos Nunez. *Da Naturalização da nutriz à construção da nação: abordagens acerca do papel da ama-de-leite na sociedade carioca.* Dissertação de mestrado em História das Ciências e da Saúde. Rio de Janeiro, Casa de Oswaldo Cruz/Fiocruz, 2007.

SANTIAGO, Silvana. *Tal Conceição, Conceição de Tal. Classe, gênero e raça no cotidiano de mulheres pobres no Rio de Janeiro das primeiras décadas republicanas.* Dissertação de mestrado. Campinas, Unicamp, 2006.

SILVA, James Roberto da. *Fotogenia do Caos: fotografia e instituições de saúde em São Paulo (1880-1920).* Dissertação de mestrado. São Paulo, FFLCH-USP, 1998.

Bibliografia

ADORNO, Theodor W.; HORKHEIME, Max. *The Dialectics of the Enlightenment*. Stanford University Press, 2002

ALENCASTRO, Luiz Felipe de. "Vida privada e ordem privada no Império". In: *História da Vida Privada no Brasil*. São Paulo: Companhia da Letras, 1997, vol. 2.

ALEXANDER, Abel; BROGONI, Beatriz; MARTINI, José; PRIAMO, Luis. *Un país en transición. Buenos Aires, Cuyo y el noroeste em 1867-1883. Fotografías de Christiano Junior*. Buenos Aires: Ediciones de la Antorcha, 2007.

AGASSIZ, Elizabeth C. e Louis. "Viaje por Brasil", 1868. In: NARANJO, Juan. *Fotografía, Antropología y Colonialismo (1845-2006)*. Barcelona: Editorial Gustavo Gili, 2006.

ANDRADE, Ana Maria Mauad de Sousa. *Sob o signo da imagem: a produção da fotografia e o controle dos códigos de representação social da classe dominante na cidade do Rio de Janeiro (1900-1950)*. Tese de Doutorado, Niterói, UFF/PPGH, 1990.

ANDREWS, George Reid. *Negros e brancos em São Paulo (1888-1988)*. Bauru: Edusc, 1998.

AZEVEDO, Celia Maria Marinho. *Abolicionismo: Estados Unidos e Brasil, uma história comparada (século XIX)*. São Paulo: Annablume, 2003.

AZEVEDO, Paulo César & LISSOVSKY, Maurício. *Escravos brasileiros do século XIX na fotografia de Christiano Junior*. São Paulo: Libris, 1988.

BARTHES, Roland. *A câmara clara*. Lisboa: Edições 70, 1980.

_____. *O óbvio e o obtuso*. Rio de Janeiro: Nova Fronteira, 1990

BASTIDE, Roger. "Introdução aos estudos afro-brasileiros". *Revista do Arquivo Municipal*, n° 98, 1944, p. 93.

BENJAMIN. *Obras Escolhidas. Magia e Técnica, Arte e Política*. Vol. 1. São Paulo: Brasiliense, 1994.

BERNARDO, Teresinha. *Memória em branco e preto: olhares sobre São Paulo*. São Paulo: Educ, 1998, p. 65.

BERTILLON, Alphonse. "La fotografia Judicial". In: NARANJO, Juan. Fotografía, Antropología y Colonialismo (1845-2006). Barcelona: Editorial Gustavo Gili, 2006

BIANCO, Bela-Feldman e LEITE, Miriam L. Moreira. *Desafios da imagem: fotografia, iconografia e vídeo nas ciências sociais*. Campinas: Papirus, 1998.

BLOCH, Marc. *A apologia da história ou o ofício do historiador*. Rio de Janeiro: Zahar, 2001.

BOËTSCHE, Gilles & FERRIÉ, Jean-Noël. "A moura de seios nus: O imaginário erótico colonial no cartão-postal". In: SAMAIN, Etienne. *O fotográfico*. São Paulo: Hucitec, 1998.

BROCA, M. P. "Instrucciones generales para las investigaciones antropológicas", 1879. In: NARANJO, Juan. *Fotografía, Antropología y Colonialismo (1845-2006)*. Barcelona: Editorial Gustavo Gili, 2006.

CARVALHO, José Murilo de. *A formação das Almas: o Imaginário da República no Brasil*. São Paulo: Companhia da Letras, 1990.

CARVALHO, Vania C. & LIMA, Solange Ferraz. "Fotografia no museu: o projeto de curadoria da coleção Militão Augusto de Azevedo". *Anais do Museu Paulista. História e Cultura Material*, vol. 5, jan./dez., 1997.

CARVALHO, Diana Maul de. "Doenças dos escravizados, doenças africanas?". *Simpósio Temático do XXI Encontro Regional de História – ANPUH.* Rio de Janeiro, 2006.

CEVASCO, Maria Elisa. *Para Ler Raymond Williams.* São Paulo: Paz e Terra, 2001.

CHALHOUB, Sidney. *Visões de Liberdade: uma história das ultimas décadas da escravidão na corte.* São Paulo: Companhia das Letras, 1990.

COSTA, Jurandir Freire. *Ordem médica e norma familiar.* Rio de Janeiro: Graal, 1989.

COURTINE, Jean-Jacques. "O Corpo Inumano". In: CORBIN, Alain; COURTINE, Jean-Jacques; VIGARELLO, Georges. *História do corpo.* Vol. 1. Petrópolis: Vozes, 2008.

COURTINE, Jean-Jacques & HAROCHE, Claudine. *História do rosto.* Lisboa: Editorial Teorema, 1995.

CUNHA, Manuela Carneiro da. "Olhar Escravo, Ser Olhado". In: AZEVEDO, Paulo Cesar de & LISSOVSKY, Mauricio (orgs.). *Escravos brasileiros do século XIX na fotografia de Christiano Jr.* São Paulo: Ex Libris, 1988, p. 23.

DEBRET, Jean Baptiste. *Viagem pitoresca e histórica ao Brasil.* Belo Horizonte: Itatiaia, 2008.

DE FIORE, Elizabeth & DE FIORE, Ottaviano (orgs.). *A Presença Britânica no Brasil (1808-1914).* Editora Pau Brasil: Rio de Janeiro, 1988.

_____. *A Presença Britânica no Brasil (1808-1914).* Rio de Janeiro: Pau-Brasil, 1987.

DIAS, Maria Odila Leite Silva. *Quotidiano e poder em São Paulo no século XIX.* São Paulo: Brasiliense, 1995.

_____. "Interiorização da Metrópole. (1808-1853)". In: MOTTA, Carlos Guilherme (org.). *1822: Dimensões.* São Paulo: Perspectiva, 1986.

_____. "Hermenêutica do quotidiano na historiografia contemporânea". *Projeto História*: Revista do Programa de Estudos Pós-Graduados em História e do Departamento de História da puc de São Paulo, n° 17, 1998.

DUBOIS, Philippe. *O ato fotográfico e outros ensaios*. Campinas: Papirus, 1994.

ENGELS, Magali Gouveia. *Meretrizes e doutores: saber médico e prostituição no Rio de Janeiro, 1881-1903*. São Paulo: Brasiliense, 1989.

ERMAKOFF, George. *O negro na fotografia brasileira do século XIX*. Rio de Janeiro: Casa Editorial, 2004.

FABRIS, Annateresa (org.). *Fotografia: usos e funções no século XIX*. São Paulo: Edusp, 1991.

_____. *Fotografia: usos e funções no século XIX*. São Paulo: Edusp, 2008.

_____. *Identidades virtuais: uma leitura do retrato fotográfico*. Belo Horizonte: Editora UFMG, 2004.

FARIAS, Juliana B.; GOMES, Flávio dos Santos; SOARES, Carlos E. L.; MOREIRA, Carlos Eduardo A. *Cidades Negras*. São Paulo: Alameda, 2006.

FREUND, Gisele. *Photographie et Société*. Paris: Editions du Seuil, 1977.

FREYRE, Gilberto. *Casa Grande & Senzala*. São Paulo: Global, 2003.

_____. *O escravo nos anúncios de jornais brasileiros do século XIX*. 2ª. ed. aum. São Paulo: Editora Nacional; Recife: Instituto Joaquim Nabuco de Pesquisas Sociais, 1979.

FIELDS, Barbara J. "Ideology and race in American History". In: KOUSSER, J. Morgan e MCPHERSON, James M. *Region, race and Reconstruction*. Oxford: Oxford University Press, 1982.

FIGUEIREDO, Luciano. "Mulheres nas Minas Gerais". In: *História das Mulheres no Brasil*. São Paulo: Contexto, 2002, p. 144

FLUSSER, Vilém. *Filosofia da caixa preta: ensaios para uma futura filosofia da fotografia*. Rio de Janeiro: Relume Dumará, 2002.

FOUCAULT, Michel. *História das sexualidades: a vontade de saber*. Rio de Janeiro: Graal, 1988, vol. 1.

_____. *Vigiar e punir. História da violência nas prisões*. 29ª ed. Petrópolis: Vozes, 2004, p. 119.

FRITSCH, Gustav. Álbum etnológico-antropológico en fotografías de C. Dammann. 1874. In: Naranjo, 2006, p. 58.

GALTON, Francis. "Retratos compuestos". 1878. In: NARANJO, Juan. *Fotografía, Antropología y Colonialismo (1845-2006)*. Barcelona: Editorial Gustavo Gili, 2006.

GRAHAM, Sandra L. *Caetana diz não*. São Paulo: Companhia das Letras, 2005.

GRANGEIRO, Candido Domingues. *As artes de um negócio: a febre photographica*. Campinas: Mercado de Letras, Fapesp, 2000.

GIL, José. *Monstros*. Lisboa: Relógio D'Água, 2006.

GORENDER, Jacob. *A escravidão reabilitada*. São Paulo: Ática. 1991.

HALL, Stuart. *Da diáspora: identidades e mediações culturais*. Belo Horizonte: Editora UFMG/ Humanitas, 2003.

HARRISON, Charles; FRASCINA, Francis; PERRY, Gill. *Primitivismo, Cubismo, Abstração*. São Paulo: Cosac Naify, 1998.

HOLANDA, Sérgio Buarque de. *Caminhos e Fronteiras*. São Paulo: Companhia das Letras. 1994.

HOLANDA, Sergio Buarque de. *Visão do Paraíso*. São Paulo: Brasiliense, 1996.

HODES, Martha. *Sex, love, race. crossing boundaries in North American History*. Nova York: NYU Press, 1999.

HODES, Marta. "The Mercurial Nature and Abiding Power of Race: A transnational Family Story". *The American Historical Review*, vol. 108, nº 1, 2003.

JEHA, Silvana Cassab. "Ganhar a vida: uma história do barbeiro africano Antonio José Dutra e sua família. Rio de Janeiro, século XIX". *Simpósio Temático do XXI Encontro Regional de História – ANPUH*/Rio-2006. Rio de Janeiro, Casa Oswaldo Cruz/FioCruz, 2007.

KARASCH, Mary C. *A vida dos Escravos no Rio de Janeiro 1808-1850*. São Paulo: Companhia das Letras, 2000.

KOSSOY, Boris. *Realidades e ficções na trama fotográfica*. São Paulo: Ateliê Editorial, 2002a.

_____. *Fotografia e história*. São Paulo: Ateliê Editorial, 2001.

_____. *Dicionário histórico-fotográfico brasileiro. fotógrafos e ofício da fotografia no Brasil (1833-1910)*. São Paulo: Instituto Moreira Salles, 2002b.

_____. *Os tempos da fotografia: o efêmero e o perpétuo*. Cotia: Ateliê Editorial, 2007.

_____. & CARNEIRO, Maria Luiza Tucci. *O olhar europeu: o negro na iconografia brasileira do século XIX*. São Paulo: Edusp, 2002.

LAGO, Bia e Pedro Corrêa do. *Os fotógrafos do império: a fotografia brasileira no século XIX*. Rio de Janeiro: Capivara, 2005.

LAPA, José Roberto do Amaral. *Os excluídos: contribuição à história da pobreza no Brasil (1850-1930)*. Campinas: Editora da Unicamp. São Paulo: Edusp, 2008.

LEITE, Miriam L. Moreira. "Retratos de Família: imagem paradigmática no passado e no presente". In: SAMAIN, Etienne. *O Fotográfico*. São Paulo: Hucitec, 1998.

LIMA, Valéria. *J. B. Debret: historiador e pintor*. Campinas: Editora da Unicamp, 2007.

LOWE, Donald. *Historia De la Percepción Burguesa*, 1982. Cidade do México: Fondo de Cultura Económica, 1986

MACHADO. "A ciência norte-americana visita a Amazônia: entre o criacionismo cristão e o poligenismo degeneracionista", *Revista USP*, nº 75, nov. 2007, p. 68-75.

MANGUEL, Alberto. *Lendo imagens*. São Paulo: Companhia das Letras, 2001.

MARTINS, Ana Paula Vosne. *Visões do feminino: a medicina da mulher nos séculos XIX e XX*. Rio de Janeiro: Editora Fio Cruz, 2004.

MARTINS, Luiz Carlos Nunez. *Da Naturalização da nutriz à construção da nação: abordagens acerca do papel da ama-de-leite na sociedade carioca*. Dissertação de mestrado em História das Ciências e da Saúde. Rio de Janeiro: Casa de Oswaldo Cruz/Fiocruz, 2007.

MAUAD, Ana Maria. "Imagem e auto-imagem do Segundo Reinado". In: SOUZA, Laura de Mello e; NOVAIS Fernando A. *História da Vida Privada no Brasil*. São Paulo: Companhia das Letras, 1997.

_____. "Imagem e auto-imagem do segundo reinado". In: NOVAIS, Fernando & ALENCASTRO, Luiz Felipe. *História da Vida Privada no Brasil*. Vol. 2. São Paulo: Companhia das Letras, 1997.

_____. "Fotografia e História – Possibilidades de Análise". In: CIAVATTA, Maria e ALVES, Nilda (org.). *A Leitura de imagens na pesquisa social. História, Comunicação e educação*. São Paulo: Cortez. 2004.

MENDES, Ricardo. "Descobrindo a Fotografia nos Manuais: América (1840-1880)". In: FABRIS, Annateresa. *Usos e funções no Século*. São Paulo: Edusp, 2008.

MENDONÇA, Joseli Nunes. *Cenas da abolição: escravos e senhores no Parlamento e na Justiça*. São Paulo: Editora Fundação Perseu Abramo, 2001.

MENESES, Ulpiano Bezerra. "As 'trajetórias' das imagens". Comentário III. *Anais do Museu Paulista*, Nova Série, nº 1, Universidade de São Paulo, 1993.

MONTEIRO, Paula. *Da doença à desordem – a magia na umbanda*. Rio de Janeiro: Graal, 1985.

MERLEAU-PONTY, Maurice. *Fenomenologia da Percepção*. São Paulo: Martins Fontes, 2006, p. 280-281.

MOREIRA, Carlos Eduardo. *Cidades negras: africanos, crioulos e espaços urbanos no Brasil escravista do século XIX*. São Paulo: Alameda, 2006.

MOTA, Andre. *Quem é bom já nasce feito: sanitarismo e eugenia no Brasil*. Rio de Janeiro: DP&A, 2003.

MOUTINHO, Laura. *Razão, cor e desejo – uma análise comparativa sobre relacionamentos afetivo--sexuais inter-raciais no Brasil e na África do Sul*. São Paulo: Editora Unesp, 2003.

MUAZE, Mariana. *As memórias da Viscondesa: família e poder no Brasil Império*. Rio de Janeiro: Zahar, 2008.

NARANJO, Juan. *Fotografía, antropología y colonialismo (1845-2006)*. Barcelona: Editorial Gustavo Gili, 2006.

NOVAES, Sylvia Caiuby. "O uso da imagem na antropologia". In: SAMAIN, Etienne (org.). *O Fotográfico*. São Paulo: Hucitec, 1998.

NOVAES; AMATO (org.). *Tratado de Clínica Cirúrgica*. Vol. 2. São Paulo: Roca, 2005.

NOVAIS, Fernando & ALENCASTRO, Luiz Felipe. *História da vida privada no Brasil*, vol. 2. São Paulo: Companhia da Letras, 1997.

PERROT, Michelle. "Os silêncios do corpo da mulher". In: MATOS, Maria Izilda S. de; SOIHET, Rachel. *O corpo feminino em debate*. São Paulo: Editora Unesp, 2003.

PERRY, Gill. *Primitivismo, Cubismo Abstração*. São Paulo: Cosac Naify, 1998.

_____. "De Marianne a Lulu. As imagens da mulher". In: SANT'ANNA, Denise Bernuzzi (org.). *Políticas do Corpo*. São Paulo: Estação Liberdade, 2005, p. 169.

_____. *Os Excluídos da história*. Rio de Janeiro: Paz e Terra, 1988.

_____. *Minha história das mulheres*. São Paulo: Contexto, 2007.

PONTY, Maurice Merleau. *Fenomenologia da percepção*. São Paulo: Martins Fontes, 2006.

PORTO, Maria Sylvia Alegre. "Reflexões Sobre a Iconografia Etnográfica: Por Uma Hermenêutica Visual". In: BIANCO, Bela-Feldman & LEITE, Miriam L. Moreira. *Desafios da Imagem: Fotografia, iconografia e vídeo nas ciências sociais*. Campinas: Papirus, 1998, p. 78

PRATT, Mary Louise. *Os olhos do Império: relatos de viagem e transculturação*. Bauru: Edusc, 1999.

PRIORE, Mary Del. *História das mulheres no Brasil*. São Paulo: Contexto, 2002.

REIS, João José & SILVA, Eduardo. *Negociação e conflito: a resistência negra no Brasil escravocrata*. São Paulo: Companhia da Letras, 1989.

RIBEIRO, João Luiz de Araújo. "A Lei de 10 de julho de 1835 – Os escravos e a pena de morte no Império do Brasil. 1822-1889". Dissertação de mestrado. Rio de Janeiro, UFRJ, 2000.

RODRIGUES, Nina. *Os africanos no Brasil*. São Paulo: Companhia Nacional, 1977.

ROSEMBERG, André. *Ordem e burla: processos sociais, escravidão e justiça. Santos, década de 1880*. São Paulo: Alameda, 2006.

RUGENDAS. *O Brasil de Rugendas*. Belo Horizonte-Rio de Janeiro: Editora Senac, 1998.

SAMAIN, Etienne. *O fotográfico*. São Paulo: Hucitec, 1998.

_____. "Questões heurísticas em torno do uso das imagens nas ciências sociais". In: BIANCO, Bela-Feldman & LEITE, Miriam L. Moreira (org.). *Desafios da Imagem: Fotografia, iconografia e vídeo nas ciências sociais*. Campinas: Papirus, 1998.

SAMPAIO, Gabriela dos Reis. *Nas trincheiras da cura. as diferentes medicinas no Rio de Janeiro Imperial*. Campinas: Editora da Unicamp, CECULT, IFCH, 2001.

SANT'ANNA, Denise Bernuzzi (org.). *Políticas do Corpo*. São Paulo: Estação Liberdade, 2005.

_____. "É possível realizar uma história do corpo?" In: SOARES, Carmen (org.). *Corpo e História*. Org. Carmem Soares. Campinas: Autores Associados, 2001.

SANTOS, Gislene Aparecida. *A invenção do ser negro: um percurso da ideias que naturalizaram a inferioridade dos negros*. São Paulo: Educ/Rio de Janeiro: Palla, 2002.

SCHWARCZ, Lílian Moritz. *As barbas do Imperador: D. Pedro Segundo, um monarca dos trópicos*. São Paulo: Companhia da Letras, 1998.

_____. *O Espetáculo das raças*. São Paulo: Companhia da Letras, 1993.

_____. & GARCIA, Lúcia. *Registros de escravos: repertório das fontes oitocentistas pertencentes ao acervo da Biblioteca Nacional*. Rio de Janeiro: Fundação Biblioteca Nacional, 2006.

_____. *Retrato em branco e preto: jornais, escravos e cidadãos em São Paulo no final do século XIX*. São Paulo: Companhia da Letras, 1987.

SCHIMITT, Jean-Claude. "A Moral dos Gestos". In: SANT'ANNA, Denise Bernuzzi (org.). *Políticas do Corpo*. São Paulo: Estação Liberdade, 2005, p. 141.

SILVA, Silvane Aparecida da. *Racismo e sexualidade nas representações de negras e mestiças no final do século XIX e início do XX*. Dissertação de mestrado. São Paulo: PUC-SP, 2008.

SHOHAT, Ella & STAM, Robert. *Crítica da imagem eurocêntrica*. São Paulo: Cosac Naify, 2006.

SLENES, Robert. *Na Senzala Uma Flor: Esperanças e Recordações na Formação da Família Escrava*. Campinas: Editora da Unicamp, 2011.

SKIDMORE, Thomas E. *Preto no branco: raça e nacionalidade no pensamento brasileiro*. Rio de Janeiro: Paz e Terra, 1976.

SONTAG, Susan. *Sobre fotografia*. São Paulo: Companhia da Letras, 2004.

_____. *Diante da dor dos outros*. São Paulo: Companhia da Letras, 2003.

STEPAN, Nancy Stepan. *A Hora da Eugenia. Raça, gênero e nação na América Latina*. Rio de Janeiro: Editora Fiocruz, 2005.

STIKER, Henri-Jacques. "Percepção do Corpo Enfermo". In: *História do Corpo*, vol. 2, 2008, p. 366-367.

STROTHER, Z. S. "Display of the Body Hottentot". In: *Africans on Stage*. Bloomington: Indiana University Press, 1999.

TODOROV, T. *Nós e os Outros: a reflexão francesa sobre a diversidade humana*. Rio de Janeiro: Zahar, 1993.

TURAZZI, Maria Inez. *Poses e trejeitos: a fotografia e as exposições na era do espetáculo (1839-1889)*. Rio de Janeiro: Rocco, 1995.

TRUTAT, Eugène. *La fotografía aplicada a la historia natural.* In: Naranjo. *Fotografía, Antropologia y colonialismo (1845-2006)*, 2006, p. 86.

VAINFAS, Ronaldo. "Homoerotismo feminino e o Santo Ofício". In: *História das Mulheres no Brasil*. São Paulo: Contexto, 2002.

WISSENBACH, Maria Cristina Cortez. *Sonhos africanos, vivências ladinas: escravos e forros em São Paulo (1850 –1880)*. São Paulo: Hucitec, 1998.

ZERNER, Henri. "O Olhar dos Artistas". In: *História do Corpo*. Petropolis: Vozes. 2008, p. 101-140.

AGRADECIMENTOS

Muitos foram aqueles que contribuíram para a realização dessa pesquisa, agora publicada em livro pela Alameda Editorial.[1]

Começo pelo amigo Aramis Luis Silva que há muito dizia-me como era preciso nos politizarmos. Dezenove anos de amizade que motiva, movimenta, inspira, feita de distância, aproximações, feita de amor e da mais profunda admiração. Aos meus irmãos, Fabio, pela confiança, e a Larissa e a Vanessa, pelo amor construído na infância. À minha mãe, pela luta constante, imposta pelos desafios de ser mulher. E ao Nelson, por dividir comigo o amor pela fotografia e a vida de todo dia.

Agradeço ao meu pai. Falava pouco, mas tinha sempre o conselho certo a dar. Me incentivou quando busquei novos caminhos. Deixa uma saudade enorme, com a força de uma presença definitiva.

Tive sorte nessa nova empreitada porque, na acolhida da vida acadêmica, tenho o privilégio de ter tido como orientadora a professora Maria Odila Leite da Silva Dias, a quem também dedico esse livro. Não há como descrever a força de suas palavras e em como em mim repercutiram. Em conversas às vezes até mesmo despretensiosas, tomando café com canela, tanto aprendi sobre o limite das verdades, das tentativas de provas e posições conclusivas. Sua História se escreve por outros princípios e deles tiro meu aprendizado, comprometimento e inspiração. Obrigada pelas longas tardes de discussões e leituras. Obrigada

---

[1] Originalmente a pesquisa foi realizada como dissertação de mestrado, defendida em 2009, pela Pontifícia Universidade Católica de São Paulo (PUC-SP).

pelo carinho e generosidade que me fizeram aprender o verdadeiro sentido da gratidão. Foi essa uma experiência vivida formadora e inestimável.

Agradeço às professoras Márcia B. Mansor D'Aléssio e Denise Bernuzzi de Sant'Anna. Os momentos inquietantes e de grandes contribuições para a pesquisa de suas aulas ajudaram a compor manhãs e tardes de muitas reflexões. Reitero meu agradecimento à professora Denise Bernuzzi de Sant'Anna e ao professor Paulo Garcez Marins por participarem de minha banca de qualificação com observações pertinentes que agora estendem-se pela pesquisa.

Meu agradecimento todo especial a alguns amigos que durante os dois anos de mestrado tanto me ouviram, leram meus textos, mostrando-me como a amizade se faz no gesto de compartilhar: à Márcia Juliana Santos, por todos os comentários sobre o primeiro capítulo; ao amigo Sérgio Damasceno Silva, amigo de longa data, sempre ao meu lado nos momentos difíceis, obrigada pela primeira correção do texto; à Miti Shitara, por toda a bibliografia indicada, gentilmente emprestada, e por ter atendido aos meus telefonemas quando a dúvida me tomava ou quando eu queria comemorar mais uma página escrita; ao amigo Sidney da Silva Lobato e Rose Silveira, pelas longas conversas sobre a pesquisa; à Simone Paulino e Ana Paula de Oliveira, ambas me ensinam tanto! À Rosana Eva Mastroeni e Lívia Freitas, amigas queridas. À minha irmã Vanessa Beltramim, sempre presente, não esquecendo do meu bolo de aniversário quando eu exaustivamente escrevia, e ao Ângelo Baima Pereira, que me ajudarem a escanear inúmeras imagens. A Akemy Mendonça e a Simone Matiotta, pela confiança de ambas.

Agradeço a todos das instituições onde pude realizar minhas pesquisas e aos acervos que concederam as imagens para publicação. No Rio de Janeiro agradeço a Rosangela Bandeira do Museu Histórico Nacional; a Angela Porto da FioCruz pela atenção e gentileza de ambas; ao Flávio Edler que, apesar de não conhecer pessoalmente, trocou muitos e-mails e informações comigo; da Biblioteca Nacional agradeço a Lúcia Maria de Aquino Lomba, a Kesich Pinheiro Viana, a Sonia Alice Monteiro Caldas pelo atendimento e ajuda fundamental de Joaquim Marçal Ferreira de Andrade, por ter me apresentado o trabalho de Deseré Charnay. Especialmente agradeço a Anna Naldi (DINF) também da Biblioteca Nacional. Da Academia Nacional de Medicina do Rio de Janeiro agradeço ao Rogério Santana, que muito me ajudou. Do acervo fotográfico do Instituto Moreira Salles de São

Paulo sou grata a Virginia Maria Albertini e Cídio Martins. Agradeço também a Margarida Cesário e ao André Mota, ambos do Museu Histórico da Faculdade de Medicina da USP, sempre atenciosos. É claro, não há como esquecer da Betinha, do departamento de pós-graduação da PUC-SP, sempre prestativa e pronta a ajudar.

Aqui deixo um agradecimento ainda mais especial a dois importantes professores: Eduardo Bonzzato, que não somente me encorajou a tentar o mestrado como colocou diante de mim as fotografias de Christiano Jr. A professora Celina, que me fez amar o estudo da história desde menina.

E, por fim, à Joana da Alameda Casa Editorial e ao apoio da Fapesp, responsáveis pela publicação da pesquisa, alterações e inclusões de algumas notas de rodapé.

ESTA OBRA FOI IMPRESSA EM SANTA CATARINA NO INVERNO DE 2013 PELA NOVA LETRA GRÁFICA & EDITORA. NO TEXTO FOI UTILIZADA A FONTE ADOBE CASLON PRO EM CORPO 11 E ENTRELINHA DE 15 PONTOS.